电性源瞬变电磁测深技术

[德] Kurt M. Strack 著

薛国强 周楠楠 陈卫营 武 欣 译

科学出版社

北 京

图字：01-2017-7264 号

内 容 简 介

本书详细介绍了电性源瞬变电磁测深原理、方法、技术和实际应用，是原著作者多年来在电磁场理论及电性源瞬变电磁探测技术和应用方面的研究成果，反映了当今国际上瞬变电磁法勘探的前沿问题。

本书可供大中专院校地球物理相关专业师生以及科研、生产单位工程技术人员参考使用。

图书在版编目(CIP)数据

电性源瞬变电磁测深技术 / （德）科特·斯特莱克（Kurt M. Strack）著；薛国强等译 . —北京：科学出版社，2017. 11

ISBN 978-7-03-055382-9

Ⅰ. ①电… Ⅱ. ①科… ②薛… Ⅲ. ①瞬变电磁法 Ⅳ. ①P631.3

中国版本图书馆 CIP 数据核字（2017）第 277224 号

责任编辑：张井飞 陈娇娇／责任校对：韩 杨
责任印制：张 伟／封面设计：耕者设计工作室

科学出版社 出版
北京东黄城根北街 16 号
邮政编码：100717
http://www.sciencep.com

北京教图印刷有限公司 印刷
科学出版社发行 各地新华书店经销
*
2017 年 11 月第 一 版 开本：787×1092 1/16
2017 年 11 月第一次印刷 印张：16 3/4
字数：397 000
定价：138.00 元
（如有印装质量问题，我社负责调换）

序 言

　　本书初稿一部分来自作者为科隆大学外国科学家培训班所做的演讲稿，另外一部分来自以往的项目研究报告，本书终稿是在 1989 年和 1990 年举办的"电磁勘探新方法"系列讲座讲义的基础上整理而成的。

　　本书是地球物理电磁学，或者更准确地说，是定量电磁勘探方法发展史的一个里程碑。20 世纪 50 年代，著名学者 Cagniard、Tikhonov 和 Rikitake 提出了大地电磁法，随着技术的不断发展和提高，该方法在地壳研究及油气资源探测中得到了有效应用。

　　由于天然源电磁法存在一些缺陷，因此人们做出了巨大努力来发展可控源电磁法。特别感谢苏联地球物理学家近 30 年来在电磁勘探领域做出的贡献。本书的附录应该增加一个全新的俄语参考书目，以此来彰显先驱者的历史地位。

　　长期以来频率域和时间域电磁法是两种具有竞争性的方法体系。时间域电磁法（TDEM）或瞬变电磁法（TEM）从浅层勘探到深部地壳研究的应用，得到了极大的认可。本书介绍的电性源长偏移距瞬变电磁法（LOTEM）已得到地球物理学家的广泛使用。电性源长偏移距瞬变电磁法综合了瞬变电磁法、宽频带纯二次场测量和直流电测深等方法的优点，而且可以分辨地下高阻目标体。

　　Strack 早年在美国研究瞬变电磁法，之后在澳大利亚和德国一直开展这一方面的研究工作，他的贡献对瞬变电磁法的研究具有决定性的意义。现代信号处理算法和多测道装备的开发，特别是模型研究，都引起了众多专家的关注。值得一提的是，他克服重重困难，在 4 个大陆成功地开展了示范性测量工作。

　　本书也将会产生历史性的影响。

　　本书是目前瞬变电磁法综合性最强的一本专著。全书共 9 章，7 个附录（译者注：英文版附录 6 为词汇索引，本书未翻译出版中文版，英文版附录 7 在本书中改称附录 6）。如果你想深入了解瞬变电磁大深度探测技术，那么读懂这本书是非常有必要的。毫无疑问，无论现在还是今后的瞬变电磁领域的专家，想研究仪器设计、数据处理和解释，或者油气资源勘探，本书将会产生深远的影响。

　　从事勘探的地球物理工程师可重点研读第 6 ~ 9 章，这几章包括方法的可行性研究和应用实例，其中地震和长偏移距瞬变电磁法联合勘探岩性分布、孔隙度和含水性尤为重要。

　　第 1 ~ 5 章的读者对象主要是大学和石油公司的瞬变电磁学者。当然，对于相关领域的研究生而言，这本书既简单易懂、内容全面，又具有一定的深度。

从 C. Schlumberger、S. Stefanesco、L. Cagniard、V. Baranov 和 G. Kunetz 开始，多年来我们一直在勘探咨询公司工作，提供包括电磁法在内的综合地球物理方法探测的咨询服务。

我们很高兴借此机会告诉所有读者，如果你们不仅想要理解瞬变电磁深部探测方法，而且还想知道如何把它应用到一个精心设计的勘探项目中，那么，这本书就是为你们而写的。

Gildas Omnes，Pierre Andrieux
1992 年 2 月 10 日于法国马赛

前　　言

在过去的几十年里，电磁技术在油气、地热资源勘探和深部地壳研究中起到了越来越重要的作用，其物理机制是基于对岩石不同物理性质（电阻率）的响应，而地震方法则是反映岩石的弹性性质。在电磁勘探方法中，瞬变电磁测深法引起了学者广泛的兴趣，因为这种方法有可能克服常见的电磁噪声问题及通过优良的发射装置控制来提高系统的分辨率。虽然现在有很多优秀的电磁学理论文献和与电磁方法应用相关的书籍，但是都没有关于瞬变电磁测深法的完整论述，不能帮助地球物理学家从仪器研发到最终数据解释系统地学习该技术。

本书试图通过总结多年的研究成果来填补上述空白。本书主要面向以下几类读者：准备自己设计野外瞬变电磁系统的勘探地球物理专家；试图学习地球物理理论及实际应用的学生；需要进行勘探设计、经费预算和数据解释的勘探地球物理学家。阅读本书会帮助读者更新一些背景知识。本书所有的章节都与勘探实例有密切的联系。章节后面的问题有助于加深读者对本书内容的理解、测试程序及示范技术的应用。学习了这些内容后，初学者可以很快实现对大深度瞬变电磁法的理解和掌握。

第1章是本书的概况部分，介绍了瞬变电磁测深法在地球物理学领域的应用情况，同时解释了岩石电阻率为什么是电磁数据解释时优先考虑的信息。

第2章简述地球物理基本原理，以便地球物理学家在解释工作中把要解决的问题与理论有机地联系起来，这些是进行数据解释必须掌握的基础知识。更多的推导细节见附录1。

第3章论述电磁数据采集和处理中的一个难题，即提高信噪比。使用本章介绍的技术，读者应该能够成功地解决强烈的人文干扰问题。本章也展示了不同数据处理技术应用于人工合成数据和野外实际测量数据的效果。

数据解释部分包括对野外实测数据进行反演的几种途径和对实际资料进行尝试性的综合三维模拟解释。目前数据的三维解释还受限于计算机的计算能力，但它会得到很快的发展。

野外系统部分给出了系统设计标准。设计说明既要简要到能够适用于将来的技术，也要清晰到能够使读者利用现代技术自己设计野外系统。本书讨论的提高信噪比的新方法与标准技术直接相关。

在开展野外工作前，地球物理勘探学家对测量项目的实施进行合理化设计非常重要，特别是对详尽的测量设计参数进行优化和技术成功的可能性进行提升。在很多实例中，勘测开始前应预先论证使用其他地球物理方法的必要性。测量前可行性研究章节为读者提供了这方面的参考资料。

为了涵盖广泛的应用领域，本书给出了大量的应用实例，包括在煤炭、地热、油气勘探及深部地壳研究等领域，特别是 MT 和 TEM 数据联合反演及高阻层分辨率等内容都体现在本书的油气勘探应用中。本书首次实现了对实际数据的三维解释，说明我们已具备了 TEM 资料三维解释的能力。

许多有用的但不必要的、烦琐的数学推导没有放在正文中，而是在附录中给出。附录同时包含了标准数据格式和正演模拟软件。

To the Readers of the Chinese Translation

I am more than honored that there is still so much interest in my book. Especially, in China where in 1985 the success story of this technology started by visiting the State Seismological Survey then under Prof. Liu Guodong. Unfortunately, at that time communication in different languages was difficult and only many years later we recognized the full value of the experiments. The project at that time was funded mostly by the German government under the project "Demonstration of Deep Transient Electromagnetics for Hydrocarbon Exploration in China and India".

Within 25 years of the original publication in 1992, several groups have tried to accomplish to build a Lotem system, only for the original German group at University of Cologne and my friends at Yangtze University to be still active in the subject matter. The Chinese researchers added new ways of applying it to hydrocarbon reservoirs and even monitoring while the German group extended it to marine applications with other methodologies towards integration.

The original book was excluded proprietary results like more details on the 'resistive layer' resolution and sub-basalt imaging. The resistive layer case application was much more successful than what got permission to publish and we only realized this once EMGS applied this to the marine environment and gave rise of the marine EM industry. EMGS did an outstanding job taking this part of application to practice and made good business out of it showing the entire community that EM can contribute in many parts to the exploration portfolio. We could not achieve this then in academia. At the time the book was published we were looking for funding to complete our surface-to-borehole and reservoir monitoring experiments which we started in a consortium with Elfaquitaine, Fina, Shell, and Total. Today, 2017, this is still a hot topic and many groups in the West and East are trying to solve this problem. It has now been extended to hydraulic fracture detection and Enhanced Oil Recovery (EOR). The work in India done well before the book was published was never properly utilized. Only 10 years later ONGC drilled a well based on this work and another 3 years later I connected again with them to complete the circle with on a small overview publication of the results in The Leading Edge. At that time, all the techniques described in this book were applied and gave a very good picture sub-basalt which was successfully drilled and even offshore wells confirmed the results. The Indian Petroleum Geophysicist Society still invites me as regular faculty for their short courses.

One of the original motivations to take the system to China was the applications of Earthquake prediction. While we understood the EM methodology, the application was lost in translation. Today, the same Chinese group is showing some very outstanding results using this method with great potential for Earthquake prediction.

After EMGS' success we were also asked by BP to pick up the subject matter and extended their marine EM method version to time domain. The resulting survey in Egypt in 2006, while not yet published, was extremely successful for shallow and deep water depth.

This and building a deep borehole prototype lead to the successful acquisition by two geophysical companies, only to make my team to buy the company back when our owner had financial problems.

For the work on this subject matter my team received numerous award from the Society of Exploration Geophysicists, Society of Petrophysics and Well Analysis and the Society of Petroleum Engineer. The biggest one, the Cecil H. Green Enterprce Award, given to the founding team (Hanstein, Rueter, Stoyer and Strack).

After all these praise, I should also mention some downsides of the book. One clear misunderstanding lies in the concept that depth of penetration was related to offset. B. Spies proofed me wrong and our think was simply guided by getting measurable signal with small dynamic range with our homemade amplifiers. Today's instruments are so good that measurement at offset very close to the transmitter is easily achieved (even next to the transmitter). Today's new equipment used for EM for multiple methods including magnetotellurics, Lotem and frequency domain methods. The same is true for the transmitters. New electronics allows us to make real powerful, reliable units with high degree of safety.

Finally, the application has shifted from exploration to monitoring of hydrocarbon and geothermal reservoirs. Not only for commercial value reasons but also due to environmental concerns.

The software that was originally in the book has been re-written and we asked Interpex to make it as shareware available (LotemSuite). You can download it form www. Interpex. com or www. kmstechnologies. com websites.

Anisotropy has always been our concern and one of the main technical reasons for me to engage in a carrier in building well logging tools. I am very happy that multiple logging companies are now building 3D induction logging tool that allow us to measure anisotropy and vertical resistivities which can be correlated to Lotem. We have seen that in most cases this gives good results. Its design relied heavily on the principles of modeling and inversion given here.

The future lies clearly in 3D: First, in completing inversion using blocky models that allow sensitivity evaluation and better correlation with logs. Second, these must be converted to images directly derived from the data similar as can be done for marine time domain CSEM already. Of course, the data must be acquired by an array system which is the natural successor of the multi-channel system shown in this book. Concurrent to that, experience from logging methods such as focusing the information which means can be refined for surface methods by focusing below the receiver. This is essential to get reliable and realistic images. The images of a carbonates section superimposed on seismic data in this book were 15 years ago the first indication of this need.

Translation of this book has been a truly big task that we attempted several times before but never concluded. This makes my even more appreciation for Prof. Guoqiang Xue's efforts.

A big thanks to him!

Dr. Kurt M. Strack

President, KMS Technologies, Houston Texas USA

Visiting Adjunct Professor, Yangtze University Wuhan, China

Adjunct Professor, Mahidol University, Bangkok, Thailand

Adjunct Professor, University of Houston (EE and Geoscience), USA

译 者 序

作为瞬变电磁法的重要分支,接地源瞬变电磁法具有探测深度大、对高(低)阻异常分辨能力强的优点,广泛应用于深部油气、矿产资源勘查领域。近年来,随着我国资源勘查区域向山地、森林等地形复杂地区延伸,传统回线源瞬变电磁勘查难度急剧增大,接地源瞬变电磁法越来越引起国内学者及工程技术人员的重视。

由国际著名地球物理学家 Strack 教授编写的 *Exploration with Deep Transient Electromagnetics* 是"电磁勘探新方法"系列中的一本,为便于国内读者理解,译者把书名翻译为《电性源瞬变电磁测深技术》。该书主要包括以下几部分内容:长偏移距瞬变电磁法的发展历史和应用现状;电磁勘探的基本理论、物理实质和基本技术;发射与接收系统信号处理方法和技术;数据反演方法;仪器硬件系统、野外工作方法及工作方案设计;噪声去除和综合解释实例;高阻目标体和大深度探测实例。本书是接地源瞬变电磁法发展的里程碑。

为了方便不同读者参阅,在众多合作者的支持和研究生的帮助下,我们决定翻译并出版这本名著。本书前言和第 1 章由马振军翻译,周楠楠和吕绍林校对;第 2 章由周楠楠翻译,吕绍林校对;第 3 章由李海翻译,吕绍林和周楠楠校对;第 4 章由卢云飞翻译,薛国强和周楠楠校对;第 5 章由武欣翻译,李海和陈卫营校对;第 6 章由陈稳翻译,薛国强和李海校对;第 7 章由张林波翻译,薛国强、李海和侯东洋校对;第 8 章由李锋平翻译,薛国强、李海和钟华森校对;第 9 章由薛国强翻译,陈卫营和李海校对;附录由黄逸伟、陈稳和张林波翻译,薛国强和陈卫营校对,英文版附录 6 为词汇索引,无需翻译出版中文版;全书由薛国强和周楠楠统稿。

本书得到国家自然科学基金面上项目"SOTEM 法深部探测关键技术"(41474095)的资助。考虑到中英文表达方式的不同,兼顾原著本意,本书在逐句翻译的基础上进行意译的修订。但由于译者水平有限,对原著作者的思想理解不一定完全正确,难免存在疏漏和不妥之处,欢迎读者提出宝贵的意见和建议。

薛国强

2017 年 1 月 25 日于北京

目　　录

第1章 引 言

电磁法是探测地表至地下深处电阻率分布的唯一技术途径，因此，在全球范围内开展了大量的地球物理电磁研究。电阻率能够很好地反映地下介质的孔隙度及孔隙中的液体类型，因而对地质解释有很大的帮助。

本书旨在为初学者提供该学科全面的回顾总结，并介绍目前勘探行业中使用的最先进的方法和技术。专家则可以参考本书从而设计自己的深部探测系统并进行野外测量。

为了说明瞬变电磁测深技术的实用性，本书的大部分章节都包括应用实例。这些应用实例来自世界各地，如图1.1所示。

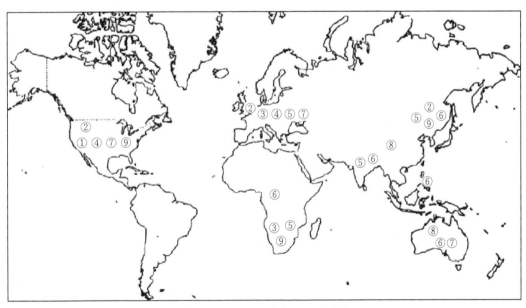

图1.1　本书应用实例的地点分布

数字代表应用实例所在的章节

本章介绍把电阻率与实际地质情况联系起来的背景知识，以及电阻率计算中的不确定性。从麦克斯韦方程组的基本物理知识出发，指导读者把野外数据转化成视电阻率，然后分析电阻率随时间（深度）的变化。在野外采集数据时，必须要解决一个重要的问题——信噪比。这个问题可以采用第3章介绍的数据处理技术解决。数据处理之后得到理论上所需要的平滑视电阻率曲线，这些曲线可以用经典的反演方法进行解释，或者在一些实例中采用三维数值模拟技术。

本章在论述瞬变电磁测深法前，首先介绍了勘探地球物理的基本框架。另外，解释人员应该理解电阻率计算方法的局限性。

1.1　电磁法在勘探中的作用

在新能源勘查中，能够找到一个代替反射地震法的勘探方法越来越重要。非震方法在全球地球物理勘查舞台的地位逐步上升，主要是因为在地震数据质量较差的地质环境中发现了新油田。在 1983 ~ 1987 年发现的 7 个大油田中，有 3 个（巴西、哥伦比亚、北也门）分布在电磁技术有潜力找到新目标的区域。许多不同的技术方法都被用来改善和提高地震数据质量或者从不同角度解决勘探问题。因为石油工业主要依靠地震法，其他地球物理方法有时被称为非震方法，非震方法可以分为以下五类。

（1）重力方法：陆地、海洋、直升机、航空、钻孔重力方法探测地质结构密度差异。重力方法在勘探业中举足轻重，其成本低廉，并且对特定勘探问题的用途容易理解。

（2）磁法：陆地、海洋和航空磁法测量是勘探业的一个基本方法。该方法反映磁导率的差异，它们的用途与重力方法一样容易理解。磁法很少被用在石油勘探中，而在矿产勘探中，磁法比重力方法应用更广泛。

（3）电磁法：电磁法通常要比重力方法和磁法分辨率高，但与很多地球物理方法相比，电磁法比较难理解。这主要是由于不同电磁方法的电磁感应表现有所不同。勘探人员可以根据勘探要求选用陆地、航空或井中电磁测量方法。井中电磁测量是大多数钻探井中的常规方法；而航空电磁法是矿产和地下水资源勘查（Palacky，1983）中的一种常规技术。电磁法在石油勘探中应用不广泛，主要是勘探深度受限。陆地电磁法虽然在世界各地广泛应用，但在石油勘探中应用甚少，仅在过去的十年中，有一些大地电磁法的常规应用。虽然地球物理勘探对电磁法的需求日益增加，但是仪器设备的发展及与其他地球物理方法集成都是需要时间的。许多技术都在研讨中，其中最有希望的是瞬变电磁法，因为其操作简单，数据处理技术与地震方法相似。瞬变电磁法的优点是观测信号与地下电阻率结构耦合最好。因此，本书选择瞬变电磁法作为研究的重点。

（4）直流电阻率法：直流电阻率法很少用于碳氢化合物的勘探中。这主要是因为当勘探深度要求达到 3 ~ 4km 时，大电极距的体积积分效应很大，造成分辨率的缺失。所以，如果直流电阻率法应用于石油勘探中，也只能用于大尺度普查勘探。直流电阻率法主要用在成像技术，即偶极–偶极成像。

（5）激发极化法：在过去的 30 年中，激发极化法在石油勘探中应用有些成功的例子（Oehler and Sternberg，1984），也有些失败的教训。这种方法严重受到大量的人文因素的影响（如管道等），能产生与地下矿体相类似的激发极化响应。过去几年人们对这种方法的兴趣正逐渐减弱，甚至完全消失。

在众多的勘探问题中，有些问题特别适合用电磁法解决。下面是一些在文献中可以查到的电磁法应用实例。

冻土层：如果仅仅应用地震方法，冻土层的速度和厚度变化会造成对向斜或背斜的解释错误。瞬变电磁法被用来对地震结果进行静校正（Rozenberg et al.，1985）。

油水界面：许多碳氢化合物产地都蕴含富盐原生水或卤水，它们储存在碳氢化合物底部或边缘部位。石油和卤水饱和的储层，地震速度并不总是有太大区别，但导电率差异却很大。瞬变电磁法在美国和俄罗斯成功地应用于解决这种类型的勘探及生产问题（Spies，1983；地球技术公司，1985）。

火山岩盖层：地震波会出现散射，特别是高频散射问题。同时，大的波阻抗差异会产生地震波反射。许多不同的非震方法都曾应用到火山岩勘探中，其中包括重力方法、磁法和电磁法（Prieto et al.，1985；Keller et al.，1984）。

逆冲断层：会造成地震波的散射。很多不同的非震方法应用于此，包括地面重力、井中重力和电磁法。结果令人振奋却不能彻底解决问题。

严重风化的覆盖层：在一些实例中会给反射地震法静校正带来严重问题。几乎所有的非震地球物理方法都用来解决不同情况下遇到的该类问题（Christopherson，1990）。

与上述任一情形有关的复杂地形，同样造成静校正问题，由于体积效应大，非震方法在这些例子中仅作为有效的普查手段。

孔隙度成像：在一些地方虽然地震数据很好，但地震法不能确认孔隙变化，而电磁法有时候非常有效。即使孔隙变化能够凭借地震数据得到解释（应用 S 波）（Robertson，1987），但电磁法依然能够提供补充信息。例如，一旦有了可用的测井和地震数据，就可以通过对地震数据进行反演确定构造，利用测井数据得到电阻率和孔隙度（或者砂岩和页岩的比）的校正曲线，并将数据转化成电阻率。然后可以转变成孔隙度图以帮助勘探人员进行地质解释（Strack et al.，1989b）。因为世界上大约 40% 的石油储存于碳酸盐岩内，而这些地方地震法往往不能提供足够的信息来解释其孔隙度，所以这可能是今后电磁法最重要的应用领域。

深部地壳研究：为了研究地壳，深部地震剖面测量在全球范围内得到应用。在许多例子中，低速体常常出现在地壳上部 10km 以上的剖面中。有时候，低速带与低阻带相关联（Strack et al.，1990；De Beer et al.，1991）。在此特定深度范围内，长偏移距瞬变电磁法能够有效地探测电阻率结构。

块状硫化物矿化：自然界大多数的铅、锌和铜等金属都产于低阻的块状硫化物矿床，直接勘探铅、锌和铜等金属硫化物矿已成为包括瞬变电磁法在内的电磁技术发展的主要推动力。

1.2　长偏移距瞬变电磁法的发展历史

在开始探讨电性源瞬变电磁测深方法技术前，根据本书的需要分类介绍瞬变电磁法的发展历程。关于理论基础的详细内容可以参考 Kaufman 和 Keller（1983）出版的一本专著。直流电测量起始于 Wenner（1912）和 Schlumberger（1922）的早期工作；而交流电法的应用由一个德国专利（322040，1913 年，K. Schilowsky）和一个美国专利（1211197，H. Conklin）记载。第一个电磁测深是由 I. W. Blau（美国专利 1911137，1933 年）进行的，使用一个电偶极子作为发射装置，通过接地导线向地下发射电脉冲并测量电场的变化。对于采矿业的应用，读者可参考 Wait（1951a，1951b）发表瞬变电磁勘探的基本理论及随后纽蒙特矿业公司申请的专利（Wait，1956；美国专利 1735980）（Nabighian and Macane，1991），纽蒙特矿业公司开发并成功地应用于多个系统（Dolan，1970）。第一个航空 TEM 系统

（INPUT）是由 Barringer 于 1958 年开发的（Barringer，1962）。同一年，苏联莫斯科地质勘探学院开始研究并开发了 MPPO-1 瞬变电磁观测系统。1968 年苏联专利 MPPO 在澳大利亚（澳大利亚专利 415022）得到应用，这在当时是一种很有前途的瞬变电磁前沿技术，因为瞬变电磁能穿过澳大利亚的导电覆盖层。1973 年，Lazenby 和 Wondergem（美国专利 3737768）获得"利用电磁波的不连续性远程检测导电体的装置"专利授权。加拿大的瞬变电磁系统主要是为了寻找矿体。在澳大利亚联邦科学与工业研究组织（CSIRO）工作的 Buselli 研发了第一个计算机化的瞬变电磁系统，并在 1981 年获得专利（美国专利 4247821）。他的 SIROTEM 开发重点放在了系统的噪声补偿。1960~1980 年，这一段时间的瞬变电磁专利大多是针对矿产勘查的。Rocroi（1985）在 CGG 公司的专利 Transiel 系统（美国专利 4535293，以及有关的法国专利 1979，7917766 和 1980，8003159）主要是用来观测激发极化。专利中申明解释仅是定性的。由于系统也适用地震勘探的需要，专利可以看出与地震方法的几个相似之处。专利申请涵盖了大量的应用和硬件配置。现今，只有采用新概念的新一代实用硬件才可能申请专利。

迄今为止，除了硬件和采集方面，初始的野外技术本身并没有发生太大的变化，最主要的改进是对物理现象的理解和如何把观测数据转换成有用的信息来帮助地质人员。在早期，电磁法应用存在的问题是人们误以为观测信号是由电磁波的反射产生的，因此电磁法在石油勘探中得到了关注。直到人们完全明白了电磁法理论（Yost，1952；Orsinger and Van Nostrand，1954），认识到在地球表面观测的数据并不是电磁波反射的时候，石油勘探业才对电磁法失去了兴趣。从早期到现在，一些缺乏经验的咨询公司在没有正确理解方法的物理原理的情况下，就为石油勘探提供相似的技术，导致石油工业对各类电磁法产生严重的质疑。直到现在，随着对电磁法（特别是 MT 方法）的深入细致研究和计算机技术对地球物理强有力的支撑，人们才可以看到全新一代经济、高效的勘探方法，即使这样，在实际应用中，对电磁法的质疑声依然存在。

在过去的几十年中，大多数电磁法在石油工业接受它们之前，都已经被科研机构认可并应用在科研工作中。Vozoff（1972，1991）回顾总结了全球范围内的大地电磁法的测量工作。Geoscience 公司在美国首次尝试该技术 20 年之后，确立了大地电磁法在勘探业中的地位。由于瞬变电磁法的应用实例少并且至今其理论还未被完全理解，所以瞬变电磁法在石油勘探中的应用历史不长。几篇关于矿产资源勘探的综述文章介绍瞬变电磁法，并将其视为多年来矿产勘探最有效的电磁方法［见 *Geophysics* 瞬变电磁法专辑 49（7）］（Macnae and Spies 1989）。人们对可控源电磁法兴趣的不断上升，使得可控源电磁设备大量增加。几乎所有的电磁设备制造商都有或者都准备研发深部瞬变电磁系统。

时间域和频率域的主要区别在于时间域系统观测一次场源不存在时的信号，而频率域系统测量时一次场信号始终存在。所以时间域信号的观测和解释要容易些。时间域和频率域的源和接收信号的基本模式如图 1.2 所示。在图中，频率域一次场是比较实用的方波，接收装置接收的是一次场与二次场叠加的信号，而时间域在电流关断之前是没有二次场的，只有电流关断之后一次场不存在时才能观测到二次场信号。

过去的几年中，瞬变电磁法最有希望的两种系统分别是多伦多大学电磁系统（UTEM）和长偏移距瞬变电磁法（LOTEM）。UTEM 主要由加拿大 Lamontagne 地球物理公

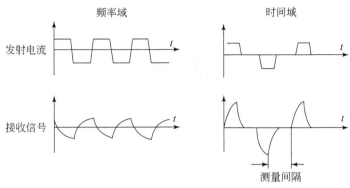

图 1.2 频率域和时间域系统的发射和接收波形图

司在加拿大和全世界范围内应用。从系统概念和解释方法上来讲，它也许是世界上最先进和最全面的系统。现在，这种系统用于石油勘探的唯一缺点是在良导环境下勘探深度有限，UTEM 采用的感应源只能分辨导电目标体。所以，UTEM 主要应用在矿产勘探中；LOTEM 是两种勘探方法中探测深度较大的一种。需要说明的是，LOTEM 这个名字是由 Vozoff 和 Strack 在澳大利亚提出的，以区分像 SIROTEM 和 EM37（Geonics）这样的浅层系统及一些探测深度较大的系统。LOTEM 的意思是发射和接收的距离大于勘探深度。LOTEM 测量要权衡野外实测和理论两个方面。理论上接收要尽可能地靠近发射，以避免横向不均匀带来的不确定性，然而受到实际情况约束，需要进行最佳观测时窗的选取，同时受到供电线噪声的影响，也存在一个最小偏移距。

这里讨论的大勘探深度瞬变电磁法的发源地在苏联（Kraev，1937；Tikhonov，1946；Vanyan，1967）。尽管 Vanyan（1967）的专著指出瞬变电磁法是常规勘探工具，但在西方国家没有看到很多实例。Keller 在科罗拉多矿业学院及地热勘探公司（第七集团公司），做了很多开创性的工作（Keller et al.，1984）。跟随前人的脚步，Integrated GeoSciences 有限公司首次在亚洲开展瞬变电磁测量（未发表），而后 GSM 又将此方法应用到爱尔兰（Tulinius，1980）和拉丁美洲（未发表），Integrated GeoSciences 有限公司主要在美国，最近在土耳其和北爱尔兰使用该方法。20 世纪 80 年代初期，由 Elf Aquitaine 在法国和中东地区所做的试验大部分未被人们所知（未发表）。

图 1.3 表示在西半球进行的 LOTEM 研究的历史树。不同机构开发的硬件系统，包括改进的商用系统或特殊用途的系统。对我来讲，DEMS Ⅰ 系统是在第七集团公司设计、制造，并应用于生产中的。

DEMS Ⅰ 由现成的组件组成并安装在卡车上。硬件采用由 110V 交流转换成 12V 直流电源供电。Integrated GeoSciences 有限公司利用 CSM 和 Geopacific 开发仪器的改进型 DEMS Ⅱ，该系统是具有特殊用途的由电池供电的便携式采集系统。1983 年，由 DEMS Ⅰ 和 DEMS Ⅱ 改进组合成 DEMS Ⅲ 在澳大利亚面世。DEMS Ⅲ 是改进的全功能计算机配置系统，所有传统电源供应替换为橡胶强化的野外型电源，它完全采用直流电源而不是交直流的转换装置。在澳大利亚的最初工作（Strack，1984）由 Vozoff 等（1985）相继完成，他第一次将常规电磁系统（Zonge's GDP12，常规型接收器）用于瞬变电磁测深法。1985 年，由

图 1.3　参与瞬变电磁测深法测深机构的历史树

德国研究技术部（BMFT）和欧洲共同体资助科隆大学开发新一代的设备，被称为 DEMS
Ⅳ。DEMS Ⅳ是便携式系统，完全由电池供电，并且带有一个功能强大的计算机和便于数
据传输的可移动硬盘。

1988 ~ 1989 年，DEMS Ⅳ系统在中国和印度成功地应用了 6 个月，没有出现重大故
障。同期，DEMS Ⅳ成功地与 Zonge 发射装置结合，在南非开展深部地壳研究。南非科学
与工业研究理事会的研究小组正在开发一个特殊用途的系统用于超大深度地壳研究。

最新一代的瞬变电磁测深设备采用全新的数据采集规则：用远程装置独立地采集信
号。原则上讲，没有数据通道数量的限制，这一代叫作 DEMS Ⅴ。它的开发基于德国
Bochun WBK（现为 DMT）的 SEAMEX（已申请专利）地震系统。新系统的专利（称作
TEAMEX）已由 WBK-DMT 提出申请。接收数据的采集采用瞬时浮点放大器并储存在远距
离装置上。然后，数据通过一个双线远程传输装置以数字信号形式直接传送到中心装置。
几个正在设计的最具有前途的新一代 LOTEM 硬件均来自地震行业。

1.3　勘探中电阻率（电导率）

勘探地球物理学家处理电磁数据所遇到的问题是要假设岩石的电学性质可知或者能被
准确地测量出来。由于岩石的电阻率有很大的不确定性，假设本身已经很苛刻，所以本节

仅叙述 LOTEM 数据解释所必需的有关电阻率的几个关键问题，更详细的内容读者可以参考 Keller（1988）和 Palacky（1988）的专著。

对电性局限性的理解是很有必要的，因为在大多数情形下，电阻率被认为给出了正确的信息，本章强调并分析了由上述观点所产生的误差。图 1.4 给出了从岩石地球物理性质到地下地质成像的信息流。其中，地球物理学家的主要工作是用阴影表示的。这些结果依赖于假设的可靠性，在大多数情况下，假设是无法验证的。根据电阻率分布可能的规律，设计装备和野外工作程序是为了使仪器更好地用于野外观测。对于野外观测而言，仪器及电阻率估计是成败的关键。因此，目前最成功的设备由理解地球物理及野外操作的工程人员完成。

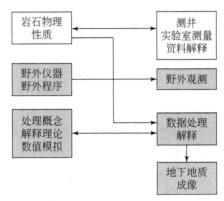

图 1.4　由岩石地球物理性质获取地下信息的概念流程图
阴影部分是本书的重点内容

上述所有概念的结合在野外就已经开始了。当进行野外测量时，测量人员应该注意岩石物理性质和环境的变化。只有持续开展有效的质量控制才能获得大量可靠的数据，尤其是一种方法的成败很大程度上取决于野外工作人员和数据质量控制的工作量。在解释环节，理解物理参数之间潜在的联系是非常重要的，如电阻率变化与孔隙度的变化关系，这种认知常常是区分不合理的探测结果与真实地质情况的主要因素。地球物理学家通常负责理论分析和模型验证。在多数情况下，他将会使用数值模拟和相似模拟这类解释工具。只有当电导率值和物理意义都清楚时，才能够有效地使用这些工具。在相互合作过程中，地球物理学家应经常与解释团队其他成员交流数据处理理论知识和方法，这样，才能使他们能够根据实测数据做出最合理的解释。没有相互合作很可能会得到错误的解释结果。

图 1.5 表明固结和松散沉积岩的电阻率。由于范围很大，所以只知道岩石种类是不够的，需要更多的关于岩石物理性质和它们赋存条件的信息来缩小这些范围，得到可靠的估算电阻率。例如，由于煤的电阻率变化有时超过 55 倍，其解释常会使解释人员犯难。湿的、"脏"煤是导电的，而干燥的、精煤是高阻的。解释人员必须要考虑所有假设电阻率的影响因素以获得可靠的信息。

岩石电阻率并不能用一个简单公式表达。Schlumberger（1987）对此做出了最好的解释。对于干净致密的砂岩，Archie 推导了一个经验公式：

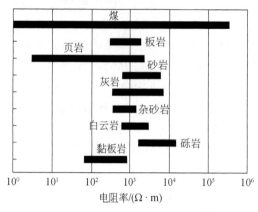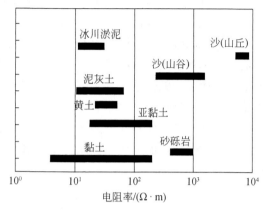

图 1.5 固结和松散沉积岩的电阻率（据 Aengenheister，1982 有修改）

$$\rho = \rho_w \frac{a}{\phi^m} \frac{1}{S^n} \tag{1.1}$$

式中，ρ 为岩层电阻率；ρ_w 为孔隙流体电阻率；a 为经验常数；ϕ 为岩层孔隙度；S 为地层水占据孔隙体积的比；m 和 n 为经验常数。除非发现不同，n 采用 Schlumberger（1987）建议的数值 2。指数 m 称为胶结系数。对于砂岩，岩层因数 $F = a/\phi^m$ 为

$$F = \frac{0.62}{\phi^{2.15}} (\text{Humber 岩层因数}) \tag{1.2}$$

对于致密岩层，$F = 1/\phi^2$（Archie 岩层因数）。当岩层变成泥质时，上述关系不再适用，需要进一步的修正。Schlumberger（1987）给出了一个例子：

$$\rho = \frac{F\rho_w}{S^2(1 - V_x)} + \frac{CV_x}{\rho_x} \tag{1.3}$$

式中，ρ 为岩层电阻率；ρ_x 为页岩或黏土的电阻率；ρ_w 为孔隙流体电阻率；S 为地层水占据孔隙体积的比；F 为岩层因数；V_x 为页岩或黏土的体积；C 为相关的水饱和度项。表 1.1 列出了不同类型岩石的 Archie 公式中的常数。

表 1.1 不同类型岩石的 Archie 公式中的常数

岩石的种类	a	m
弱胶结的碎屑岩，如砂岩和一些石灰岩，孔隙度为 25% ~45%，通常为新近纪	0.88	1.37
中等胶结的沉积岩，包括砂岩和石灰岩，孔隙度为 18% ~35%，通常为中生代	0.62	1.72
良好胶结的沉积岩，孔隙度为 5% ~25%，通常为古生代	0.62	1.72
高孔隙度的火山岩，如凝灰岩、块状熔岩和绳状熔岩，孔隙度为 10% ~80%	3.5	1.44
孔隙度低于 4% 的岩石，包括致密火成岩、变质沉积岩	1.4	1.58

由表 1.1 得知，由于岩石组成不同，即使在静态条件下也很难计算岩石电阻率这样的简单参数。当岩石性质随着温度、深度、含盐度和孔隙度变化时，岩石电阻率的确定变得更加困难。图 1.6 为不同含盐度孔隙流体的电阻率随温度的变化。当要确定某一深度处某

一岩层真实可靠的电阻率时，所有的因素都必须考虑到。

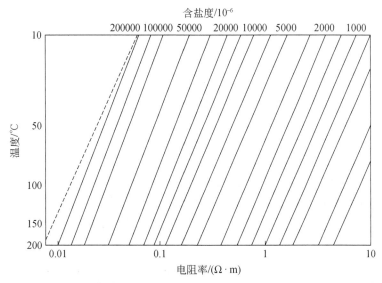

图 1.6　不同含盐度孔隙流体电阻率随温度和深度的变化（Schlumberger，1987）

综合以上因素，我们必须考虑岩石年龄对岩石电阻率的影响。图 1.7 给出了基于统计评估的不同岩石电阻率与岩石年龄的相关性。

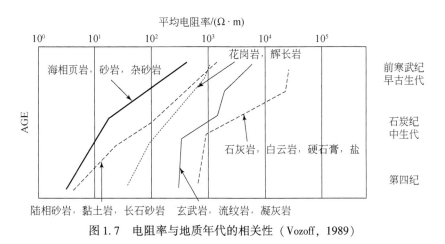

图 1.7　电阻率与地质年代的相关性（Vozoff，1989）

另一个经常被忽略的重要因素是岩石的电各向异性，人们所说的各向异性是岩石电阻率在纵向（水平）和横向（垂直）上不同。严格来讲，我们使用二维情况下的各向异性，即垂直方向所测的电阻率和在水平方向所测的电阻率不同（假设无水平各向异性）。在大多数沉积岩地区，层状沉积物的缓慢沉积过程是存在各向异性的。图 1.8 给出了这种各向异性块体模型。

这里假定多旋回沉积过程造成了电阻率从 ρ_1 到 ρ_2 的循环变化。当推导各向异性理论时，标量电阻率必须替换张量电阻率以加快问题的求解。

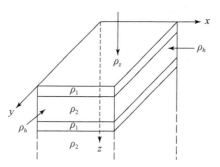

图 1.8　水平层状各向异性介质

　　由于各向异性的问题远比已考虑到的情况复杂得多，所以只能讨论一些简单的例子。怎样才能观测到 LOTEM 数据的各向异性？我们必须找到测量和显示垂向电流的方法。采用接地导线发射源（见第 2 章）的 LOTEM 除产生水平感应电流外，也产生垂向电流。考虑到接收的磁场分量，我们主要观测水平感应效应或者本章所说的纵向电阻率。电场接收信号包含了垂向电流或地下横向电阻率的信息。图 1.9 展示电各向异性怎样影响瞬变电磁测深法测得的信号。下部模型代表图 1.8 中所示的各向异性情况。对于采用感应线圈磁力仪测量的磁场导数（上部），观测不到各向异性，这是由于磁场测量只对水平电流灵敏，两条曲线基本相同。对于电场，各向异性变得可见，表明半空间响应和各向异性模型响应的不同大约从 0.5s 时开始表现出来。

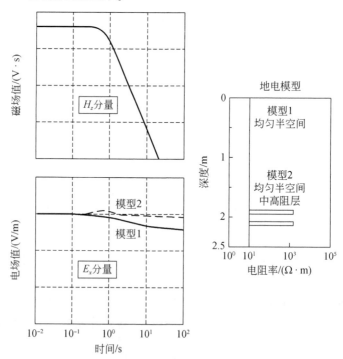

图 1.9　模拟 LOTEM 方法各向异性模型的磁场导数和电场响应

半空间模型的电阻率为 10Ω·m，并且都在偏移距 7km 处进行测量。各向异性模型在深度分
别为 2000m 和 2250m 处加入两个高阻层（每层厚度为 50m，电阻率均为 1000Ω·m）

　　目前，我们了解到只有在电场分量中 LOTEM 数据才会表现出电各向异性。对于数据解释人员来说，下一个问题是：如何获得勘探区各向异性？通常使用测井数据或通过岩心样品得到。图 1.10 给出了两个岩层的纵向电阻率（来自 Denver-Julesberg Basin）和区内各向异性相关系数（Keller，1971）的例子。各向异性系数是垂直和水平电阻率比值的平方根。数据是从测井和岩心分析中获得的。这种类型的信息使解释人员能够获得该区域真实的、第一手的解释资料，同时能使解释人员注意各向异性可能造成的解释问题。图 1.10 为数据 50～54 各向异性系数增大可能会导致的解释问题。可靠的解释可以节省大量时间并避免可能的错误解释所带来的问题。

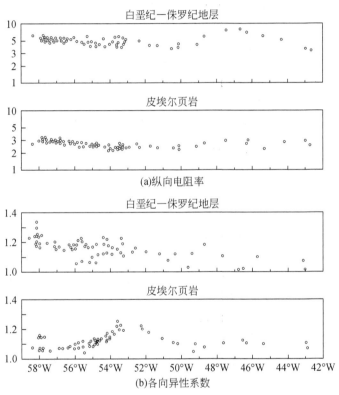

图 1.10　横跨美国丹佛-朱尔斯堡盆地区域的两个地层纵向电阻率和电各向异性系数的实例

　　大多数情况下，在一个剖面上很好地进行电阻率解释（图 1.10）是行不通的。然而，我们可以用测井数据推导该区的基本电性模型。一个精细的测井数据可简化为如图 1.11 所示的块体模型，并且块体划分可通过肉眼甄别完成。同时，近地表导电体不在考虑范围内，因为 LOTEM 不是设计解决浅部问题的。关于更精确划分块体的论述见测量前可行性研究章节。如果一个测井资料都没有，解释人员就必须完全依靠自己的判断，不能忘记电阻率的不准确性和变化。

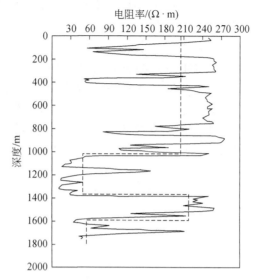

图 1.11　用感应测井定义解释测井曲线模型的例子

虚线表示初始解释模型

1.4　本 章 小 结

在所有电磁方法中，大地电磁法已经成为勘探业广泛认可的方法了，而瞬变电磁法仍然处于尝试阶段。瞬变电磁法可以为一些勘探问题提供非常有用的附加信息，如永久冻土、油水界面、火山岩覆盖、逆冲推覆、严重风化覆盖层及所有与之相关的复杂地形、孔隙度变化的划分及深部地壳研究。在所有情况下，瞬变电磁法可以提供有助于厘清和理解勘探问题的附加信息。

从勘探历史来看，瞬变电磁测深法首先由科罗拉多矿业大学和第七集团公司的 Keller 引入西方世界。之后，研究活动扩散到了亚洲地区和澳大利亚，后又传到了德国和南非地区。如今，世界上存在几个不同的研究组织致力于该方法技术的改进提高，并格外注重其工业应用。

当把电磁方法应用到勘探中时，深刻理解其基本假设（如电阻率估算）是非常重要的，特别是评价电阻率估算值的可靠性，必须考虑到与岩石电阻率有关的经验公式中的每个参量。即便这样，地质造成的电阻率变化范围是相当大的，使勘探工作者不断地质疑自己的假设。为了推导得到地球物理测量的最佳基本模型，任何能获得的额外信息都是极其重要的。即使在找到最佳地球物理模型后，各向异性造成的模棱两可问题也必须通过适当的现场测量来消除，并且评估各向异性的存在情况及纠正方法。

第2章 基础理论

瞬变电磁法的详细基本理论可以参考两本教科书（Vanyan，1967；Kaufman and Keller，1983），本书只给出关键方程。虽然方程的推导与上述两本书中的理念稍有不同，但本书给出的推导思路更适合于现代数值计算技术和方法。附录1给出了一个推导过程的范例，本书遵循 Weidelt（1985）、Ward 和 Hohmann（1988）的理念。Petry（1987）和 Boerner（1992）对所有方程和推导过程进行了详尽的总结。Strack（1985）对 LOTEM 观测系统进行了全面的总结分析。Nekut 和 Spies（1989）论述了将油气资源勘查中的可控源电磁技术与方程推导关联起来的基本框架或思路。

本章首先对瞬变电磁测深法的物理原理进行阐述，然后着重论述实测数据的多元化成图技术。旨在为读者提供几种制作标准地电数据图（视电阻率）或更直观的电阻率分布结构图的途径。

2.1　物 理 原 理

本书介绍的电性源瞬变电磁法是采用一个接地源作为发射装置、由多个接收装置观测电场和磁场的时间导数（图2.1）。发射偶极长度通常从几百米到几千米。发射装置和接收装置之间的距离称为偏移距（offset），一般长度为 2~20km，更短或更长的偏移距较少使用。当偏移距大于勘探深度时称为电性源长偏移距瞬变电磁法。

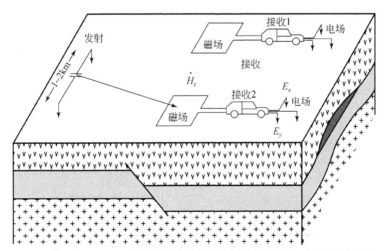

图 2.1　典型的 LOTEM 发射装置和接收装置布置示意图（单接收站系统）

通过发射偶极向大地供入方波电流，电流关断后，地下激发电磁感应电流。瞬变电磁场的扩散过程可以形象化地视为"烟圈"（Nabighian，1979；Oristaglio and Hohmann，1984；Gunderson et al.，1986）。对于一个采用小偶极的接地导线发射装置，在半空间中计算的电场如图2.2所示。实线表示对应于正电流方向的电场强度等值线,虚线表示与负电流方向对应的电场强度等值线。感应电流垂直于图示平面。因此,可以想象电流外延在上部超出了图框范围,在图框下部返回。每张图分别代表电流关断后不同时刻(1ms、10ms和100ms)的电场分布,关断时间显示在图的右下角。早期,电流主要集中在发射导线源附近,随着时间的增加,感应电流向下扩散。

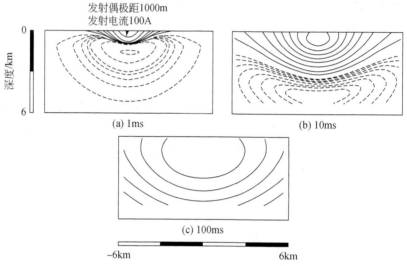

图2.2 电阻率为200Ω·m的半空间中接地偶极子的烟圈效应

每张图表示电流关断后的时间不同,等值线代表具有相同电场强度的线,实线与虚线表示相反的极性

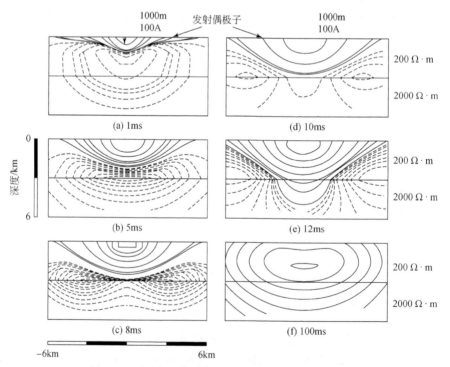

图2.3 两层大地模型中接地导线偶极子的烟圈效应

等值线代表具有相同电场强度的线,实线与虚线表示相反的极性

　　如果在大地模型中加入一个高阻层，感应电流扩散的形式就会发生改变。在图 2.3 中，在 3km 深度处加入一个电阻率为 2000Ω·m 的高阻层。垂直于图示平面流动的感应电流到达高阻层界面，就开始随时间向外扩散，这导致在接收点采集的信号来自发射装置与接收装置之间的某一区域。图 2.4 给出了电流关断 10ms 后均匀半空间和两层模型感应电流扩散过程的对比结果，扩散速度在很大程度上取决于地下介质的电阻率。由图 2.4 可知，两个模型具有明显的电阻率差异，等值线的陡变是由等值线图的分辨率造成的。

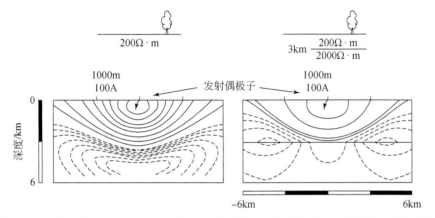

图 2.4　电流关断 10ms 后一个半空间和一个两层地电模型的感应电流扩散过程的对比

2.2　理　论　基　础

　　电磁场方程的推导基于准静态的麦克斯韦方程组：

$$\nabla \times \boldsymbol{E} = - \partial \boldsymbol{B} / \partial t$$
$$\nabla \times \boldsymbol{H} = \boldsymbol{j}$$
$$\nabla \cdot \boldsymbol{D} = 0$$
$$\nabla \cdot \boldsymbol{B} = 0 \qquad\qquad (2.1)$$
$$\boldsymbol{j} = \sigma \boldsymbol{E}$$
$$\boldsymbol{B} = \mu \boldsymbol{H}$$
$$\boldsymbol{D} = \varepsilon \boldsymbol{E}$$

式中，ε 为真空的介电常数；$\mu = \mu_0 = 4\pi \times 10^{-7}\,\mathrm{Vs}/(\mathrm{A \cdot m})$；$\boldsymbol{E}$ 为电场强度矢量；$\boldsymbol{D}$ 为电位移矢量；$\boldsymbol{B}$ 为磁感应强度矢量；t 为时间；$\boldsymbol{H}$ 为磁场强度矢量；$\boldsymbol{j}$ 为电流密度矢量；σ 为电导率。通过标量位函数（Weidelt，1985；Petry，1987；Ward and Hohmann，1988；Boerner and West，1989）可以求解层状大地的麦克斯韦方程组。选用的标量位函数常用 ϕ_{E}、ϕ_{M} 表示，分别满足上述方程组。在位场理论中，这些标量位函数也称为德拜位函数，或者极向型和环向型位函数。ϕ_{E} 不产生垂向电场分量，ϕ_{M} 不产生垂向磁场分量。因此，ϕ_{E} 被称为横向或切向电场（TE）模式，ϕ_{M} 被称为横向或切向磁场（TM）模式。模式有时也称为极化。

　　在一维情形下，TE 模式仅产生水平电流，TM 模式仅产生垂向电流。由感应回线磁力

仪观测的感应电压 U、电极观测的电压 V 的表达式分别为

$$U_z(\boldsymbol{r},\ t) = -\frac{1}{2\pi}\int_{-\infty}^{\infty}\mu_0 A \mathrm{e}^{i\omega t}\frac{D_0\cos\phi}{4\pi}\int_0^{\infty}\frac{\boldsymbol{B}_{\mathrm{E1}}(\kappa,\ \omega)-\kappa}{\boldsymbol{B}_{\mathrm{E1}}(\kappa,\ \omega)+\kappa}\kappa J_1(\kappa r)\,\mathrm{d}\kappa\mathrm{d}\omega \tag{2.2}$$

$V_x = lE_x(\boldsymbol{r},\ t)$

$$= -\frac{l}{2\pi i}\int_{-\infty}^{\infty}\frac{\mathrm{e}^{i\omega t}}{\omega}\frac{-i\omega\mu_0 D_0}{4\pi}\int_0^{\infty}\left\{\begin{array}{l}\left(\dfrac{\boldsymbol{B}_{\mathrm{H1}}(\kappa,\ \omega)-\kappa}{\alpha^2}-\dfrac{1}{\boldsymbol{B}_{\mathrm{E1}}(\kappa,\ \omega)+\kappa}\right)\\[3mm]\left(\dfrac{2}{r}J_1(\kappa r)(2\cos^2\phi-1)-2\kappa J_0(\kappa r)\cos^2\phi\right)\\[3mm]+\dfrac{\boldsymbol{B}_{\mathrm{E1}}(\kappa,\ \omega)-\kappa}{\boldsymbol{B}_{\mathrm{E1}}(\kappa,\ \omega)+\kappa}\kappa J_0(\kappa r)\end{array}\right\}\,\mathrm{d}\kappa\mathrm{d}\omega \tag{2.3}$$

$$+\frac{\rho_1 D_0}{2\pi r^3}(2-3\sin^2\phi)$$

式中，U_z 为由面积为 A 的感应线圈观测的感应电压；ϕ 为 x 坐标（也就是发射偶极导线方向）与偏移距矢量 $\boldsymbol{r}$ 之间的夹角；ω 为角频率；κ 为波数；J_0 和 J_1 为贝塞尔函数；V_x 为 x 位置的电压值；l 为长度；D_0 为发射偶极矩；B_{H1} 和 B_{E1} 为地表互阻抗，定义为

$$B_{\mathrm{E}n,\ \mathrm{H}n}=\alpha_n \qquad\qquad \alpha_m^2:\ =\kappa^2+i\omega\mu_0\sigma_m \tag{2.4}$$

$$B_{\mathrm{E}m}=\alpha_m\frac{B_{\mathrm{E}m+1}+\alpha_m\tanh_i(\alpha_m d_m)}{\alpha_m+B_{\mathrm{E}m+1}\tanh_i(\alpha_m d_m)} \tag{2.5}$$

$$B_{\mathrm{H}m}=\alpha_m\frac{B_{\mathrm{H}m+1}+\alpha_m\beta_m\tanh_i(\alpha_m d_m)}{\alpha_m\beta_m+B_{\mathrm{H}m+1}\tanh_i(\alpha_m d_m)} \tag{2.6}$$

$$m=M-1,\ \cdots,\ 1 \qquad d_m=h_{m+1}-h_m \qquad \beta_m=\sigma_{m+1}/\sigma_m$$

式中，n 为层数；h_i 为第 i 层的厚度。递推从最底层，即半空间的底部开始，在无穷远处电磁场为零，使得方程有解。从第 n 层开始向上第 $n-1$ 层逐层递推直至地表。利用这些公式，能计算层状大地模型的电压，并与野外实测结果进行对比。

一个常被提及的问题是：既然每一层的方程能很好地用递推公式表示，为何没有直接的电磁反射方程。原因是忽略了位移电流的波动方程退化为扩散方程。为说明扩散方程中位移电流可以被忽略，本书采用电场和磁场的波动方程：

$$\nabla^2\boldsymbol{E}+(\mu\varepsilon\omega^2-i\mu\sigma\omega)\boldsymbol{E}=0 \tag{2.7}$$

$$\nabla^2\boldsymbol{H}+(\mu\varepsilon\omega^2-i\mu\sigma\omega)\boldsymbol{H}=0 \tag{2.8}$$

当第一项很小或者 $1/\varepsilon\omega\rho\gg1$ 时，括号内的项可以简化为 $-i\mu\sigma\omega$。对于大多数岩石而言，介电常数 ε 为 $10^{-10}\mathrm{As}/(\mathrm{V}\cdot\mathrm{m})$ 量级。当电阻率为 $1\sim10000\Omega\cdot\mathrm{m}$，且观测频率小于 $1\mathrm{kHz}$ 时，$1/\varepsilon\omega\rho=1/(10^4\cdot10^3\cdot10^{-10})=10^3\gg1$，这意味着位移电流可以被忽略。

上述理论对于反演来说是足够的，但操作员无法理解数据及其反映的地质情况。因此，我们需要借鉴其他电法中视电阻率的概念，为野外操作员寻找一种有效的数据显示方法。

2.3　视　电　阻　率

Sheriff（1984）给出了视电阻率的一个定义，即均匀各向同性大地的电阻率需与实测

的电压–电流关系相同。

据此，对所有的电法和电磁法视电阻率都可以进行定义。所有方法都可认为地下物理性质的变化是其特定参数的函数。在直流电阻率测深中，收发距可以被用来评估勘探深度。对于频率域方法（MT、AMT、CSAMT、频率域测深等），视电阻率和相位曲线与频率有关，频率通过趋肤深度直接与勘探深度联系起来。而瞬变电磁法观测时间窗口直接与勘探深度范围有关（Spies，1989）。发射装置与接收装置之间的距离称为偏移距，它是仪器有效动态范围内可分辨地下导电体的时间窗口的控制因素，这些目标体的分辨率很大程度上取决于测区的信噪比。在电法和电磁法中，推导视电阻率公式的通用方法是建立视电阻率与半空间电阻率之间的关系方程。利用野外观测参数（电压、装置系数、电流、频率及观测时间等）推演此方程，最终得到视电阻率计算公式。主要步骤如下：

第一步，推导半空间电压方程作为半空间电阻率函数；

第二步，改写该方程，将半空间电阻率表示成观测电压的函数 U_m；

第三步，归一化处理观测电压，并与半空间电压建立关系：

$$\frac{\rho_a}{\rho^{\mathrm{HS}}} = \frac{U_m}{U^{\mathrm{HS}}} \tag{2.9}$$

第四步，将未知的、需要求解的 ρ_a 量作为方程的一边，变换方程就可消去半空间电阻率。

通常进行第三步和第四步时，需要额外的物理条件约束。直流电阻率法，当收发间距很大时，视电阻率趋近于半空间底部的电阻率。类似地，频率域电磁法，高频和低频分别反映最上部和最底部半空间的真电阻率。时间域电磁法，早期时间域的视电阻率反映最浅层，而晚期时间域的视电阻率反映深层。

遵循这一规律，视电阻率公式可将大地响应与地下真电阻率的变化联系起来。对于LOTEM，视电阻率公式的推导更加复杂一些，因为半空间电压与电阻率之间存在着非线性关系，即

$$V(t) = \frac{3 D_0 A \rho y}{2 \pi r^5} \left[\mathrm{erf}\left(\frac{u}{\sqrt{2}}\right) - \sqrt{\frac{2}{\pi}} u \left(1 + \frac{u^2}{3}\right) \mathrm{e}^{-u^2/2} \right] \tag{2.10}$$

式中，$u = \dfrac{2\pi r}{\tau}$，$\tau^2 = \dfrac{8\pi^2 \rho t}{\mu_0}$；erf 是误差函数（Abramowitz and Stegun，1964）；$V(t, \rho)$ 存在唯一解，而 $\rho(t, V)$ 的解不是唯一的。求解过程中需要考虑时间因素。因此，我们需要分析上述方程的极限时间：

当 $t \to 0$，$u \to \infty$　$\mathrm{erf} \to 1$ 时，　　$\lim\limits_{u \to \infty} \mathrm{erf}\left(\frac{u}{\sqrt{2}}\right) = 1$ \hfill (2.11)

可得到：

$$U_{\mathrm{ET}}^{\mathrm{HS}} = \lim\limits_{t \to 0} U(t) = \frac{3 D_0 A y \rho}{2 \pi r^5} \tag{2.12}$$

当 $\tau \to \infty$ 时，类似地可得到：

$$U_{\mathrm{LT}}^{\mathrm{HS}} = \lim\limits_{\tau \to \infty} U(t) = \frac{D_0 A y}{40 \pi \sqrt{\pi}} \frac{\mu_0^{5/2}}{\rho^{3/2} t^{5/2}} \tag{2.13}$$

这里，下标 ET 和 LT 分别表示早期和晚期。早期方程适用条件是 $\tau/r \leqslant 2$，晚期方程适用于 $\tau/r \gg 16$ 的情况。根据以上内容和视电阻率公式的推导原则，早期和晚期的视电阻率可表示为

$$\frac{\rho_a^{ET}}{\rho_1} = \frac{U(t)_m}{U(t)_{ET}^{HS}} \quad \text{或} \quad \rho_a^{ET} = \frac{2\pi r^5}{3D_0 A_y} U(t)_m \tag{2.14}$$

$$\frac{\rho_a^{LT}}{\rho_1} = \left(\frac{U(t)_{LT}^{HS}}{U(t)_m}\right)^{2/3} \quad \text{或} \quad \rho_a^{LT} = \left(\frac{D_0 A_y}{40\pi\sqrt{\pi}U(t)_m}\right)^{2/3} \left(\frac{\mu_0}{t}\right)^{5/3} \tag{2.15}$$

式中，ρ_a^{ET} 为早期视电阻率；ρ_1 为半空间电阻率。即 $\rho_a \begin{cases} =\rho_1 \\ =\rho_n \end{cases}$ 早期视电阻率趋近于第一层的电阻率，晚期视电阻率趋近于最底层的电阻率。ρ_a^{LT} 为晚期视电阻率；$U(t)_m$ 为观测电压；$U(t)_{ET}^{HS}$ 和 $U(t)_{LT}^{HS}$ 分别为早期和晚期半空间电压。

图 2.5 给出了半空间早期和晚期视电阻率曲线。在电流关断的那一刻，早期半空间视电阻率与介质的真电阻率完全相等。当 $\tau/r \leqslant 2$，在 0.6~30s，视电阻率曲线不能反映真实的地下电阻率（过渡期），30s 以后，满足晚期条件 $\tau/r \gg 16$，视电阻率再次反映真实电阻率。图 2.6 给出了层状大地模型的视电阻率曲线。从曲线图上可以看到，早期视电阻率增大，然后电阻率曲线开始衰减，这是由于中间存在高阻层，导致早期视电阻率无法反映地下真电阻率，只能反映电磁场的衰减特征；而晚期视电阻率渐近等于最底层（半无限空间）的电阻率值。

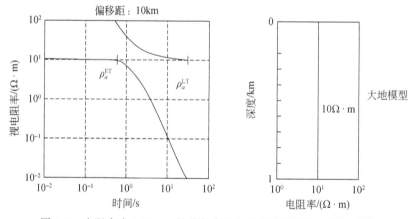

图 2.5　电阻率为 10Ω·m 的均匀半空间早期和晚期视电阻率曲线

据此（Petry，1987），可以推导出不同电磁场分量（这些电磁场分量通常可以实测得到）的视电阻率计算公式，分别为

（1）垂直磁场对时间的导数：

$$\rho_{a,z}^{ET}(t) = \frac{2\pi r^5}{3D_0 A_y} U_z(t) \tag{2.16}$$

$$\rho_{a,z}^{LT}(t) = \left(\frac{D_0 A_y}{40\pi\sqrt{\pi}U_z(t)}\right)^{2/3} \left(\frac{\mu_0}{t}\right)^{5/3} \tag{2.17}$$

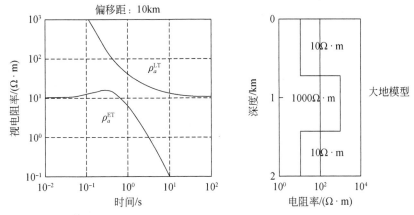

图 2.6 中间层为高阻的三层地电模型早期和晚期视电阻率曲线

（2）平行于导线的电场分量（E_x）：

$$\rho_a^{\mathrm{ET}}(t) = \frac{4\pi r^3 E_x}{3D_0 \sin^2\phi} \tag{2.18}$$

$$\rho_a^{\mathrm{LT}}(t) = \frac{-2\pi r^3 E_x}{D_0\left(1 - \dfrac{3}{2}\sin^2\phi\right)} \tag{2.19}$$

（3）垂直于导线的电场分量（E_y）：

$$\rho_a^{\mathrm{ET}}(t) = \frac{-4\pi r^3 E_y}{3D_0 \cos\phi \sin\phi} \tag{2.20}$$

$$\rho_a^{\mathrm{LT}}(t) = \frac{-4\pi r^3 E_y}{3D_0 \cos\phi \sin\phi} \tag{2.21}$$

在进行 LOTEM 测量时，需要克服测区内电磁噪声的影响。通常，在数据采集过程中采用模拟滤波器。当把数据转换成视电阻率时，曲线与图 2.5 和图 2.6 所示的曲线有所不同。实测曲线在早期存在一个急剧变化的陡坡，这一陡坡是由系统响应造成的，将在第 3 章中进行解释。由于数据中包含系统响应，这些曲线被称为转换电阻率，而不是视电阻率，图 2.7 给出了与图 2.5 和图 2.6 中相同大地模型的转换电阻率情形。

对于 LOTEM，使用视电阻率需要注意一点：视电阻率仅给出一种数据归一化的方法，用于现场快速评价观测数据。由于现场作业条件的复杂和数据采集（系统响应和噪声）的缺陷，我们很难从视电阻率曲线中直接获得可靠的大地电性结构。实际上，视电阻率对电场意义不大，因而我们总是使用电压并且严格地反演电压（前面已提到）是一种很精确地评价数据的途径。有人试图推导全域有效的视电阻率计算公式，成效甚微（Yang，1986；Spies and Eggers，1986；Strack，1987），但为了叙述的完整性，下面总结分析他们的研究。

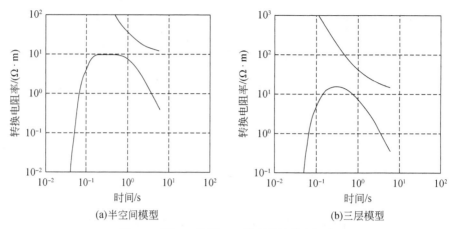

(a)半空间模型　　　　　　　　　　　(b)三层模型

图 2.7　图 2.5 和图 2.6 模型的转换电阻率

2.4　全域视电阻率

尽管将视电阻率曲线用于数据解释存在争议，但它可以用来比较不同接收站点的数据，并获得用于绘制等值线或网格图像的归一化数据。

由于采集数据量增加需要一个快捷的数据显示方式，所以研究全域视电阻率显得尤为重要。在文献中仅检索到一篇关于 LOTEM 全域视电阻率的文章（Yang，1986）。Yang（1986）补充完善了全域视电阻率的概念，并推导了一些特殊情形下的计算公式；几乎同期但稍早些时候，Stoyer 和 Strack（1985）进行了半成功性的尝试，这些研究的共性是采用电压分量进行全域视电阻率计算；之后 Spies 和 Eggers（1986）提出了更有希望的思路，即使用磁场值。他们的思路只用在了回线源瞬变电磁数据中，Karlik 和 Strack（1990）将其用于 LOTEM 数据处理中。

Stoyer（1981）首先尝试了在早期、晚期视电阻率曲线之间进行时间插值，两层模型的计算结果如图 2.8 所示。对于均匀半空间模型，可以得到其真电阻率值。当第二层为低阻时，视电阻率先趋近于第二层视电阻率，然后在再次趋近于第二层电阻率之前下冲。对于第二层为高阻的情况，视电阻率先下冲，然后趋近于第二层的电阻率值。由于下冲并不总是出现在相同的时间窗，所以数据解释人员常常只能把其作为单独一层对待。

Strack（1985）采用最小二乘拟合技术来消除视电阻率曲线的变形现象，当遇到这种现象时视电阻率曲线就会被平滑。尽管如此，即使一个四层的模型，电阻率曲线的这种变形现象也不能完全避免。图 2.9 为四层模型第三层 1500m 厚导电层的视电阻率曲线，在 0.6～2s 的曲线变形部分是无法解决的。如果这一层是 1000m 厚，全域视电阻率曲线是光滑的，但得到的却是一个典型的五层模型曲线。

Yang（1986）在最小二乘法中加入约束条件进行进一步处理，得到了一大类没有明显变形的全域视电阻率曲线。但却不能得出所有类型模型的视电阻率曲线，特别是不适合长偏移距的情形。在三层模型曲线中只出现稍微的变形。很难决定曲线变形是真实的地质结

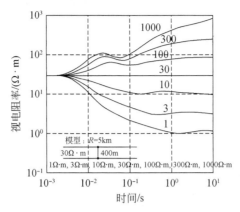

图 2.8　Stoyer 计算得到的两层模型的全域视电阻率曲线（Strack，1985）

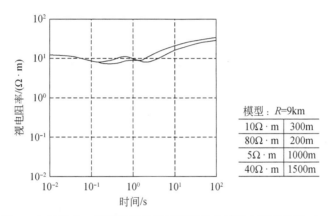

图 2.9　使用 Strack 的最小二乘法计算的四层模型的全域视电阻率曲线（Strack，1985）

构引起的，还是算法引起的。Yang 的计算采用的偏移距小于四倍的偶极长度，因而这种方法对 LOTEM 数据的应用受到限制。

Karlik 和 Strack（1990）采用了 Spies 和 Eggers（1986）的研究思路，使用磁场而不是磁场的时间导数。磁场通过电压的积分获得。将观测数据与均匀半空间磁场进行比较，求得电导率为

$$H_z^m = H_z^{\mathrm{HS}} \quad \text{或者} \quad H_z^m - H_z^{\mathrm{HS}} = 0$$

或更加一般的形式：

$$g - f(\rho) = 0 \tag{2.22}$$

根据这个方程，可通过式（2.23）得到 ρ：

$$\rho = f^{-1}(g) \tag{2.23}$$

式（2.23）只能通过 Newton-Raphson 等数值方法求解，寻求满足式（2.22）的初始均匀半空间电阻率。利用这一方法，采用磁场而不是电压响应进行视电阻率计算，可以避免式（2.10）中非单值函数问题。图 2.10 给出了不同电阻率的两个均匀半空间模型的磁场响应和电阻率分别与半空间电阻率相同的两层模型的磁场响应。两层模型的磁场响应首

先与第一层的电阻率值相近，然后趋近于第二层的电阻率曲线。磁场响应是单调函数，容易进行反演，电阻率是磁场的函数。不同偏移距下视电阻率曲线的形状只稍微不同于半空间磁场。如图 2.11 所示，在接近发射源时，上层的曲线偏差最明显。

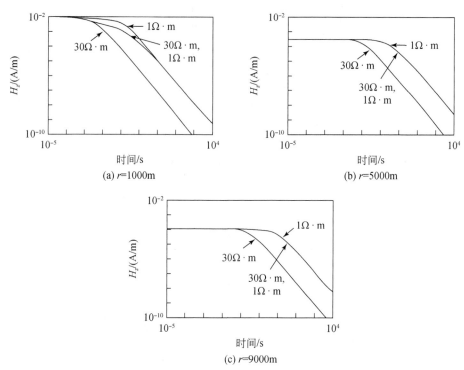

(a) r=1000m　　　　　　　　　　　　(b) r=5000m

(c) r=9000m

图 2.10　电阻率分别为 30Ω·m 和 1Ω·m 两个半空间模型的磁场响应和偏移距分别为 1000m、5000m 和 9000m，电阻率与半空间相同的两层模型（30Ω·m、1Ω·m；第一层厚度为 400m）的磁场响应图

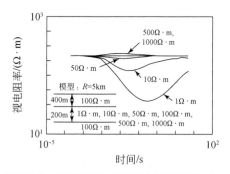

图 2.11　中间层电阻率变化的三层模型的全域视电阻率曲线（Karlik and Strack，1990）

图 2.11 给出了一系列第二层电阻率变化的三层模型的全域视电阻率曲线。这些曲线符合实际，并且没有上述的曲线变形，也没有出现频率域曲线常见的下冲和过冲现象。

图 2.12 给出了采用全域视电阻率公式对 Yang（1986）模型的计算结果，很明显，全域视电阻率没有出现 Yang 计算结果中存在的变形现象。

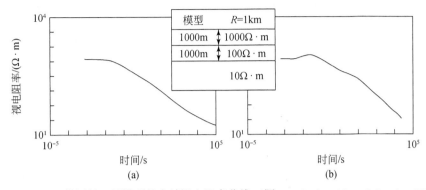

图 2.12 Yang 使用的三层模型的全域视电阻率曲线（图 2.10）（Karlik and Strack，1990）

（a）由磁场导出的全域视电阻率曲线；（b）Yang 得出的对应全域视电阻率曲线。

两条曲线都是在 1km 偏移距时计算得到的

图 2.13 给出了四层模型的全域视电阻率曲线，也没有明显变形，且与实际情况吻合。

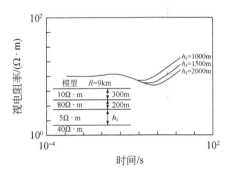

图 2.13 图 2.9 中四层地电模型的全域视电阻率曲线（Karlik and Strack，1990）

上述计算都是采用人工合成数据完成的。将该方法用于实测数据通常会面临两个问题：①早期数据受系统响应影响较大而畸变；②晚期数据噪声大而造成外加的数值误差。

因此，全域视电阻率算法应仅适用于去除系统响应后的反褶积数据。图 2.14 给出了实测数据的例子，（a）为在 95% 置信区间上计算的传统的早期和晚期视电阻率曲线，（b）为相应的实测数据计算的全域视电阻率曲线。为了直观，图中没有给出误差曲线，箭头表示此处以后全域视电阻率曲线不可靠且误差大。这仅从全域视电阻率曲线上是很难识别的。

全域视电阻率曲线的优点在于其能够产生偏差较小的拟断面图和剖面图，否则这些图只能采用早期和晚期的近似解。

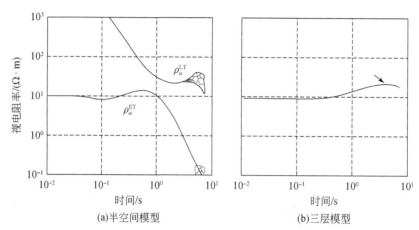

图 2.14　实测数据的早期和晚期视电阻率曲线和相应的全域视电阻率曲线（Karlik and Strack，1990）

2.5　数据成像

很多学者对电磁数据转换成的地下直观图像进行了研究，目的是将观测数据转换成接近地质结构的地下图像。Zhdanov 和 Matusevich（1984）在苏联开展了意义重大的研究工作，采用类似于地震数据处理的偏移成像方法。Kamentsky（1985）、Kamentsky 和 Porstendorfer（1983）进行了一些早期研究，通过把数据转换成区间电阻率的方法来解释电磁数据。在西方国家，文献中有很多关于直观显示瞬变电磁数据的文章（Nabighian，1979；Barnett，1984；Raiche and Gallagher，1985；Spies and Eggers，1986；Polzer，1986；Nekut，1987；Macnae and Lamontagne，1987；Fullagar，1989；Eaton and Hohmann，1989；Macnae et al.，1991；Smith and Buselli，1991）。所有这些方法既有优点又有缺点，原因在于现场观测结果受野外工作布置及巨大的电阻率差异的影响，各种方法的相关细节可以参考前面提到的文献。这里讨论两种不同的方法，第一种方法通过简单变换直接实现电阻率或电导率成像；第二种方法利用一个假设的模型，将观测数据与模型的响应进行比较，得到理想的拟合结果。

第一种方法基于全域视电阻率曲线，目标是寻找一种变换将全域视电阻率曲线转换成电阻率-深度关系曲线。至于全域视电阻率曲线，应优先使用通过上述垂直磁场分量计算全域视电阻率曲线。该曲线被用来计算扩散速度和扩散深度。根据扩散深度和该深度以上所有地层的总电导，可以计算出一个成像电导率。扩散速度采用 Macnae 和 Lamontagne（1987）计算的公式，即

$$v_{\mathrm{d}}(t) = \sqrt{\frac{\rho_{\mathrm{a}}(t)}{\mu_0 2t}} \tag{2.24}$$

式中，$v_{\mathrm{d}}(t)$ 为扩散速度；$\rho_{\mathrm{a}}(t)$ 为全域视电阻率，平方根内分母上的因子 2 是可变的，取决于作者如何表达探测深度。我们发现上述 Macnae 和 Lamontagne（1987）的公式最适合 LOTEM 数据。扩散深度可以表示成

$$z(t) = \int_0^t v(t)\, \mathrm{d}t^l \tag{2.25}$$

已知某一时刻的扩散深度，我们假定视电阻率为

$$\rho_a(t) = \frac{Z_d(t)}{S_d(Z(t))} \tag{2.26}$$

式中，$S_d(Z(t))$ 为在指定时间对应扩散深度之上所有地层的总电导；下标 d 表示扩散深度。电导率（电阻率的倒数）在深度间隔 $\mathrm{d}z$ 内随深度变化为

$$\sigma_i = \frac{1}{\rho_i} = \frac{\mathrm{d}S}{\mathrm{d}z_d} = \frac{\mathrm{d}(z/\rho_a)}{\mathrm{d}z_d} \tag{2.27}$$

由于此处采用的是深度区间的电导率，因此也被称为区间电导率或电阻率。

第二种方法基本上延续了 Eaton 和 Hohmann（1989）的研究思路，能够实现 LOTEM 的快速成像。因此，这里给出详细的推导过程。Eaton 和 Hohmann（1989）采用位置随时间不断变化的单一像，而 Macnae 和 Lamontagne（1987）采用多重像。成像技术的关键是将像电流的磁场与实测响应转换成的磁场进行对比。位于发射源下方且具有完全相同偶极矩的像，也称为源像或电流像。作为时间函数的深度用均匀半空间中电场的最大值来定义。基于式（2.10），发射源下的电场表达式为

$$E_x(z,\ t) = \frac{D_0 \rho}{\pi z^3} \left[\mathrm{erf}\left(\frac{u}{\sqrt{2}}\right) - \frac{1}{2} + \left(\sqrt{\frac{2}{\pi}}\, u - \frac{1}{2}\right)\left(1 + \frac{u^2}{2}\right) \mathrm{e}^{-u^2/2} \right] \tag{2.28}$$

对于指定深度，E_x 最大值对应的时间可以通过计算 E_x 对时间的一阶导数得到：

$$\left. \frac{\mathrm{d}E_x(z,\ t)}{\mathrm{d}t} \right|_{z = z_{\mathrm{image}}} = 0 \tag{2.29}$$

据此，像深度可表示为

$$z^2(t)_{\mathrm{image}} = \frac{4t}{\mu_0 \sigma} \tag{2.30}$$

根据 Biot-Savart 定理，该深度电流产生的磁场为

$$H_z = \frac{I}{4\pi} \frac{y}{y^2 + z^2} \frac{x+l}{((x+l)^2 + y^2 + z^2)^{1/2}} \frac{x-l}{((x-l)^2 + y^2 + z^2)^{1/2}} \tag{2.31}$$

式中，l 为发射偶极子长度 $\mathrm{d}l$ 的 $1/2$；z 为像深度。$z(t)$ 由像磁场与观测或正演计算磁场的迭代拟合得到。

目前，我们已经得到了源像电流产生的磁场和作为电导率函数的像深度。根据式（2.30），迟缓度可以表示为

$$\frac{\mathrm{d}t}{\mathrm{d}z} = \frac{1}{2} z\mu_0 \sigma \tag{2.32}$$

关于 z 求二次导数，得到像电导率：

$$\sigma = \frac{2}{\mu_0} \frac{\mathrm{d}^2 t}{\mathrm{d}z^2} \tag{2.33}$$

这一表达式与 Eaton 和 Hohmann（1989）及 Macnae 和 Lamontagne（1987）的结果一致。

拟合计算可以分为 3 步：第一步，将实测数据（反褶积处理过的）或合成数据转换成

磁场值；第二步，将磁场与观测磁场拟合计算视深度；第三步，计算视电导率。只有在实测数据噪声很大时磁场计算才会出现问题。由给定时间值和设定的半空间电阻率计算出像深度。在实际应用中，计算全域视电阻率，并将反演结果用于迭代计算像深度。如果假设的半空间电阻率没有很好地反映地下模型的平均值，那么磁场间拟合不适于计算全域视电阻率。在这种情况下，需要选取一个更加合适的半空间电阻率。视深度和视电导率之间的比例因子应通过与合成曲线的对比得到，比例因子决定了程序如何运行。

  图 2.15 和图 2.16 中显示了两层和三层地电模型的合成数据拟合结果。当图 2.15 中模型的电阻率由高向低变化时，只出现较小的下冲现象；当电阻率急剧增大时，出现较大的过冲现象。过冲现象已被大多数学者观察到，并且成为 Smith（1991）等开发尖脉冲信号电导率成像的动力。图 2.16 给出了典型的 H 型、K 型、Q 型和 A 型三层模型。Q 型（电阻率随深度减小）和 A 型（电阻率随深度增加）给出了较好的成像效果；H 型模型（中间为导电层）导电层得到较好的识别，只是在接近较高电阻层边界时出现过冲现象；K 型模型（中间为高阻层）拟合曲线具有展宽现象，源像被拓展至一个较大的深度范围。

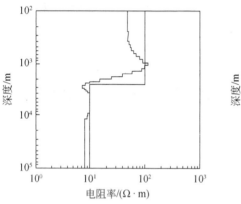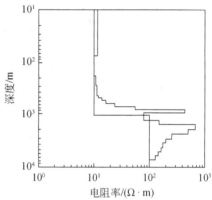

图 2.15 两层地电模型的拟合

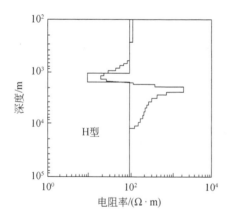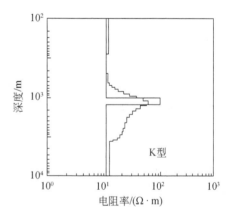

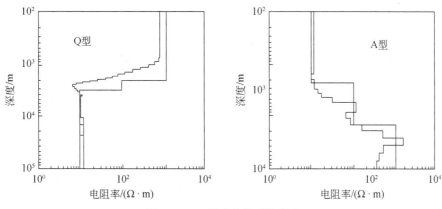

图 2.16　三层地电模型的拟合

　　对于实际应用，我们需要了解拟合成像技术怎样才能很好地代表整条剖面上的电性结构。因此，使用一维层状大地算法计算一个近水平 H 型三层模型的合成数据，对数据进行拟合成像处理，成像成果如图 2.17 所示，（a）用灰阶表示合成大地模型，（b）为源成像结果，（c）为区间电阻率成像结果。源成像结果清晰地显示出 H 型模型特征及近水平的中间层。第三层的成像电阻率高于模型电阻率，这是由进入高阻层时典型的过冲现象引起的。区间电阻率成像结果，灰度阶范围相对较小，这是由于区间电阻率的动态范围有限。同时，区间成像结果并没有明显地反映 H 型模型的特征。源成像比区间电阻率成像能够更好地保留数据的结构。

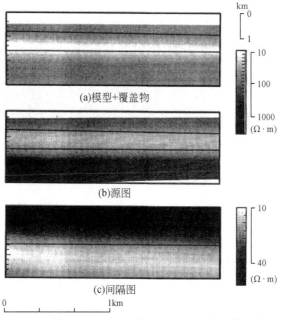

图 2.17　大地模型、源成像及区间电阻率成像的结果

由于成像基于一维层状大地模型，因此应该探讨其对三维结构的有效性。LOTEM 数据中典型的三维效应是数据符号反转（见第 4 章）。为了说明源成像中存在三维效应，计算了一个必须同时利用一维模型和三维模型进行剖面解释实例的三维合成数据。关于解释部分内容，读者可以参考第 4 章和第 7 章中关于一维和三维解释的讨论。图 2.18 给出了三维模型。横穿三维异常的 A-A′剖面被用于讨论在接近测站的位置观测到的三维效应（数据反转）。同时，剖面包含适用于一维解释的部分。图 2.19 给出了该剖面源成像结果，现场观测到数据反转的地方清楚地显示了一个异常区（白色），这意味着源成像技术可以用来快速确认三维结构的存在。

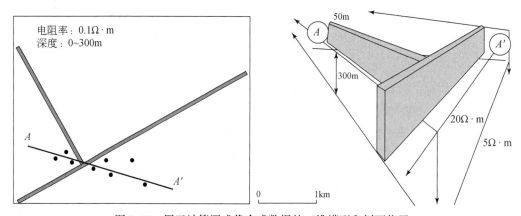

图 2.18　用于计算源成像合成数据的三维模型和剖面位置

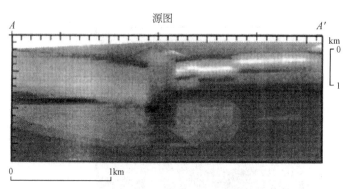

图 2.19　图 2.18 所示的三维模型合成数据的源成像结果

上述例子表明简单的一维源成像技术适用于数据的快速解释。源成像的计算很快，能在几分钟内现场完成。而相同数据的精细反演则需要大量的 CPU 时间。考虑到多道观测系统得到的数据越来越多，快速成像变得越来越重要。二维或三维成像或偏移成像更适用于复杂构造，但至今，这些技术仍需要更多解释人员相互合作，使得成像解释比常规解释耗时更多（James，1991）。

2.6 本章小结

接地源的感应电流扩散可以通过烟圈进行形象化分析。烟圈是感应电流通过地下垂向剖面的实时快照。对于均匀半空间模型，感应电流在发射源处直接向下扩散。计算层状大地模型的烟圈时，在电阻率差别较大的层分界面，感应电流开始向外扩散。向外扩散运动是由电阻率对比情况决定的。在晚期，电流分布相比于早期更加均匀。在接收位置，不同时间窗接收信号携带地下不同位置的信息。

采用标量位求解层状大地的麦克斯韦方程，利用这些标量位推导出磁场和电场的递归表达式，得到的方程可以被精确计算，并用于实测数据的解释。

视电阻率被用于对比不同接收位置的场，并获取地下电阻率分布的定性分析。视电阻率是与实测数据处于相同条件下半空间的电阻率。对于瞬变电磁数据，场是半空间电阻率的函数。然而，半空间电阻率关于观测电压的函数是多解的，需要引入早期、晚期视电阻率渐近公式。早期显示感应电流的扩散过程；晚期扩散向外传播；过渡期感应电流扩散特性发生改变。视电阻率也可以作为正演模拟的数据显示方式。在可行性分析中，视电阻率用于分析特殊大地构造是否可以被分辨。

基于磁场的全域视电阻率是一种更好的数据显示方式。尽管该方法仅适用于反褶积数据，但在实测中，对于获取等值线剖面或成像剖面是非常有用的。除了对地下电性结构的快速认知外，成像剖面可以在多维模拟应用的解释过程中确定异常位置。

观测数据可以以区间成像或源成像的方式呈现地下电性结构。区间成像通过时深变换得到。源成像技术假定源像随时间在真实源处向下运动。源成像具有更高的分辨率，但对于大数据体，仍仅作为定性解释的工具。

第3章　信号的失真及其补偿

考虑电性源瞬变电磁法的基础理论时，应该注意到实际现场数据的观测、处理和解释中可能会遇到的问题。这些问题可以通过小心谨慎的校正来尽可能地避免。为了更好地评价和选用所需的工具，将可能的误差分为以下三类：

(1) 由硬件系统选择（如发射装置输入波形、接收装置滤波器等）造成的误差；

(2) 由外部人文干扰引入电磁噪声造成的误差；

(3) 由局部地质条件造成的误差，诸如未知的近地表横向电阻率变化。

本章将介绍一些可能消除上述误差的方法。仔细分析研究系统的响应，以便修正发射装置输入波形和接收装置滤波器所造成的误差，可以采用反褶积的方法把观测到的系统响应从数据中消除。人文电磁噪声可以采用数字滤波处理技术去除。数字滤波技术是提高数据信噪比最有效的方法，这将在本章中进行着重介绍。由三维地质体所引起的失真信号是有用信息，不在本章讨论之列。大多数典型的信号失真是由近地表的横向电阻率不均匀导致场源附加效应而引起的。通过深入了解电磁场的物理性质，大多数磁场测量中的信号失真都能被修正。

只有把所有的技术和全面的数据特性分析相结合，才能将 LOTEM 应用于大多数情形。在噪声干扰严重的环境中，必须采用叠前滤波来获得最佳的信噪比。

3.1　现场数据问题

野外数据采集中，所采集的信号是输入信号及整个数据生成过程中附加效应的集合体。可以采用图3.1所示的黑箱理论对此进行类比分析。将真实信号即地下响应信号输入一个可以对信号修改的黑盒子，输出的就是观测信号。黑盒子是发射系统和数据采集过程中各种失真的集合。发射系统造成的信号失真是由发射波形的畸变和与地下介质的耦合作用引起的。数据采集系统造成的信号失真来自接收装置（振幅响应、温度漂移、接收装置的定向误差等）。

$$\boxed{\text{输入}} \xrightarrow{\times} \boxed{\text{黑盒子}} \xrightarrow{=} \boxed{\text{输出}}$$

图3.1　信号路径的黑箱概念

数学上，黑箱理论可以表达为如下褶积的形式：

$$\text{Input}(t) * \text{Black Box}(t) = \text{Output}(t) \tag{3.1}$$

$$\text{Output}(t) = \int_{-\infty}^{\infty} \text{Input}(t-\tau)\,\text{Black Box}(\tau)\,\mathrm{d}\tau \tag{3.2}$$

褶积过程可以采用时间序列的输入和黑盒子进行，并进行一系列的输入与逆向黑盒子的乘法运算（Bracewell，1978）。信号的系统失真响应可以通过褶积的逆过程——反褶积来消除。后面将进行介绍。

除了地下介质和数据收录系统作用以外，各类噪声也会附加在信号上。与上述褶积不同，噪声是直接添加在信号上，如图 3.2 所示。

$$\boxed{\text{测量信号}}\quad=\quad\boxed{\text{真实信号}}\quad+\quad\boxed{\text{人文噪声}}\quad+\quad\boxed{\text{背景噪声}}$$

图 3.2　噪声源与真实信号的组合

噪声可以分为周期性噪声和随机噪声。周期性噪声可以通过滤波的方式消除，而随机噪声可以通过叠加的方式消除。周期性噪声的源为电力线、电话线和用电设施等。随机噪声主要是由接收装置附近的电力网电流波动、机械设备及磁性物体运动等引起的。由电离层电流和地质结构所引起的天然噪声也能严重地干扰信号。在大多数情形下，天然噪声是无法恢复的，除非采用特别的天然噪声补偿技术。到目前为止，一种压制天然噪声的方式是把发射机的磁矩提高到现场设备能够观测到的天然噪声信号的水平；另外的方法是频率域电磁系统远参考（Clarke et al.，1983），或者采用编码信号的伪随机二进制序列（PRBS）系统（Duncan et al.，1980）。对于 LOTEM 的野外测量，我们发现增大发射磁矩和局部噪声补偿（LNC）（Stephan and Strack，1991）是解决噪声问题的最佳方法。新的多道系统整合了野外数据采集流程、最新的数据处理和最先进的电子技术，可以进一步提高信噪比。

关于数字递归滤波器的起源和发展，读者可以参考一些经典的文章和教科书（Shanks，1967；Kulhanek，1976）。本章只讨论理解 LOTEM 数据处理和滤波所必需的内容。

3.2　系统响应的反褶积

一个双极性发射电流激发的理想响应会受到以下因素的影响：

（1）发射电流波形与阶梯（斜波）函数之间的偏差；

（2）极性反转之间的关断时间；

（3）在电极和传感器附近的极化效应；

（4）发射导线的自感应系数；

（5）近地表横向电阻率不均匀性；

（6）接收装置错位；

（7）接收装置的频率响应；

（8）放大器和前置放大器（陷波滤波器）的模拟电子线路；

（9）A/D 转换器的温度漂移。

所有这些因素相互作用时产生的纯系统响应，必须从测量数据中去除，才能获得真实的信号。当输入尖峰值（Delta 函数）并输出测量响应时，常规的数字信号处理技术可以对系统响应进行准确的测量。由于在实际应用中，我们无法发射 Delta 函数，而是输入方波并计算输出的导数，因此在上述因素中有 3 项不能纳入系统响应测量，即近地表横向电阻率不均匀、接收装置错位和 A/D 转换器的温度漂移。我们假设最先进的 A/D 转换器的温度漂移比较小，且通过多次测量和取平均值的方式可以对其进行消除。近地表横向电阻率不均匀性和接收装置错位在信号中引入静态位移，可以通过 MMR 校正和标定因子将其从磁场中消除。其他的系统响应采用生成方波输入到数据采集系统的方式进行测量。

重新写输入和输出方程 (3.1)，$x(t)$ 为输入信号，$y(t)$ 为输出信号，$s(t)$ 为黑箱。可以得到：

$$y(t) = s(t) * x(t) \tag{3.3}$$

系统响应 $s(t)$ （黑箱）的反褶积可以用 3 种不同的方法进行：

第一，采用褶积定理 （Bracewell，1978），上述方程可以转换到频率域或者 z 域，褶积变为乘积：

$$Y(z) = S(z) * X(z) \tag{3.4}$$

若将 $Y(z)$ 除以 $S(z)$，可以得到 $X(z)$。对于瞬变电磁数据而言，实现该过程非常困难。这是由于系统响应的频率成分与瞬变电磁信号的频率成分极其相似。另外，当数据收录过程中采用模拟陷波滤波器时，信号和系统响应的频谱存在极小值点。由于逆数接近于零，计算 $S(z)$ 的逆过程是不稳定的。到目前为止，这种方法并未成功应用于瞬变电磁法数据 （Bond et al.，1981；Strack，1981；Rossow，1987）。这个问题同样可以从时频等效性的角度进行分析。瞬变电磁系统响应在时间域越窄越好，可以减小其对信号的影响。在时间域的范围较窄意味着其在频率域的频带较宽，这也是频率域反褶积总是增加信号的噪声的原因。

第二，可以在时间域中采用类似于频率域的反褶积方法，也可以采用数值稳定的方法。该褶积方法由 Stoyer 于 1981 年提出 （Stoyer and Strack，1984；Strack，1985）。尽管该方法是专门针对瞬变电磁数据提出的，但其与 LaCoste （1982） 和 Ioup （1983） 所提出的方法非常类似。算法基于 Van Citert 迭代：

$$\begin{aligned}
A_0 &= y(t) A_0 \\
A_1 &= A_0 + (y(t) - A_0 * s(t)) \\
&\cdots \\
A_m &= A_{m-1} + (y(t) - A_{m-1} * s(t))
\end{aligned} \tag{3.5}$$

若 m 趋向于无穷大，则 A_m 趋近于 $x(t)$ （见附录 1 中的推导）。当进行上述反褶积时，A_m 在 3 ~ 5 次迭代之后即可收敛至 $x(t)$。这种类型反褶积的效果是提高信噪比，而频率域反褶积会放大噪声。图 3.3 给出了采用和不采用时间域反褶积信号的例子。

图 3.3 （a） 显示了经过反褶积后的线性叠加数据，并给出了相对应的早期和晚期视电阻率。早期振幅幅度恢复与图 3.3 （b） 的叠加数据相比，早期视电阻率曲线在时间 0 点之后的第一个数据点的置信水平显著提升 95%。该点容易受到噪声的影响，出现负值，从而造成在对数坐标下有可能无法正常显示。

第三，在正演和反演阶段，采用模拟数据与系统响应的褶积替代数据处理中的反褶积运算。只有当系统响应的长度大于瞬变电磁响应长度的三分之一时才能这样做 （经验法则）。我们建议在每次野外实测中，采用第二种方法和第三种方法进行处理，并选择其中最有效 （最稳定）、速度最快的方法。

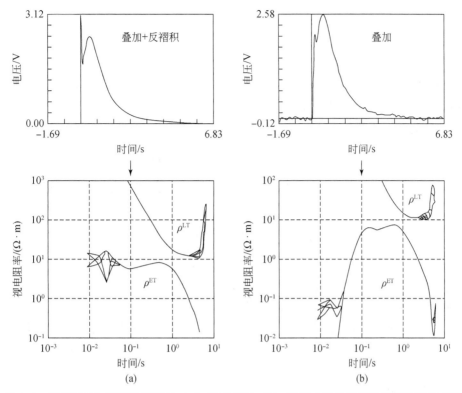

图 3.3 选择性叠加瞬变数据经过 (a) 和未经过 (b) 系统响应的时域反褶积处理的实例

3.3 递归数字滤波器

前面介绍了如何消除由系统误差所造成的信号失真，本节主要讨论由外部因素所导致的信号畸变。其中有种信号失真是由周期性噪声所引入的，采用模拟滤波无法将其完全消除。然而，采用递归数字滤波的方法可以将其很好地压制。下面将介绍真振幅递归滤波器（Strack et al. , 1988）。

通常，可以将线性数字滤波器分为两类：递归滤波器和非递归滤波器。非递归滤波器仅根据输入信号计算得到输出信号，而递归滤波器是用先前的输出信号来计算后续的输出信号。通过下述差分方程，可以更好地理解：

$$y(n) = \sum_{k=1}^{M} a_k y(n-k) + \sum_{k=0}^{N} b_k x(n-k) \tag{3.6}$$

若所有的 a_k 为零，得到的为非递归滤波器；若存在 a_k 不为零，则该滤波器为递归滤波器。M 和 N 为滤波器的阶数。

为滤除周期性噪声，我们构造了一个二阶递归陷波滤波器，其幅度和相位的带宽均很窄。接下来将采用 z 变换推导一个保留相位和振幅的递归数字滤波器。z 变换可以看作针对离散时间序列的广义傅里叶变换，可以得到信号 x（t）的离散表达形式。x（n）信号的 z 变换为

$$X(z) = \sum_{n=-\infty}^{\infty} x(n) z^n ; \ z \in \boldsymbol{C} \qquad (3.7)$$

$$z = \boldsymbol{r} e^{-i\omega} \qquad (3.8)$$

式中，$\boldsymbol{r}$ 为 z 平面的半径矢量。

z 变换可以解释为 $x(n)$ 的傅里叶变换乘以一个指数数列。当 $\boldsymbol{r} = 1$（如 $|z| = 1$）时，$x(n)$ 的 z 变换与傅里叶变换等同。

根据褶积定理，采用差分方程将其进行 z 变换，构造一个滤波器，有

$$Y(z) = \sum_{k=0}^{M} a_k z^k Y(z) + \sum_{k=0}^{N} b_k z^k X(z) \qquad (3.9)$$

采用这种形式的差分方程，我们得到滤波器系数和滤波器响应函数之间的关系：

$$H(z) = \frac{Y(z)}{X(z)} = \frac{\sum\limits_{k=0}^{N} b_k z^k}{1 - \sum\limits_{k=1}^{M} a_k z^k} \qquad (3.10)$$

上述方程中的频率响应 $H(z)$ 可以在 $|z| = 1$ 的单位圆上进行计算。本书选择（1，0）为 0 频率，而（-1，0）为 Nyquist 频率 f_N。

由于 $H(z)$ 为有理函数，因此需要考虑 $H(z)$ 函数的零极点，即函数值分别为无穷大和零的点。采用陷波滤波器，我们希望频率响应 $H(z)$ 在阻带频率 f_0 上为零。这意味着 $H(z)$ 的某个零点位于 $z_n = (\cos\phi, \sin\phi)$。选择合适的 a_k 和 b_k 可以使 $H(z_n) = 0$。在零（z_n）点附近设置一个极点，我们可以得到一个阻带较窄的滤波器，从而使 $H(z)$ 仅在阻带频率 f_0 附近的值为零。极点 z_p 的位置离零点 z_n 越近，滤波器的带宽越窄（图 3.4）。

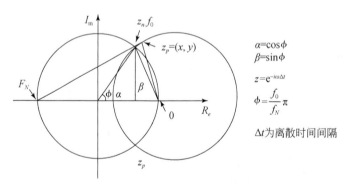

图 3.4　复平面上构建数字递归滤波器结构的零极点技术示意图

然而，由于瞬变电磁响应的幅度和形态包含了大部分的电阻率信息，所设计的数字滤波器不仅应该压制噪声，而且要能够保留信号的幅度信息。因为只有当极点位于 Appollonian 圆上时，才能达到数字滤波器的设计目的，这给出了设置零点和极点的一个条件，即

$$\frac{|z_n - 1|^2}{|z_n + 1|^2} = \frac{|z_p - 1|^2}{|z_p + 1|^2}$$

或

$$\frac{(1-\alpha)^2+\beta^2}{(1+\alpha)^2+\beta^2}=\frac{(1-x)^2+y^2}{(1+x)^2+y^2} \tag{3.11}$$

换句话说，零点向量和极点向量之间的比值应该保持不变，从而在 z 平面得到如下递归表达式：

$$H(z)=\frac{Y(z)}{X(z)}=\eta\frac{(z-z_n)(z-z_n^*)}{(z-z_p)(z-z_p^*)}=\eta\frac{z^2-2\alpha z+1}{z^2-2\alpha z+2\mu-1} \tag{3.12}$$

其中，$\eta=\dfrac{z_p-1}{z_n-1}$ 是增益为 1 时的归一化表达式。

如果定义 $x:=\eta\alpha$，则有

$$y^2=\frac{2x}{\alpha}=-(1-x^2) \tag{3.13}$$

式中，$H(z)$ 为输出函数与输入函数 $X(z)$ 按比例给出的滤波函数；z_n 和 z_p 分别为零点和极点的位置；η 为极点 x 的实部和零点 α 的实部组合所得到的比例因子，η 也被称为带宽；y 为极点的虚部。为了消除数据的相位位移，将递归滤波器一正一反使用两次。

在 z 域乘以 z 意味着时间域的移位，将式（3.13）进行重新整理可以得到：

$$Y_n=\frac{1}{2n-1}(\eta X_{n-2}\alpha\eta X_{n-1}+\eta X_{n-2}+2\alpha\eta Y_{n-1}-Y_{n-2}) \tag{3.14}$$

式中，$Y_{-1}=Y_{-2}=X_0$ 可以选作初始值。

在图 3.5 中，真振幅递归滤波器被应用于 3 组不同的合成数据。图 3.5 中的所有曲线都是叠加过的，实线表示不含噪声的合成输入信号。上部的曲线是在合成信号中加入了 16–2/3Hz 的周期噪声，该噪声是德国铁路输电网的典型频率；中间的曲线，采用 $\eta=1.02$ 的数字滤波器进行了滤波；下部的曲线，采用 $\eta=1.08$ 的数字滤波器进行了滤波。

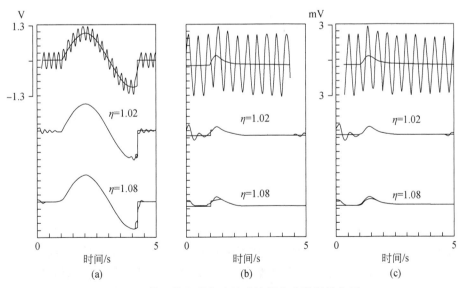

图 3.5　使用数字递归陷波滤波器合成数据的实例

在图 3.5（a）中，合成信号是正弦曲线，陡峭开始，阶跃结束。滤波曲线表明，在正弦曲线起点处的斜率较缓，只有极小的振荡效应。由于吉布现象，振荡出现在阶跃不连续处。在时间序列的起始阶段，振荡随着滤波带宽的增加而减小，而在阶跃时刻，振荡随滤波带宽的增加而变大。但是在该例中，信号的幅度并未发生较大的变化。

在图 3.5（b）中，合成输入信号表示一个突然由零值升至极大值的典型的瞬变信号。与图 3.5（a）所示的阶跃不连续相似，吉布现象导致振荡出现在瞬变信号的起始阶段。滤波后的正弦信号也显示与图 3.5（a）相同的振荡与滤波带宽的关系，同样，信号的幅度也并未发生较大的变化。

在图 3.5（c）中给出了一个逼真的瞬变信号，它是通过图 3.5（b）的合成输入信号与现场实际发射电流波形和接收装置的大地脉冲响应进行褶积得到的。由滤波在瞬变信号上升阶段造成的振荡效应明显小于图 3.5（b）中的，这是由于该信号在上升阶段不存在阶跃不连续的现象。这些数据显示，滤波后的信号与未加噪声的输入合成信号没有明显的差异。由于 $\eta=1.08$ 时，滤波器在陡峭变化处引入振荡效应（吉布现象），我们尽可能采用较小的 η 值，因此可以获得较窄的滤波器频带。

如图 3.5 所示，所有的图形，无噪声的合成输入信号被叠加以进行对比。下部两条曲线是将不同带宽的数字陷波滤波器应用于上部曲线的结果。图 3.5（a），周期为 16-2/3Hz 的噪声被加入一个从陡峭开始、阶跃不连续结束的正弦信号中。图 3.5（b）中合成曲线代表一个典型的理论瞬变信号。图 3.5（c）是由图 3.5（b）中的理论瞬变信号与接收装置和发射装置的脉冲响应的褶积得到的信号，因而可视为一个真实的瞬变信号（Strack et al. , 1989）

图 3.6（a）给出了在德国某试验区测得的典型的单个瞬变信号，曲线受 16-2/3Hz 铁路供电网噪声的影响。图 3.6（b）给出了同一瞬变信号应用数字陷波滤波后的曲线，信号可以清晰显示。

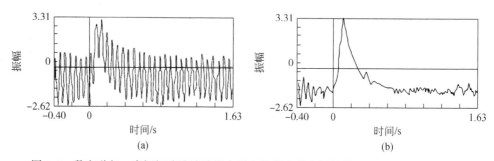

图 3.6　数字递归、真振幅陷波滤波器在瞬变数据中的应用效果（Strack et al. , 1989）
（a）原始野外实测数据；（b）同一数据经滤波后的曲线

当叠加前采用滤波时，信号中几乎没有振幅畸变，并且能很好地滤除周期性噪声。由于 16-2/3Hz、50Hz 噪声及它们的谐波与数据采集系统不相干，叠加过程将会使这些输电线噪声复杂化，而使叠加后的陷波滤波效果不好。因此，滤波必须在叠加前进行。

数字递归滤波的一个缺点是瞬变信号陡峭上升时产生如图 3.5（b）所示的振荡效应。当采用新一代的信号采集硬件时，信号通常是会被密集采样的。另外，由于动态范围较大，很少采用模拟滤波器。当采用固态发射装置时，信号在采样点之间的变化幅度很大（取决于地下介质的电阻率）。这将产生严重的问题，因为在一些情况下上述递归滤波器滤波后，信号振荡强烈，以至于无法恢复瞬变信号。在这种情形下，我们需要采用另外一种滤波器。这种滤波器被称为锁相滤波器。在瞬变开始前计算最合理的周期性噪声，锁定噪声的相位并将其从叠加前的单个观测信号中减去。锁相滤波器由一系列正弦函数和余弦函数组成，其与周期性噪声信号在最小二乘意义上相匹配。图 3.7 给出了由 TEAMEX 多道系统所采集到的一条单道曲线，TEAMEX 系统的动态范围达到 204dB。

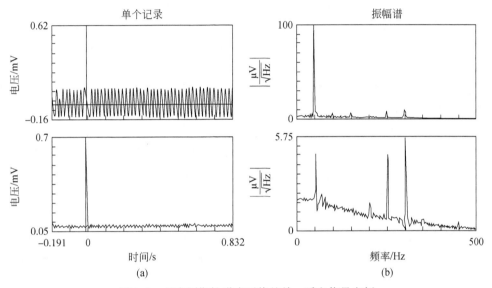

图 3.7　具有周期性噪声干扰的单一瞬变信号实例
（a）单个信号在使用锁相数字滤波器前后的情况；（b）相应的振幅响应

　　图 3.7 中信号采自南非的某高阻测区，这是信号长度较短的原因。图 3.7（a）给出了单个记录信号带有周期性噪声和锁相滤波后的曲线，从图中可以看到噪声得到了极大的压制。图 3.7（b）给出的是相对应的振幅响应。滤波前，50Hz 周期性噪声最强并带有奇偶谐波。采用锁相滤波器之后，300Hz 以下的周期性噪声都得到了较大的压制（50Hz 噪声约减小为原来的 1/20）。图中选择了一个很窄的信号，因为窄信号比宽信号畸变更大。窄信号受锁相滤波器的干扰较小，这是递归滤波器所做不到的。需要再次强调，该滤波技术应该在叠加前进行，因为叠加过程会破坏噪声的线性特征。

3.4　选择性叠加技术

　　随机噪声（如数据尖峰）来自天然源（如雷电活动）和各种不同的人文干扰（如水泵、电栅栏、火车、工厂、路过接收装置附近的车辆等）。由于这些噪声的幅度远高于或远低于平均信号水平（高、低能量尖峰），若这些噪声叠加在接收信号中且不能被很好地识别，将对叠加结果产生严重影响。当采集短上升期的瞬变信号时，很难在瞬变信号本身失真的情况下，将尖峰记录器以模拟或数字电路的形式整合在接收系统中。

　　一种安全的消除这种形式噪声的方法是考虑信号的统计特征，并分析其对应的幅度谱。当只存在少量的瞬变电磁数据且叠加过程未能消除随机噪声时，上述统计分析显得尤为重要。在这里我们将介绍两种选择性叠加技术，它们采用不同的去除标准来压制随机噪声：对称性和基于区域定义的去除。由于计算量巨大，对称选择性叠加技术（也称 Alpha-trimmed mean）（Watt and Bednar，1983；Naess and Bruland，1985）不常用。

　　在两种选择性叠加方案中，首先将每个瞬变信号按数据幅度递增顺序进行整理。对于对称性叠加技术，从排序的振幅两端对称地去除预定比例的瞬变数据。剩下的数据，计算初始的幅度平均值和标准偏差（Stoyer，1981）。采用初始幅度平均值和它的标准偏差，重新检查排序数据，仅保留标准偏差小于预定标准偏差的数据。这种方法非常直接，其移除比例的范围较宽（10%～40%），从而将信号中幅度较大和幅度较小的部分移除。

　　对于基于区域定义的选择性叠加技术，在每个瞬变电磁响应振幅曲线上，采用滑动叠加窗口计算其幅度频率谱。采用这种方法时，计算与最大值对称的每条分布曲线面积的百分比，在此区域内的所有数据将得到保留。

　　在图 3.8 中给出了 10 条受到随机噪声干扰的单支瞬变曲线，断电后的观测时间大约为 20s。虽然在 $t=0$ 之后立刻就能够观察到瞬变响应，但此刻信号中占主导地位的仍然是信号中的尖峰噪声。这些噪声存在于图 3.9～图 3.11 所示结果的数据（96 条瞬变电磁曲线）中。图 3.9（a）中的曲线为直接叠加的结果，其中的尖峰噪声并未得到有效去除。计算所有数据的初始幅度平均值和标准偏差后，将两个标准偏差之间的数据进行叠加，结果如图 3.8 所示。在图中，高能量和低能量尖峰值得到了抑制，信噪比得到了提升。

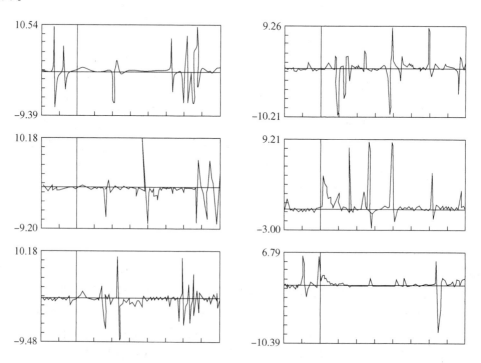

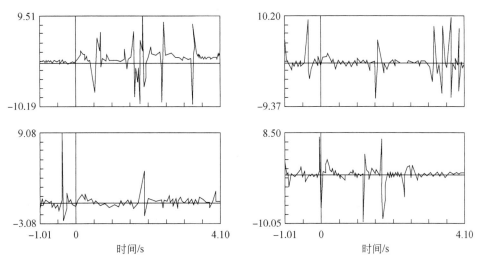

图 3.8　来自德国某测区 10 个受随机噪声干扰的原始瞬变信号曲线（Strack et al.，1989）

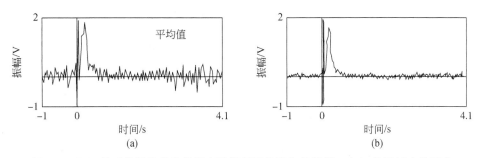

图 3.9　（a）是对信噪比较差信号直接进行平均叠加的结果，（b）是通过去除两个
标准偏差（$-\sigma$，$+\sigma$）之外的数据提高叠加技术（Strack et al.，1989）

　　图 3.10 给出了根据对称排斥策略的选择性叠加方法的结果，移除比例为 20%。图 3.10（b）给出了不同时间道的数据分布。这个数据的信噪比甚至高于图 3.9（b）所示的瞬变电磁曲线的信噪比。通过采用基于面积的抑制准则，同样可以得到类似的结果，如图 3.11 所示，（a）为幅频分布曲线，（b）为保留 60% 面积示意图。

　　图 3.10 和图 3.11 表明，与常规叠加相比，基于对称准则和面积准则的选择性叠加技术均能较大程度地提高信噪比。对于长偏移距瞬变电磁法数据，在大部分测区，基于对称准则的选择性叠加技术能够获得最佳信噪比。

　　图 3.12 给出了一个更为典型的例子，采用了 120 个响应曲线来获得最终的叠加结果。图 3.12（a）给出了直接叠加的结果，图 3.12（b）给出了采用选择性叠加的结果。由图可见，信噪比提升非常明显。

　　出于操作的简便性和计算速度方面的考虑，选择 25% 作为移除比例，并仅对叠加后数值质量较差的数据点进行选择性叠加。

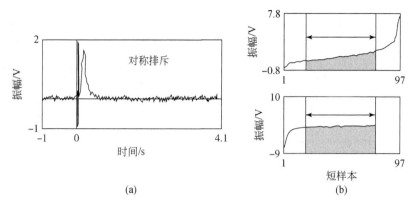

(a)   (b)

图 3.10 使用对称排斥选择性叠加技术并在分选振幅两端切断 20% 进行数据叠加 （Strack et al.，1989）
阴影区域表示它们的振幅都保留，其他部分被切断

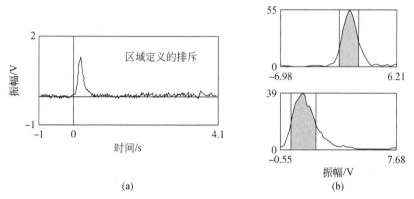

(a)   (b)

图 3.11 使用面积排斥选择性叠加技术对保留 60% 面积（阴影部分）的
区域进行数据叠加（Strack et al.，1989）

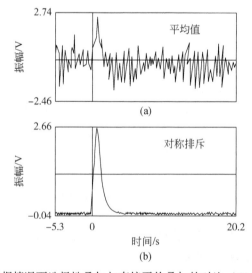

图 3.12 相同数据情况下选择性叠加与直接平均叠加的对比（Walker et al.，1989）

3.5　标　定　因　子

在可控源电磁法中，通常有两种干扰源：近地表横向电阻率不均匀性引起的附加场，以及由接收装置、增益、接收面积、A/D 转换、偏移距的定义错误所引入的误差。当野外数据采集规范并采用标准的仪器系统记录数据时，第二种干扰源的影响通常较小。因此，第一种干扰源成为最主要的干扰源。与直流电阻率法和大地电磁法不同，我们往往难以得到甚至不可能得到与层状介质模型的瞬变电磁响应相匹配的静态偏移。换句话说，改变介质的层参数不仅改变了曲线与坐标轴的相对位置，也会改变其时间和频率刻度。视电阻率的垂向漂移可以通过一个被称为标定因子的校正因子进行校正。有时候这个校正因子也被称为判定因子或者 MMR 校正因子（magneto metric resistivity）（Edwards，1978；Gomez-Trevino and Edwards，1983）或尺度因子，是反演中的附加参数。它可以通过频率域的直流极限值进行推导（Kaufmann and Keller，1983；Le Roux，1987）。Stoyer 于 1981 年首次将这个因子引入瞬变电磁法数据校正中，并将其称为标定因子，当时能够用于补偿由超导磁传感器带来的接收面积误差。

标定因子可以从两个方面进行介绍：

第一，纯数学推导表明标定因子可以直接推导得到。

由谐波激发的电偶极源在均匀半空间下的垂直磁场为（Kaufman and Keller，1983；Strack，1985）

$$H_z(\omega) = -\frac{3D_0 y}{2\pi \kappa^2 r^5} \left[1 - e^{-i\kappa r} \left(1 - i\kappa r - \frac{1}{3}\kappa^2 r^2 \right) \right] \qquad (3.15)$$

其中，$\kappa = \sqrt{i\omega\mu\sigma}$，将 $u = ikr$ 代入式（3.15），可以得到：

$$H_z(\omega) = \rho \frac{1}{u^2} \{ 3 - (3 - 3u + u^2) e^{-u} \} \qquad (3.16)$$

其中，

$$e^{-u} = (1 - u + 1/2 u^2 - 1/6 u^3 + 1/24 u^4) \qquad (3.17)$$

为 4 阶泰勒展开公式。

$$\rho = \frac{D_0 y}{2\pi r^3} \qquad (3.18)$$

忽略幂次大于 2 的项，可以得到：

$$\frac{1}{u^2} \{ 3 - (3 - 3u + u^2)(1 - u + 1/2 u^2 - 1/6 u^3 + 1/24 u^4) \}$$

$$= \frac{1}{u^2} (3 - (3 - 1/2 u^2)) = 1/2 \qquad (3.19)$$

$$H_z(\omega) = \frac{D_0 y}{4\pi r^3} \qquad \omega \to 0 \qquad (3.20)$$

为了完备性，假设频率趋于无穷时的极限存在。式（3.16）中的指数项变为 0，H_z 变为

$$H_z(\omega) = \frac{3D_0\gamma}{2\pi\kappa^2 r^5} = \frac{3D_0\gamma\rho}{2\pi r^5 i\omega\mu} \tag{3.21}$$

由垂直磁场的变换率与电压成正比, 可以得到:

$$\int_0^\infty u(t)\,\mathrm{d}t \text{ proportional } H_z$$

以及

$$\int_0^\infty \rho_a^{\mathrm{ET}}\mathrm{d}t \text{ proportional } H_z$$

现在我们考虑电压的积分, 能够得到:

$$\int_0^\infty u(t)\,\mathrm{d}t = ? \tag{3.22}$$

其中,

$$u(t) = \frac{1}{2\pi}\int_{-\infty}^\infty \hat{u}(\omega)\,\mathrm{e}^{i\omega t}\mathrm{d}\omega \tag{3.23}$$

通过将傅里叶变换项分离成 Delta 函数, 可以得到时频等效性:

$$\int_{-\infty}^\infty u(t)\,\mathrm{d}t = \frac{1}{2\pi}\int_{-\infty}^\infty \tilde{u}(\omega)\,\mathrm{d}\omega \underbrace{\int_{-\infty}^\infty \mathrm{e}^{i\omega t}\mathrm{d}t}_{2\pi\delta(\omega)} = \tilde{u}(\omega=0) \tag{3.24}$$

其中,

$$\int_{-\infty}^\infty \delta(\omega' - \omega)f(\omega)\,\mathrm{d}\omega = f(\omega') \tag{3.25}$$

若我们现在计算 $\int_0^\infty \rho_a^{\mathrm{ET}}\mathrm{d}t$, 得到:

$$\int_0^\infty \rho_a^{\mathrm{ET}}\mathrm{d}t = \int \frac{2\pi r^5}{3AD_0\gamma}u_z(t)\,\mathrm{d}t = \frac{2\pi r^5}{3AD_0\gamma}\mu_0 AH_z(\omega=0)$$

$$= \frac{2\pi r^5}{3AD_0\gamma}\mu_0 \frac{AD_0\gamma}{4\pi r^3} = \frac{\mu_0 r^2}{6} \tag{3.26}$$

对于层状介质, 可以得到:

$$\widetilde{H}_z(\omega) = \frac{D_0\gamma}{4\pi r}\left\{\frac{1}{r^2} - \int_0^\infty \frac{B_{\mathrm{E}}(k) - k}{B_{\mathrm{E}}(k) + k}J_1(kr)k\mathrm{d}k\right\} \tag{3.27}$$

对于 $\omega = 0$, 在底部界面上 $B_{\mathrm{E}}(k) = k$。由底层向上层进行迭代, 可以得到在不同的层界面上 $B_{\mathrm{E}}(k) = k$。因此被积函数等于 0:

$$\widetilde{H}_z(\omega=0) = \frac{D_0\gamma}{4\pi}\frac{1}{r^3} \tag{3.28}$$

与均匀半空间下的磁场强度相同。换句话说, 在频率非常低或记录时间范围很宽时, 层状介质的电磁响应趋近于底层均匀半空间的电磁响应。

因此, 层状介质的标定因子与均匀半空间的标定因子是相同的。这意味着在对早期视电阻率曲线进行积分时, 可以得到取决于发射-接收偏移距的常数。这首先由 Stoyer 于 1981 年提出, 随后被领域内其他研究者所采用。

第二, 推导标定因子的方法为地下介质电流的对称性 (Edwards et al. , 1978)。在

图 3.13 中，采用直流单极子对这个概念进行说明。上图为垂向剖面，电流由单极子流向导电的均匀半空间，电流为旋转对称的，接收装置位于观测点 P；下图为相同条件下的平面图，在观测点 P 采用线圈采集垂直磁场随时间的变化，在每一点处，电流密度矢量可以分解为垂直分量和水平分量，只有水平电流分量会产生垂直磁场强度。当采用接地线源时，可以采用两个单极子并将其用导线连接起来。由于单极子的磁场强度为零，因此在接收装置处仅包含导线所产生的磁场。其可以通过毕奥-萨伐定理进行计算，其值等于下述积分：

$$H_z^{\text{static}} = \frac{D_0}{4\pi r^2}\sin\phi \int_0^\infty \widetilde{H}_z(t)\,\mathrm{d}t \tag{3.29}$$

由 $\widetilde{H}_z$ 与 ρ_a^{ET} 的比例关系，对早期视电阻率进行积分，即可得到：

$$\int_0^\infty \rho_a^{\text{ET}} = \frac{\mu_0 r^2}{6} \tag{3.30}$$

根据对称性，在层状介质下同样可以得到类似结果。

根据上述积分，可以得到如下标定因子：

$$\text{CF} = \frac{\mu_0 r^2}{6\int_0^\infty \rho_a^{\text{ET}}(t)\,\mathrm{d}t} \tag{3.31}$$

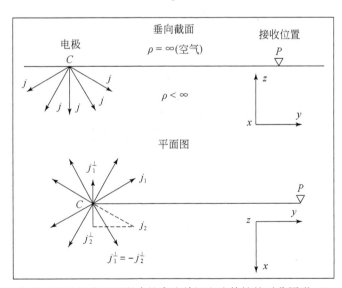

图 3.13　一个用于显示校准因子影响的直流单极电流特性的对称图形（Hordt, 1989）

我们可以采用此标定因子对静态偏移进行校正，对于垂直磁场而言，上述因子仅与源和接收装置之间的距离有关。因此，地下介质的电阻率不会影响标定因子的值。

对于实测数据校正，标定因子的使用方法如下：

（1）计算 ρ_a^{ET} 随时间的积分；

（2）计算上述积分的理论值；

（3）比较两个积分值，当两个值不匹配时，将 ρ_a^{ET} 乘以比例值。这是对数坐标系下的垂向漂移。

当采用上述校正后，视电阻率上的垂向漂移能够得到校正。该漂移与地震勘探中的静态漂移类似。通常，在电磁法中静态漂移用于电阻率曲线的垂向平移。校正之后信号中仍然可能存在由近地表横向不均匀性引入的干扰。这些干扰被称为伪静态漂移，其漂移仅存在于某些时间道，且漂移值是变化的。其可以采用等值模型进行解释。由于在对瞬变电磁曲线进行解释前这些均是未知的，伪静态漂移有时也被称为静态漂移。这种现象广泛出现在早期视电阻率曲线中，使视电阻率增大或者减小，导致测得的电压响应的解释质量存在问题。为了对这些漂移进行处理，在反演中将引入其他的加权因子。通常，通过调整加权因子来补偿由数据编辑和噪声引入的误差。

下述流程可以用于检测数据中是否存在静态漂移问题。除此之外，也可以作为数据的初步校正：

（1）将标定因子用于数据，可以判断所留下来的漂移是否为静态漂移；

（2）在反演中用可调整的加权因子，当加权因子不为零时，说明响应曲线需要通过上移或者下移进行校正；

（3）若标定因子在反演中的变化幅度大于20%，则应该谨慎对待此数据，因为此时存在近地表三维不均匀体，对于此数据，仅仅依赖于第一轮校正是远远不够的，当在相邻测点出现相同的问题时，应该考虑高维数值模拟。

对于两个磁场水平分量，我们也可以得到类似的校正方法。然而，在实测数据处理中，校正因子的计算仍然需要进一步研究。对于电场响应，由于其静态场值与地下介质的电阻率有关，因此简单的校正并不能满足数据处理的需求。电场响应的漂移效果与大地电磁法中的漂移类似。当在电场强度的反演中采用校正因子时，应该格外小心。一种较好的策略为采用未受干扰的磁场强度与电场响应进行联合反演。

3.6　叠前和叠后数据处理

3.5 节所介绍的各种校正技术是 LOTEM 数据处理的核心部分。其他大部分的电磁系统在接收端直接对数据进行叠加。然而，我们发现对于 LOTEM 而言，在人为干扰较为严重的地区这种策略是不奏效的（Strack et al.，1989）。在这些区域内获得较好信噪比的唯一方法是采用叠前数据处理技术。除了上述提到的基于滤波的数据处理算法外，还有其他的数据处理需要进行。表 3.1 给出了大部分的数据处理模块。直流阶跃的移除不应该在叠前进行，这是因为这些阶跃只能是参考幅值未知时，由选择性叠加所引起。若这些阶跃出现在叠前数据中，说明数据采集系统存在问题。陷波和锁相滤波应该在叠前进行，这是由于周期性噪声在叠加过程中将失去其线性特征。当同时记录了相应的源信号时，系统响应的反褶积仅能在叠前进行。由于大部分的系统响应是大量发射脉冲的统计平均值，因此这一部分数据处理技术应该在叠后进行。

表 3.1　可用于 LOTEM 的数据处理模块（X 表示这一模块应该用于叠前或叠后）

模块	叠前	叠后
直流电校平	X	X
线性漂移修正	X	X
数据头编辑	X	X
振幅谱计算	X	X
交互式数据编辑	X	
直流电–阶跃剔除		X
瞬态选择	X	X
陷波滤波器	X	
锁相滤波	X	
汉宁窗平滑	X	X
时变平滑		X
递归低通滤波	X	X
数据变号	X	
系统响应反褶积		X
区分数据	X	X
视电阻率转换	X	X
应用校正因子	X	X

　　图 3.14 给出了叠前和叠后的数据处理结果，顶部图框为在一个测点连续测量的 50 个瞬变电磁实测曲线。数据受到较大周期性噪声的干扰。左列表示在没有进行数据处理时，50 条曲线的直接叠加结果。在选择性叠加中，首先需要去除数据中的直流值，叠加后的数据中仍然存在较大的噪声干扰。叠后的数据将进行滤波，其中 16-2/3Hz 噪声和 50Hz 噪声被移除。接下来，将数据转换为视电阻率曲线，如底部图框所示。左图表示每条曲线采用递归滤波器对 16-2/3Hz 噪声和 50Hz 噪声滤除后的结果；右图为进行选择性叠加并转换为视电阻率后的结果。

　　当采用叠后数字滤波器之后，信号中仍然存在高频噪声。另外，在叠后滤波的晚期，视电阻率曲线上存在叠前数据不存在的低频噪声。叠后滤波的视电阻率曲线不如叠前滤波的视电阻率曲线平滑，除此之外，叠后滤波的数据误差也大得多。这是由于在选择性叠加中引入了噪声。若需要在反演中对噪声进行加权，选择符合实际情况的误差估算方法是非常重要的。叠前滤波数据通常并不会更光滑，但是其误差会小得多。因此，叠前数据处理是提高信噪比的最佳选择。

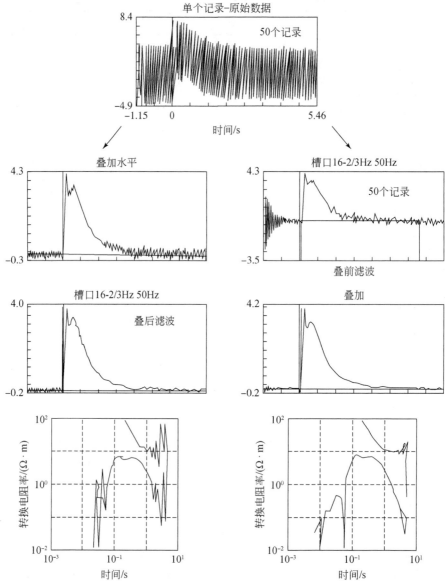

图 3.14　叠前和叠后的数据处理结果

3.7　本 章 小 结

　　当采集数据时，记录的数据受到发射装置和接收装置系统响应的影响，同时也受到仪器误差的影响。所接收到的信号是输入信号与上述影响因素所构成的系统响应的褶积。因此，在数据处理中，为了获得可靠信息，需要考虑系统响应。

　　系统响应的反褶积具有多种方法。一种为频率域的反褶积，该方法的缺点在于数据处理中陷波器的使用和噪声的干扰，往往使得到的结果不稳定；另一种较为稳定的系统响应的反褶积方法为在时间域求最小二乘意义上的反褶积。当系统响应的长度远小于瞬变电磁响应的长度且频率成分不同时，通常该反褶积方法十分有效。

输电线和铁路线等带来的周期噪声会对信号造成很大的干扰。由于噪声幅度非常大，当采用标准的递归数字滤波时，会改变瞬变电磁响应的幅度。然而，信号的幅度和形态均包含地下介质的有用信息，需要在信号处理中得到保留。因此，需要采用真振幅数字滤波器来压制信号中的周期性噪声。当在 z 平面选择合适的零点和极点位置时，使零点和极点至奈奎斯特采样频率的向量为常数时，可以得到真振幅数字滤波器。这些滤波器能够在不影响信号幅度的前提下消除信号中的周期性噪声。

随机噪声源于电力设施和其他人文设施的突变。这些随机噪声通常表现为高幅值或低幅值的峰值，它们可以通过选择性叠加技术进行消除。通过对采集到的每个时间道的数据点进行统计分析，消除那些高幅值和低幅值的突变点。通过这种选择性叠加技术，可以显著地提高信号的信噪比。在不同的噪声环境下，需要采用不同的抑制准则以获得最高信噪比。

另外，在发射装置附近和发射装置与接收装置之间的低阻体的导流作用同样会对记录的响应产生较大影响。由于磁场强度的静态极限与地下介质的电阻率无关，因此我们可以求取一个加权因子，对由磁场获得的视电阻率进行加权。对于电场响应，我们无法获得这样的加权因子，这是由于电场强度取决于地下介质的电阻率。本章为后续章节的三维模型和实测数据解释奠定了基础。

在人文干扰很严重的测区，我们通常需要在叠前对信号进行数字滤波以获得最佳信噪比。由于叠加过程会混叠噪声信号的特征，叠后数据的噪声去除难度更大，因此叠前数据处理往往能够给出更好的结果。

第4章 数据解释

电磁场数据有几种不同的解释方法。一种方法是对原始数据进行归一化处理并生成异常图。当瞬变电磁法应用于矿产资源勘探时，大多数情况下需要考虑异常体空间的多维性，所以往往以剖面图和立体切片图的形式展示异常信息。另一种方法是用定量解释法获得电阻率和地层厚度等地电模型参数，这种方法通常称为反演，是对电磁探测数据进行解释的常用方法。本章将讨论长偏移距瞬变电磁数据解释的反演技术，在 Lines 和 Treitel（1984）的研究中可以找到关于反演方法的回顾。随后，对反演统计学进行论述，对剖面反演和 Occam 反演的实际应用效果进行解释分析。

三维构造的准确解释通常是非常困难的。充分利用电阻率测深曲线的特征点，合理建立反演初始模型，可减少反演的盲目性，因为三维模型的数值算法会消耗很长的运行时间，所以这一点至关重要，这样可以实现数据的初步量化解释。本章讨论数据反演解释后，将展示一些精选的三维模型。

4.1 一 维 反 演

反演的基本目标是：在保证消耗最少计算机运行时间的情况下，寻找满足实测数据的最佳地电模型，获得可靠的反演预测结果。用数据实现结果评估和最优解寻找的过程在不同学科有不同的叫法，统计学家称之为回归，电子工程师称之为系统识别，地球物理学家称之为反演，其共同特点是：人们试图从观测数据寻求地电模型参数。这是正演模拟的逆过程。

求一个病态矩阵的逆是一项困难的任务。

图4.1（a）和（b）给出电磁数据正演模拟和反演计算的关系。正演模拟中，我们以预测或已知的地电模型参数为基础，计算响应函数或之前定义的模型函数的合成数据。通过测井、其他的地球物理结果和地质信息获得关于地球模型的信息，信息越多，那么合成的数据就越好。在反演模拟的观念中，我们用初始的模型估计来模拟之前获得的数据。参与反演计算的数据越多，那么获得可靠结果的速度就越快。这些额外的信息叫做先验信息，并且可以应用到初始模型或迭代模型的优化之中。接下来要做的就是保留已知的信息，未知的信息会随所寻找的最佳模型而变化。一句话可以总结为：反演的目的是用这样一种方式帮助我们进行解释，如果主观猜测是定量的，那么其可能表现的更加客观。

(a)正演

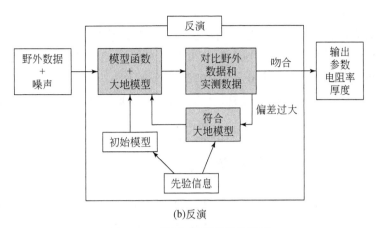

(b)反演

图 4.1　正演和反演模拟功能图

如果我们想要计算一个大地模型的响应，那么我们首先要有所有必要的模型参数。对于电磁法，这些参数是电阻率 ρ_j（$j=1$，$\cdots$，M）和地层的厚度 h_j（$j=1$，$\cdots$，$M-1$）。这些参数描述的模型如图 4.2 所示。我们也需要模型函数来告诉我们如何从模型参数计算得到合成数据。设此模型函数为 f 或 f_i，如果计算的是第 i 次合成数据点：

p_j 是 m 参数，ρ_1，$\cdots$，ρ_M，h_1，$\cdots$，h_{M-1}，$m=2M-1$，$f_i=f_i(p)$ 是 n 模型函数，y_i 是所观测的数据点，或 $y_i=f_i(p)$ 是合成数据正演模拟情况，σ_i 是由观测导出数据点的标准差。

上边所有的量分别是向量 $\boldsymbol{p}$，$\boldsymbol{f}$，$\boldsymbol{y}$ 和 $\boldsymbol{\sigma}$ 的分量。正演模拟曲线或合成曲线是所有函数值 f_i 的一个集。如果从正演模拟出发到反演模拟或反演，那么 y_i 变成了观测数据和建模数据 f_i，这引领我们指向反演的两个目标：

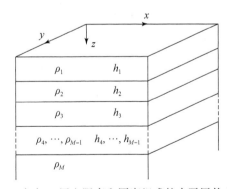

图 4.2　一个由 M 层电阻率和厚度组成的水平层状大地模型

（1）最小化观测数据和模拟数据之间的差值 q：

$$q=|y-f|^2 \tag{4.1}$$

（2）通过计算置信界限来评估模型的可靠性。

本章将集中回答如何实现长偏移距瞬变电磁法的两个目标。我们可以从 Jupp 和 Vozoff（1975）、Vozoff 和 Jupp（1975）、Lines 和 Treitel（1984）、Petry（1987）和 Hördt（1989）

的研究成果中获得更多的细节信息。

因为所有的物理参数不能为负值，所以反演要用对数数据和对数参数。从物理角度考虑这也是更合理的，因为电磁波在地下是呈指数衰减的（趋肤效应）。这也允许使用更大动态范围的信号，并实现反演过程的稳定性。

在最小二乘法中，真实数据和模型之间的误差由 Jackson（1972）定义的：

$$\chi^2 = \frac{1}{n} \sum_{i=1}^{n} \frac{(f_i - y_i)^2}{\sigma_i^2} \tag{4.2}$$

这是用每个点标准差加权过的测量数据和计算数据的均方差。这意味着理想情况下所获得的偏差 σ_i 等于期望差$(f_i - y_i)$ 时，这个值是 1。

偏差大于 1 有两种原因：①大地模型没有充分地描述真实的地球，这意味着地球层状的描述并不充分，必须使用多维的模型；②偏差 σ_i 的计算没有充分考虑所有可能的误差源的错误或误差传递。

在沉积地区，后者是更可能的原因，因为标准差源于没有考虑叠加引起的系统误差或由叠加和处理过程引起的误差。

当 χ^2 小于 1 时，此时意味着问题还处于欠定状态，使用了比必要参数多的模型参数。在这种情况下，数据很容易被过多地解释，其中之一就是解释噪声。

最小二乘法中最常用的方法是高斯–牛顿方法，当问题是线性时，此方法很有效。对于非线性问题，通常的办法是将其进行泰勒级数展开，使问题线性化：

$$f_i = f_i(p) \approx f_i(p_0) + \underbrace{\sum_{j=1}^{m} \frac{\delta f_i(p)}{\delta p_j}|_{p=p_0}}\ \underbrace{(p_j - p_{j,0})}_{\Delta p_j} \tag{4.3}$$

或

$$f(p) \approx f(p_0) + J\Delta p = \begin{pmatrix} \dfrac{\delta f_1}{\delta p_1} & \cdots & \dfrac{\delta f_m}{\delta p_m} \\ \vdots & & \vdots \\ \dfrac{\delta f_n}{\delta p_1} & \cdots & \dfrac{\delta f_n}{\delta p_m} \end{pmatrix} \Delta p + f(p_0)$$

或

$$J_{ij} = \frac{\delta f_1}{\delta p_1}|_{p=p_0} \quad i = 1, \cdots, n; \quad j = 1, \cdots, m$$

$$f(p) \approx f(p_0) + J\Delta p \tag{4.4}$$

J 是雅可比矩阵，包含每个数据点模型函数关于参数的导数。Δp 是参数差矢量，p_0 包含初始预测模型参数。雅可比展现了函数模型对模型参数微小变化的反应，并将其应用于灵敏度分析。

寻找参数矢量 p：

$$q = |y - f|^2 = e^{\mathrm{T}}e = \text{minimum} \tag{4.5}$$

其中 $e = y - f(p_0) - J\Delta p$ 是差别或者误差矢量。这个误差矢量直接与数据标准差和 χ^2 测量误差相关联。将反演标准差写成权重矩阵 W（Jackson，1972）的主对角线形式：

$$W_{ij} = \delta_{ij} \frac{1}{\sigma_i}$$

其中 $\delta_{ij} = \begin{cases} 1 & i=j \\ 0 & \text{其他} \end{cases}$ 是克罗内克符号，χ^2 可以写成：

$$\chi^2 = \frac{1}{n} \boldsymbol{e}^{\mathrm{T}} \boldsymbol{W}^2 \boldsymbol{e} \tag{4.6}$$

如果定义残差矢量：

$$\boldsymbol{g} = \boldsymbol{y} - f(\boldsymbol{p}_0) \text{ 那么 } \boldsymbol{e} = \boldsymbol{y} - f(\boldsymbol{p}_0) - \boldsymbol{J} \Delta \boldsymbol{p}, \text{ 且有} \tag{4.7}$$

$$\chi^2 = \frac{1}{n} (\boldsymbol{g} - \boldsymbol{J} \Delta \boldsymbol{p})^{\mathrm{T}} \boldsymbol{W}^2 (\boldsymbol{g} - \boldsymbol{J} \Delta \boldsymbol{p}) \tag{4.8}$$

必须寻找 χ^2 最小值，这意味着

$$\frac{\delta \chi^2}{\delta p_j} = 0 \quad j = 1, \cdots, m \tag{4.9}$$

得到线性系统（Lines and Treitel，1984）：

$$\boldsymbol{J}^{\mathrm{T}} \boldsymbol{W}^2 \boldsymbol{J} \Delta \boldsymbol{p} = \boldsymbol{J}^{\mathrm{T}} \boldsymbol{W}^2 \boldsymbol{g} \tag{4.10}$$

其解为

$$\Delta \boldsymbol{p} = (\boldsymbol{J}^{\mathrm{T}} \boldsymbol{W}^2 \boldsymbol{J})^{-1} \boldsymbol{J}^{\mathrm{T}} \boldsymbol{W}^2 \boldsymbol{g} \tag{4.11}$$

如果模型函数 $f(p)$ 是线性的，式（4.4）恰好相等。所要求的参数向量可从 $p_1 = p_0 + \Delta p$ 中获得其线性条件下的一个解，χ^2 将会在 p_1 处最小。仅对于线性条件，迭代将产生解；对于非线性条件，新获得的参数矢量 p_1 代替上述方程 p_0，处理过程一直持续达到收敛条件。

图 4.3 解释了以上的情况。虚线代表对于线性化参数 p_n^{est} 的误差曲线。它是一条在点 p_n^{est} 的平行于 E 的双曲线。下次迭代将会进行到 p_{n+1} 位置。这一过程中对误差进行计算，同时相似的程序一直进行，直到实现整体的最小值。这样产生 3 个新的问题：

（1）如何确定我们总是能得到最小值（大多数情况下是整体达到最小值，但是有时也是局部达到最小值）？

（2）如何减少迭代次数，计算时间和成本？

（3）如何使得上述处理过程稳定，尤其是处理质量特别差的实测数据时？

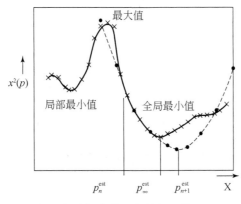

图 4.3 误差岭迹作为评估模型参数的函数（Menke，1984）

进行地球物理数据反演有两种不同的方法。

一种就是数学上正确的方式，产生最适合的模型和其他的物理上合理的模型（这并不意味着数学错误）。然而因为我们要处理真实的地质情况和数据上叠加的真实的噪声，所以需要区分数学上正确与物理合理性之间的差别。这需要使用反演数据来做，反演数据能够提供有关处理结果的误差界限，然后应用到关联相邻站点。例如，如果我们考虑两个接收站彼此相邻500m时，那么这两个都有相当大的噪声信号。其中一个在2km深度处存在导体，另一个在4km深度处存在导体。解释工作用两种方式：第一种方式，数学上正确—产生最佳拟合模型—但是两个接收站的模型不一致。两个接收站的曲线拟合误差都小于1%。第二种方式是两个接收站在3km深处存在导体，但是误差在10%左右。然而由地质学的研究可知，我国存在沉积盆地并且底层几乎是水平的。从这个知识我们知道地球物理学家很可能把差的拟合结果作为更可能的那个。幸运的是我们的接收站总是多于两个，这样其不确定性就大大地减少了。

第二个问题可以很容易地用大量的技术进行解答。在本章将仅仅考虑用于奇异值分解的列文伯格–马夸特方法，因为大多数的反演过程使用这一方法，这让我们直接回答关于反演稳定性的第三个问题。在上述提到的技术中阻尼系数被引入以增强反演的稳定性。对于后面的分析，加权矩阵将不被考虑，这不失一般性。

当矩阵 $J^{\mathrm{T}}J$ 奇异时（行列式 $J^{\mathrm{T}}J = 0$），无法得到解。如果 $J^{\mathrm{T}}J$ 是近似奇异时（$\det J^{\mathrm{T}}J \ll 1$），那么解是振荡的（大的参数变化）。通过引入阻尼因子 K 可以减小这种振荡，如方程（4.10）修正后：

$$\Delta p(J^{\mathrm{T}}J + K^2 I) = J^{\mathrm{T}}g \qquad (4.12)$$

式中，I 为单位矩阵。

阻尼因子可通过最优化来实现快速收敛，但是处理电磁数据时一定要谨慎。

获得参数精度是奇异值分解或谱分析的另一用途。雅可比矩阵可以用产生的两个正交矩阵 V、U 和一个对角矩阵 S 来代替，其包含 J、S 的根和特征值。关于特征值分解的详细描述可参见 Jackson（1972）在附录处的总结。

令
$$J = USV^{\mathrm{T}} \qquad (4.13)$$

从方程（4.10）有

$$\Delta p = (J^{\mathrm{T}}J)^{-1}J^{\mathrm{T}}g = (VSU^{\mathrm{T}} USV^{\mathrm{T}}) VST^{\mathrm{T}}g = VS^{-1}U^{\mathrm{T}}g \qquad (4.14)$$

其中

$$U^{\mathrm{T}}U = VV^{\mathrm{T}} = V^{\mathrm{T}}V = I_n \qquad (4.15)$$

一旦有一个奇异值为0，方程（4.14）将不成立。所以我们引入用于保证稳定性的阻尼因子 K：

$$\Delta p = (VS^2 V^{\mathrm{T}} + K^2 I_n)^{-1} VSU^{\mathrm{T}}g \qquad (4.16)$$

$$\Delta p = V(S^2 + K^2 I_n)^{-1} V^{\mathrm{T}} VSU^{\mathrm{T}}g \qquad (4.17)$$

$$\Delta p = V\mathrm{diag}\left(\frac{S_j}{S_j^2 + K^2}\right) U^{\mathrm{T}}g = VTS^* U^{\mathrm{T}}g \qquad (4.18)$$

其中 S^* 定义为

$$S^* = \begin{cases} \dfrac{1}{S_{ii}} & S_{ij} \\ 0 & \text{其他} \end{cases} \tag{4.19}$$

T^* 为转换参数后的阻尼因子：

$$T_{ij} = \left(\frac{S_{ij}^2}{S_{ij}^2 + K^2} \right) U^{\mathrm{T}} g = VTS^* U^{\mathrm{T}} g \tag{4.20}$$

这种方法的另一个优点是使用反演统计与奇异值分解。

4.2　分辨率分析

有正交数据空间和参数空间特征向量的 U 和 V 矩阵可以用于研究单个模型参数，如电阻率和层厚的分辨率。为了实现这点，使用下面的转化形式：

$$p \rightarrow q = V^{\mathrm{T}} p \tag{4.21}$$
$$g \rightarrow r = U^{\mathrm{T}} g \tag{4.22}$$

方程（4.21）描述参数空间的旋度。变换参数是不相关的，并且 V 矩阵的列描述关于每个变换参数的物理参数的线性组合。

方程（4.12）的解可以用 V 乘以方程（4.18）来得到：

$$\Delta q = TS^* r \tag{4.23}$$

矩阵 T 对于反演程序是重要的。为证明这一点，T 通过最大特征值进行归一化：
同时

$$\lambda_{ij} = \left(\frac{S_{ii}}{S_{11}} \right) \quad （归一化特征值） \tag{4.24}$$

$$\nu = \left(\frac{K}{S_{11}} \right) \quad （归一化阻尼参数） \tag{4.25}$$

对于 T_{ii}，可以得到：

$$T_{ii} = \frac{\lambda_{ii}^2}{\lambda_i^2 + \nu^2} \tag{4.26}$$

T_{ii} 的值控制着转换参数的变化，它们都依赖于归一化特征值和归一化阻尼参数的比值。因此，可以区分三种可能的情况：

1）$\nu \ll \lambda_i$

在此情况下 T_{ii} 约等于 1，并且各自的参数组合也可以得到很好的解决。

2）$\nu \gg \lambda_i$

这意味着 T_{ii} 变得很小，表明参数 q_i 仅仅因为一个小分数就可能被改变。难解参数的影响大大地减弱。因此称 T_{ii} 为转化参数阻尼因子。

3）$\nu \approx \lambda_i$

在这种情况下，$T_{ii} \approx 0.5$，各自的参数几乎没有减小。

以上的分析说明 ν 充当着相关特征值 λ_i 的阈值的角色，因此在反演初始阶段 ν 通常设置为 0.1。这意味着小于最大特征值 10% 的参数组合正被抑制。在初期，仅仅快速变化的高精度参数使得拟合速度快速的提高。在反演迭代中，ν 值减小的原因是受到误差精度参数的影响。对于标准的长偏移距瞬变电磁法反演，经常定义 0.01 为 ν 的低限，在这种情况下，小于最大值 1% 的参数组合是不相关的。

Jupp 和 Vozoff（1975）通过下面公式定义了反演程序的等级：

$$T_{ii} = \frac{\lambda_{ii}^{2N}}{\lambda_i^{2N} + \nu^{2N}} \tag{4.27}$$

对于 $N=1$，以上所描述的方法适用。这种方法就是著名的列文伯格–马夸尔特方法。图 4.4 表明 $T^{(N)}$ 是 λ 在 $\nu = 1$ 时的函数。

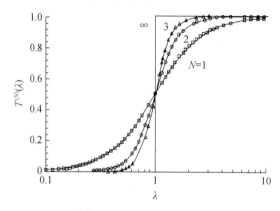

图 4.4　函数 $T^{(N)}(\lambda) = \dfrac{\lambda^{(2N)}}{1 + \lambda^{(2N)}}$，其中 $N = 1$，2，3，∞（Jupp and Vozoff, 1975）

当特征值小于 ν 的参数的影响被完全抑制时，阶数 N 可以得到，直到 $N = \infty$，对长偏移距瞬变电磁反演，我们常使用 $N=2$，被称为二阶列文伯格–马夸尔特方法。为了观察原始数据的精度，将转换参数的阻尼因子再转换回来。

$$T \rightarrow R = VT \tag{4.28}$$

R 的对角元素是原始参数的阻尼因子，其值位于 $0 \sim 1$，在反演统计学中称为重要性。1 代表参数在模型曲线拟合上有较强的影响，小的值意味着参数对拟合影响很小。

另一个评估反演结果的重要参量是有效参数的数量。它被定义为参数阻尼因子的总和，并且可用于评估反演真正解决参数的数量。

反演问题的解依赖于初始模型 P_0，原因是误差函数有不同的极小值。这意味着有完全不同的地球模型可以很好地满足数据。这就出现了更多的困难，因为在数据上总有噪声，而且最佳拟合模型不一定总是与真实模型最接近的那个。

因此，我们会花费大量的时间来获得尽可能多的先验信息，以尽可能地消除不合理的解。在简单地将结果与钻井信息进行对比后，数学概念上植入先验信息，通过引入其他地球物理技术减小误差。

4.3 联 合 反 演

把一个数据体反演扩展到两个数据体同时反演，并获得一个满足两个数据体的地球模型，这类反演叫做联合反演。在原则上这两个数据体可以是任何类型的数据，并可以用来解释同一模型。在实际应用中我们对长偏移距瞬变电磁场的两个不同的分量或大地电磁数据与长偏移距瞬变电磁数据的各个分量进行联合反演。

对两种数据体进行联合反演在整体上可以提高结果的可靠性，所提供的那个数据体包含互补信息。有时这意味着两个数据体有较大的重叠范围，但有时重叠范围较小。因为有时由单一数据分量的独立解释而获得不同的结果是有可能的，所以只有谨慎地评估才能回答以上的不确定性问题。我们总是希望去组合两种方法的分辨能力。本书选择了大地电磁和长偏移距数据的联合反演，因为两种方法在分辨深度上互补较好。长偏移距瞬变电磁法和大地电磁数据的重叠能够很容易地使用大地电磁的趋肤深度和长偏移距瞬变电磁法的扩散深度进行对比（Spies，1989）。

两种方法的数学组合可以由矩阵组合获得，但是，保持一个参数向量（电阻率和厚度）：

$$y = \begin{pmatrix} y_{(\text{LOTEM})} \\ y_{(\text{MT})} \end{pmatrix}; \quad J = \begin{pmatrix} J_{1(\text{LOTEM})} \\ J_{2(\text{M})\text{T}} \end{pmatrix}; \quad f = \begin{pmatrix} f_1(\text{LOTEM}) \\ f_2(\text{MT}) \end{pmatrix} \tag{4.29}$$

式中，y 为包含观测场的数据向量；J 为包含对模型各个参数偏导的雅可比矩阵；f 为指定模型在同一点进行正演计算，计算结果作为观测数据的模型函数向量。

当对数据赋予权重时出现了问题：如果两个数据体现实的标准差都存在，而每一个数据点都用标准差给予权重，那么就无法给予这些数据点权重偏好。

用真实的数据经常很难获得现实的误差评估，因此由权重矩阵给出的权重都被设置为1。因为在反演中使用了无量纲参数，所以这两个数据体都将同等地作用于解。

对于长偏移距瞬变电磁数据，将标准差放入反演之中是重要的，因为数据的相应误差有好几个数量级。对于联合反演，如果想要植入一个数据体的标准差，而没有可靠的针对其他方法的误差评估，那么必须对权重进行正则化。一个实用的方法是通过每一个数据体的权重对两个数据体进行正则化。这样会保证权重的平均值是1，这意味着数据体同等地对彼此进行加权，但是每个数据体本身包含其自身的合适权重。对长偏移距瞬变电磁法，感应电流在早期时更多地集中于地下某一确定深度。在后期感应电流开始向远处传播开来，并且某一刻的值更多地是受到前期的影响。所以权值的突然变化会发生在早期，而不是晚期。

接下来我们将对合成数据进行联合反演以证明其有效性和缺陷。首先两个数据体要先单独再联合。本章讨论的分辨率标准会用到相关分析中。如下面的案例所示，在这一阶段应用的是无噪声的合成数据。

第一个合成数据计算的类型为 K 型模型（低-高-低电阻率，$\rho_1 \leqslant \rho_2 \geqslant \rho_3$）：

$$\rho_1 = 10\Omega \cdot m \qquad\qquad h_1 = 200m$$
$$\rho_2 = 500\Omega \cdot m \qquad\qquad h_2 = 500m$$
$$\rho_3 = 10\Omega \cdot m$$

在这个模型中，一个厚的高阻层插入两个导体层中间。因为长偏移距瞬变电磁的磁场分量对高阻层并不敏感，所以本书使用电场分量。我们希望提高联合反演对此种模型的分辨率，因为大地电磁数据在分辨良导体上效果要好于长偏移距瞬变电磁数据。但是大地电磁缺少关于高阻层的信息而长偏移距瞬变电磁有。

图 4.5 显示长偏移距瞬变电磁法（顶部左侧）和大地电磁合成数据（底部左侧）。长偏移距瞬变电磁法观测的电场分量的响应（在 x 方向）是在偏移距为 7000m、接收仪器置于偶极赤道处得到的，对高阻层反映效果不佳。大地电磁视电阻率和相位曲线甚至比长偏移距瞬变电磁曲线所显示的地层更少。贯穿数据曲线的实线显示出联合反演的结果。单个反演和联合反演的初始模型是

$$\rho_1 = 50\Omega \cdot m \qquad\qquad h_1 = 1800m$$
$$\rho_2 = 50\Omega \cdot m \qquad\qquad h_2 = 1000m$$
$$\rho_3 = 50\Omega \cdot m$$

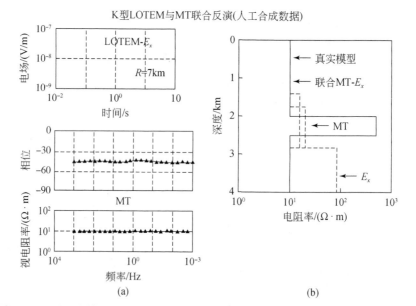

图 4.5　K 型地电模型 LOTEM 和 MT 的联合反演的理论数据（a）和反演结果（b）
这里的联合反演结果与真实模型是吻合的（Hördt，1989）

图 4.6 为对比结果。通过大地电磁数据可以看到一个厚的电阻率略大的地层，然而长偏移距瞬变电磁法的电场对电阻率的增大很敏感。长偏移距瞬变电磁法可以比大地电磁法识别更高的电阻率，但是穿透不了高阻体，仅仅联合反演能分辨高阻体，原始模型和反演结果之间的差异很小，3 个反演拟合误差都小于 1%。如果解释人员仅仅得到其中的一个，而不使用联合反演，很难找到真实的模型。联合反演结果的高质量可以通过矩阵 V 看出来

（其与物理和转换参数有关），如图 4.6 所示。

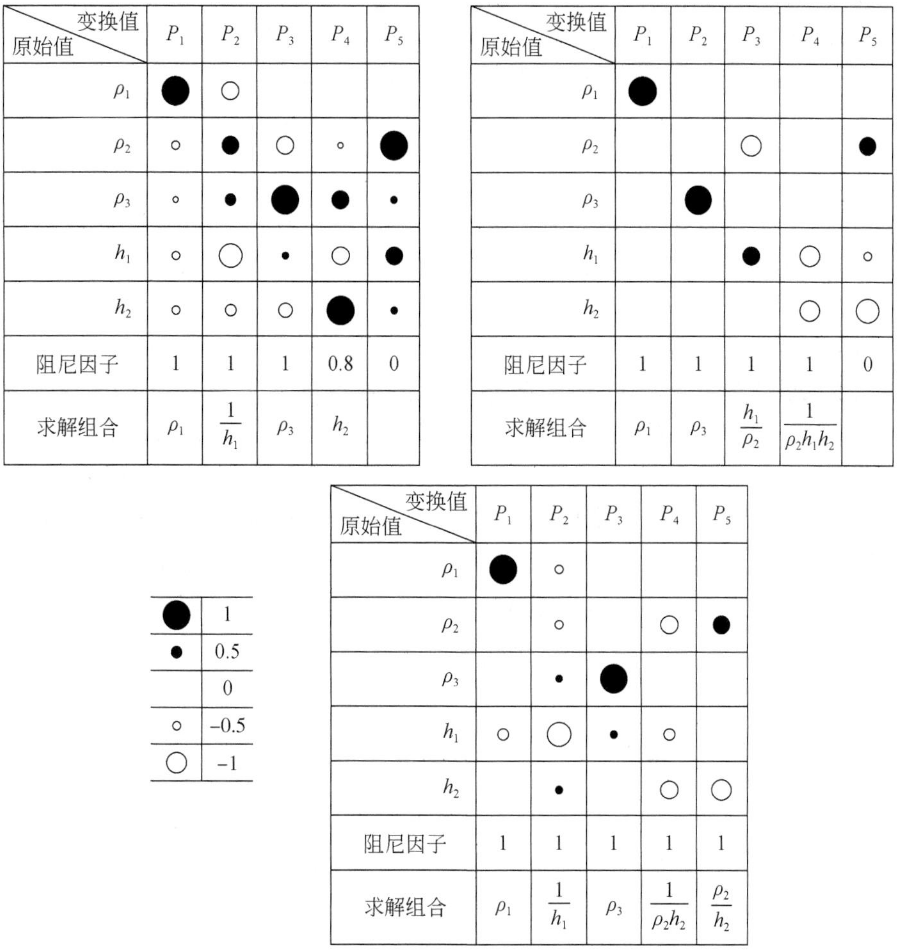

原始值＼变换值	P_1	P_2	P_3	P_4	P_5
ρ_1	●	○			
ρ_2	○	●	○	○	◯
ρ_3	○	·	●	●	·
h_1	○	◯	·	◯	●
h_2	○	○	○	●	·
阻尼因子	1	1	1	0.8	0
求解组合	ρ_1	$\dfrac{1}{h_1}$	ρ_3	h_2	

原始值＼变换值	P_1	P_2	P_3	P_4	P_5
ρ_1	●				
ρ_2			◯		●
ρ_3		●			
h_1		●	◯		○
h_2				◯	◯
阻尼因子	1	1	1	1	0
求解组合	ρ_1	ρ_3	$\dfrac{h_1}{\rho_2}$	$\dfrac{1}{\rho_2 h_1 h_2}$	

●	1
·	0.5
	0
○	−0.5
◯	−1

原始值＼变换值	P_1	P_2	P_3	P_4	P_5
ρ_1	●	○			
ρ_2		○		◯	●
ρ_3		·	●		
h_1	○	◯	·	○	
h_2		·		◯	◯
阻尼因子	1	1	1	1	1
求解组合	ρ_1	$\dfrac{1}{h_1}$	ρ_3	$\dfrac{1}{\rho_2 h_2}$	$\dfrac{\rho_2}{h_2}$

图 4.6　采用 K 型理论数据的矩阵 V 单独和联合反演的 LOTEM 及 MT 数据（Hördt，1989）

　　关于转换参数 P 和原始模型参数之间的关系，可通过加入原始参数的对数乘以系数来得到。在图 4.6 中对于长偏移距瞬变电磁法电场，第一次转换参数 P_1 为

$$P_1 = 0.88\log\rho_1 + 0.25\log\rho_2 + 0.11\log\rho_3 - 0.33\log h_1 - 0.19\log h_2 \tag{4.30}$$

这意味着参数组合 $\dfrac{\rho_1^{0.88}\,\rho_2^{0.25}\,\rho_3^{0.11}}{h_1^{0.33}\,h_2^{0.19}}$ 得以解决。

　　图 4.6 中的圈代表转换参数系数。圈的半径与系数成正比，其中系数的取值是 0～1。开口圆代表负值。决定性参数是第一层的电阻率。从电场矩阵中可看到电场能够观测到增大的电阻率，但是无法分辨高阻结构。这一结果是独立于初始模型的，甚至当初始模型接近于真实模型时高阻层都不会被分辨出来。联合反演组合了两个单独的反演方法的分辨率并且更多的参数能够被解析。

　　第二个合成数据是模型为 A 型模型（电阻率随深度的增加而增加，$\rho_1 \leqslant \rho_2 \leqslant \rho_3$）的长偏移距瞬变电磁磁场数据与大地电磁数据组合。与第一种情况一样，最不利的情况是无论长偏移距瞬变电磁磁场还是大地电磁场都没有充足的能力去分辨高阻体。数据组合弥补大地电磁信号在 1Hz 左右的间隔。大地电磁与长偏移距瞬变电磁磁场数据对地下电阻率有相似的分辨能力。模型由三层组成：

$$\rho_1 = 10\Omega \cdot m \qquad\qquad h_1 = 800m$$

$$\rho_2 = 100\Omega \cdot m \qquad\qquad h_2 = 2000m$$

$$\rho_3 = 1000\Omega \cdot m$$

该模型是非常典型的，因为在 1 ~ 20km 深度范围内，电阻率通常随着深度的增加而增大。图 4.7 呈现出长偏移距瞬变电磁磁场（顶部左侧）和大地电磁的合成数据（底部左侧）。对于大地电磁，在 1Hz（0.25 ~ 8Hz）的数据已经被消除掉了，因为在这个频率范围内天然源的信号通常是非常弱的。

反演的结果呈现在图 4.7 的右侧。大地电磁反演没有改变第二层的参数，这是由数据在该处缺失引起的。与长偏移距瞬变电磁磁场联合反演给出了一个大概相同的结果。为了更好地对其进行评估，我们可以考虑初始参数的阻尼因子，也称作重要性，如图 4.7 右下角所示。联合反演给出了多层参数，对比之前的例子，这一结果依赖于初始模型，尤其是第二层的因子。在此情况下，其依赖性可通过线性反演的不稳定性和解的非线性来进行解释。

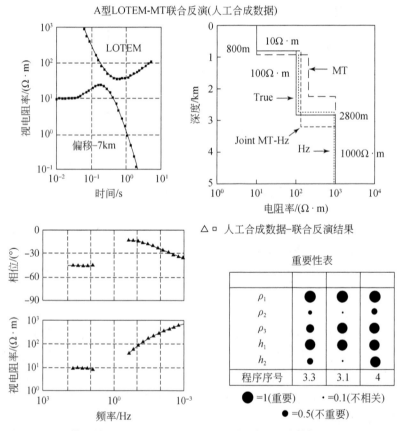

图 4.7　A 型模型的 LOTEM（左上）和 MT（左下）理论数据（Hördt，1989）

右边给出了反演结果，右下给出了各反演参数的重要性

除了上述例子，进一步地对 Q 型模型（电阻率逐层降低，$\rho_1 \geqslant \rho_2 \geqslant \rho_3$）和 H 型模型（中间低阻层，$\rho_1 \geqslant \rho_2 \leqslant \rho_3$）进行了测试。在这两种情况下，测试结果没有提高，但其结果不比单独解释时更差。

接下来，展示一个联合解释 MT 和 LOTEM 数据的简要案例。两个数据都是测于德国西北部明斯特处的井孔附近（Hordt，1989）。更详细的一个实例将在后面展示，本节仅考虑方法论。图 4.8 展现了真实的 LOTEM 测量的真实数据。大地电磁数据由可控音频大地电磁法和 MT 的数据组合构成，连接数据的实线代表联合反演的结果。在 MT 和 LOTEM 的两个例子中，用单个反演可获得更好的拟合结果。然而，无法确定产生的结果模型是否更符合实际。

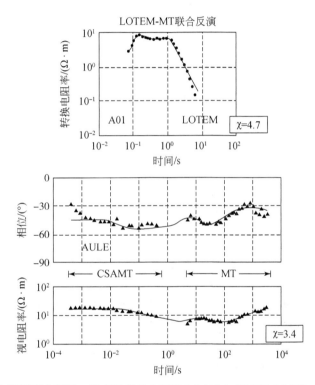

图 4.8　在德国西北部同一地点采集的 LOTEM（左上）和 MT（左下）野外数据，
并给出了联合反演结果的理论曲线（Hördt，1989）

图 4.9 应用测井数据对比了单独反演和联合反演的结果。联合反演结果拟合测井数据更好，MT 和 LOTEM 在深度探测范围内相互补充。然而仍然与测井数据有一些偏差，测井数据可用于解释三维结构。它们主要依赖于逐渐增大的电阻率（看测井数据），这是与层状大地模型不对应的，在后续章节中会讨论更多的细节。

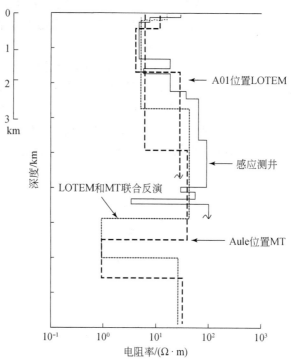

图 4.9　利用测井数据对比单独反演和联合反演的结果（Hördt，1989）

减少的测井由原来的横向测井推断（Büchter，1983）

4.4　剖面反演

当沿着一个剖面解释几个测深点时，解释人员将对比单一测深点反演结果和相邻测深点的反演结果。在沉积环境中，几乎都从层状大地模型角度解释数据并且从成层性上寻找偏差。如果一个点的反演结果与相邻点的反演结果只有轻微的差别，那么解释人员就可移至下一个测深点。如果一个站的反演结果与所获得的相邻点的反演结果相差明显，那么数据（如处理、尺度或噪声）或地质认知（如三维构造、断裂）就存在问题。这些测深点最占用解释人员的时间，因为解释人员必须确保这个特殊数据问题被分析了，同时所有可能的反演模型已经被尝试过。这是一个非常慢的过程，需要主要的参与者相互交流。每个人负责使用一种技术在计算机上沿着剖面对各测点数据进行反演，减少不同使用者对数据处理的不同，因为不同人处理可能使得标准反演失败。我们称这一过程为剖面反演。

这种处理的目标是导出一个更客观的标准来帮助解释者，为实现这一目标，要明确两个任务：①寻找一个可靠的剖面模型；②从一个点获取的结果客观地转移到下一点。

可信模型的推导可以有很多种不同的方法，最好的方法就是使用一个好的完整的测井数据验证测深点。如果没有额外可获得的信息，那么留给解释人员的就是其自己的判断，并需要寻找一个建立在试验和错误基础上的可靠的模型。一旦模型被定义，那么剖面反演就可以使用了。

　　在反演处理过程中，从一点到另一点的信息转换可以有多种方法。最简单的方法是使用最新的反演结果作为下一点的输入，验证可通过简单的参数对比来实现。然而，这一处理流程只会在非常简单的地质区域成功应用，并且浪费解释时间。在此，我们也考虑两种方法来更彻底地整合多个点的结果，第一种是软约束反演法；第二种是硬约束反演法。后者多进行理论方面的考虑，因为将硬约束反演法应用到实测数据经验还不充足。推导由 Petry（1987）基于 Lawson 和 Hanson（1974）的一个更加数学化的描述给出。

　　在推导时，我们先简化方程（4.10）：

$$WJ\Delta p = Wg \tag{4.31}$$

　　如果定义一个加权雅可比矩阵，如 $WJ: = J_w$ 可以得到：

$$J_w \Delta p = Wg$$

式中，J 为一个 $n*m$ 的矩阵；Δ 为含有参数 m 值的参数差向量。在雅可比矩阵中加入一个 $n*n$ 的对角矩阵 D，它通过 m/n 归一化后的主对角线包含参数的权重。对于残差矢量，附加一个零矢量即 n 长度为 0。方程（4.31）可转化成：

$$\begin{pmatrix} J_w \\ D \end{pmatrix} \Delta p = \begin{pmatrix} Wg \\ O \end{pmatrix} \tag{4.32}$$

其中，

$$D = \mathrm{diag}\left(\frac{m}{n}u_i\right) \qquad i = 1, \cdots, m \tag{4.33}$$

　　含有第 i 次参数 u_i 的非负权重值。边界条件意味着测点间的参数变化小，由公式：

$$D\Delta p = O \tag{4.34}$$

这恰恰是我们想要的：大权重的参数变化小，小权重的参数在反演中被修正地更多。

　　对于硬约束，给定的范围明确地约束参数。这个参数可以通过测井数据或者其他的信息来推得。对于初始参数，上下边界被定义成：上边界为 $P_0 + P^u$、下边界为 $P_0 + P^L$（Weidelt, pers. comm）。

　　参数向量 P 的第 i 个分量在接下来的第 k 次迭代中用以下公式计算得到：

$$P_{K, i} = P_{o, i} + \frac{P_i^u - P_i^L}{2} + \frac{P_i^u + P_i^L}{\pi}\arctan(ax_{K-1, i}) \tag{4.35}$$

$$\frac{\delta f_j(p)}{\delta x_i} = \frac{P_i^u + P_i^L}{\pi} \frac{a}{1 + a^2 x_i^2} \frac{\delta f_j(p)}{\delta p_i} \tag{4.36}$$

因子决定着收敛速度。大因子使得远离初始值的速度非常快，但是当结果接近最终解时其收敛速度很慢。

　　第一个剖面反演实例中使用欧洲沉积盆地的数据。我们知道沉积盆地的地层大体呈水平层状，图 4.10 显示出相同测线的 3 个不同的反演结果。场数据用的是该地区质量一般和具有代表性的。对于图 4.10 的顶部，相同的初始模型用于所有测深点反演中。这一模型是：

$$\rho_1 = 20\Omega \cdot m \qquad h_1 = 800m$$

$$\rho_1 = 10\Omega \cdot m \qquad h_2 = 1100m$$

$$\rho_1 = 500\Omega \cdot m \qquad h_3 = 400m$$

$$\rho_1 = 30\Omega \cdot m$$

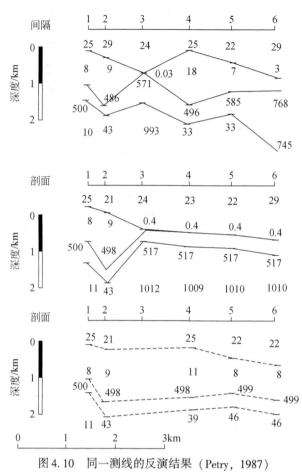

图 4.10　同一测线的反演结果（Petry，1987）

顶部示出了对所有数据使用相同的起始模型单独反演的结果。中间是先前测点的反演结果用作下一测点
反演的初始模型。底框示出了消除接收点 3 之后采用相同的步骤反演的结果。上方标尺的数值（如 1）
为接收点，图中数值（如 25）为电阻率

　　当使用阴影区域作为追踪层时，反演模型中的结构表现的不稳定。尤其是接收点 3 的结果与预期（从测井记录）不同。第二层导电层已经减少成一个非常薄但导电非常强的地层了。图 4.10 中部显示的是应用简单的剖面反演，即前一点的最终反演得到的模型作为下一点的初始模型的结果。结构变得更加光滑，但是接收点 3 的值仍与预期有相当大的差异。图 4.10 的底部展示了去除接收点 3 后的剖面。接收点 3 的消除是依据噪声的水平来判断的，结构非常光滑。

　　图 4.11 显示的是分别使用软约束和硬约束的结果。软约束（顶部）通过下面给出的层参数的加权值实现：

ρ_1：1，　– 固定的　　　　　h_1：1，　– 固定的

ρ_2：1，　– 固定的　　　　　h_2：0.5，　– 约束的

ρ_3：0.05 – 可变的　　　　　h_3：0.1 – 可变的

ρ_4：0.1 – 可变的

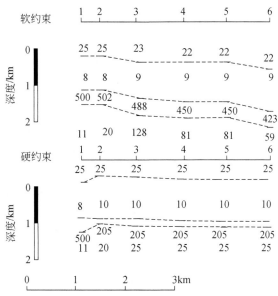

图 4.11 图 4.10 所示的相同数据使用软约束反演（底部）和硬约束
（顶部）剖面反演的结果（Petry，1987）
上方标尺上的数值（如 1）为接收点，图中数值（如 25）为电阻率

之所以选择权重是因为磁场测量不能很好地分辨高阻。第二层厚度的加权值是通过查看之前的反演结果得到的，之前的反演结果强烈地偏向于分辨好的导体。第二层厚度从测井记录可知。

反演的模型非常光滑。图片的顶部显示使用硬约束算法后的结果。将硬约束下的公差应用到了模型参数中：

$$\rho_1: \quad \pm 50\% \qquad h_1: \quad \pm 25\%$$
$$\rho_2: \quad \pm 25\% \qquad h_2: \quad \pm 50\%$$
$$\rho_3: \quad \pm 60\% \qquad h_3: \quad \pm 90\%$$
$$\rho_4: \quad \pm 90\%$$

虽然，结果是光滑的，然而它向接收点 6 方向有一倾斜，这可能是系统性的或是数据的问题。

这些值的推导源于图 4.10 结果中的信息和井孔中测得的地下真实电阻率。这两种情况下的反演结果是，结构是非常光滑的，并更接近真实的电阻率分布，但是在厚度上存在偏差。硬约束要求数据更符合解译者的先前认知。

这部分使用硬约束和软约束得到的反演结果与图 4.10 的结果对比来看是更现实的。反演中不需要使用者交互操作而自动地计算，然而两个剖面的数据拟合比图 4.10 更差。当应用这一处理过程时要极其的小心，只有当好的结构约束（如测井记录）存在时才能使用。

下一个反演实例来自德国西北部的探测结果，用上述的反演过程进行解释。图 4.12 显示了不考虑相邻点的一维反演的电阻率剖面。对于所有的测点都用到以下的初始模型：

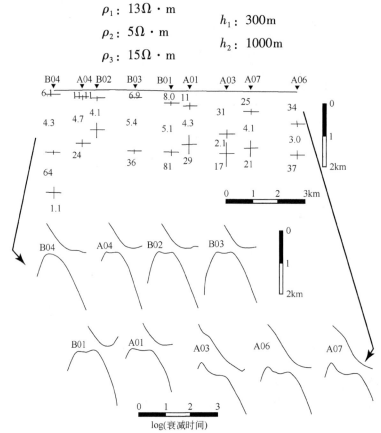

图 4.12　独立反演得到的电阻率剖面（上）及合成曲线（下）
▼ BO4 为接收点，图中数值（如 4.3）为电阻率

这个模型是从 6km 深测井数据还原而得，并且其后续正演模拟用于获得可分辨地层的最小数目。在图 4.12 左侧的 6 个接收点给出了合理一致的结果，而电阻率剖面呈锯齿状，如图 4.12 右侧所示（模型的不一致性）。在剖面以下，实线代表相应大地模型的合成曲线。从早期的高弯曲可以看到，剖面右侧的 3 个接收点 A03、A07 和 A06 受干扰的影响。此类弯曲可能是由三维结构引起的，数据的一维模型拟合很好。

图 4.13 显示把前一点的最终模型作为后一点初始模型的简单剖面反演结果。电阻率剖面中的结构变得更光滑，右边的剖面部分也更光滑。图底部的数据表明，在晚期质量稍差的数据也可以拟合较好。层厚的误差尺度条除了 A03 点外基本保持不变。

图 4.14 显示的是使用软约束时剖面反演的电阻率剖面。因为第二层电阻率已知，所以这一层将赋予高的权重值。详细的模型参数权重如下：

$$\rho_1: 0.5 \quad h_1: 0.5$$
$$\rho_2: 2 \quad h_2: 1$$
$$\rho_3: 0.5$$

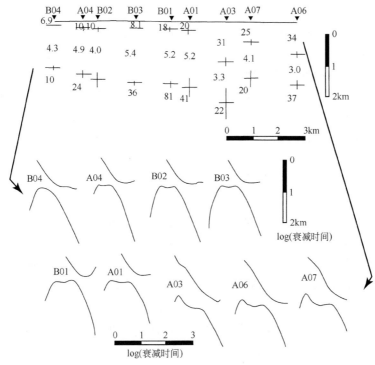

图 4.13   无约束剖面反演的电阻率解释断面及曲线图

▼BO4 为接收点，图中数值（如 25）为电阻率

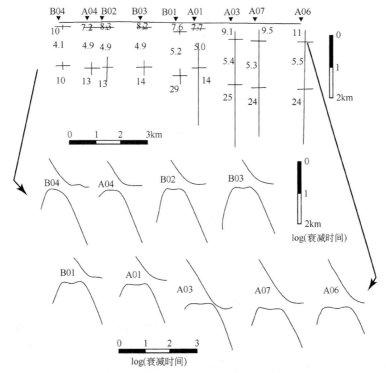

图 4.14   约束剖面反演的电阻率解释断面图

在该图底部的数据（方块）和理论数据曲线按箭头所示顺序显示。▼BO4 为接收点，图中数值（如 25）为电阻率

初始模型与钻孔测量是一致的，甚至比图 4.13 所显示的剖面更平滑，然而数据拟合不是太好。在很多的例子中反演终止在最大迭代数处，并且不收敛。这也使得几乎所有的曲线要用更大的误差尺度条来表示。

通常情况下加权剖面反演拟合地质情况要比单一反演效果好。然而，我们无法忽略的是这种拟合有时是被迫的，并且需要非常谨慎。在特殊情况下，反演数据的细节分析和数据噪声特点变得至关重要。当三维地质结构存在时，剖面反演可能用于服务接下来的局部三维异常上的一维地质结构。这一过程必须由三维模型来支撑。

4.5　Occam 反演

在以上章节中，我们可以沿着剖面解释实测数据，并因此给解释人员提供另一个获得更多客观判断的工具。然而，我们需要工具去判断哪种信息是实际存在的，哪种信息是解释人员误判。因此我们要寻找一个更客观的工具来解释数据。当寻找这种工具时，必须考虑我们的假设中存在的问题。当以最小误差反演数据时，假设有明确层数的地层能够拟合数据。然而，大地是由很多层组成的，并且在大多数例子中，层与层间的电阻率变化是在厘米尺度上变化的，当地层在几十厘米或几百厘米内结成一块时，那么在沉积地区它们几乎是连续的。当在厚度单元对比强烈（如砂岩边界、基底上的沉积层、结晶单元）时这个假设不再可行。对于光滑的电阻率模型，可考虑 Occam 反演概念，这一概念第一次见诸于 Contable 等（1987）的报告中。我们将顺延其概念，并证明 Occam 反演在一些案例中的可行性。

Occam 反演基于一个假设：电阻率–深度构造是尽可能光滑的。这意味着我们将试图去避开锯齿状的结构，并简单地尝试用光滑模型进行数据的拟合，甚至在进行数学分析前就能看出这将明显增加计算时间。然而，最小化模型假设将会减少过度解释的可能性。

当反演数据时，通常利用边界条件下的最小二乘法进行处理。这意味着最小化 F 函数由一个最小化了的量 Q 和描述边界条件的 P 组成：

$$F = Q + P \tag{4.37}$$

用拉格朗日乘子乘以边界条件，边界条件的选择决定着方法的选择。对于马夸特反演来说，Q 是加权最小二乘误差，P 限制着迭代过程中参数的变化。Occam 反演电阻率–深度函数在粗糙度角度考虑应该光滑。粗糙度是关于深度一次或二次偏导数平方的积分。

$$Q = \chi^2 \tag{4.38}$$

$$P = R_1 = \int \left(\frac{\mathrm{d}m}{\mathrm{d}z}\right)^2 \mathrm{d}z$$

$$P = R_2 = \int \left(\frac{\mathrm{d}^2 m}{\mathrm{d}z^2}\right)^2 \mathrm{d}z \tag{4.39}$$

式中，R_1 和 R_2 分别为一阶和二阶的粗糙度；m (z) 为电阻率，也是深度函数。粗糙度在反演中应该尽可能地小。正如以上章节所述，必须最小化 χ^2。然而因为用真实的数据达到完美的拟合几乎是不可能的，所以迭代过程要持续到 χ^2 值降到先前定义阈值以下才停止。当接近较小的 χ^2 时，略微地提高需要粗糙度较大的增长（Parker，1984）。对于更多细节的数学推导读者可以参考 Constable 等（1987）的研究。

　　第一个实例来自西欧的砂岩覆盖区。除了在下面有一些沉积层外，对砂岩下的地质情况几乎一无所知。没有钻孔信息，LOTEM 数据解释变得困难，因为无法知道需要用于解释地层的层数。图 4.15 展示了 3 层或 4 层模型 Occam 反演的对比情况，Occam 反演能够反映出良导体的光滑曲线，良导体中心处深度比两层大地模型中心处深度还大几百米。这暗示在马夸特解的层状假设是不充分的或者也有数据的系统性问题。另一种可能性就是从顶层（玄武岩）到地层底部（当成沉积层解释）是突变的，从这张图中无法得出哪一个是正确的。因为 Occam 反演模型是独一无二的，此例解释了 Occam 反演是如何被用于与层状大地模型相关联和选择最可能的结果的。在此例中我们不能信赖任何没有其他地质信息证实的层状大地模型。

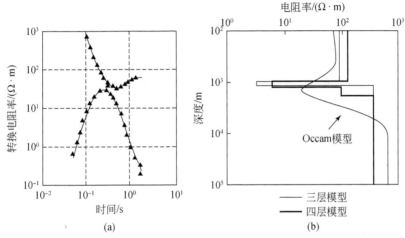

图 4.15　Occam 反演与层状大地反演的对比（Schruth，1990）

（a）野外实测数据（正方形）；（b）反演结果的理论曲线（平滑曲线）

　　图 4.16 展示了另一个应用 Occam 反演德国西北部数据的例子。因为光滑大地模型的使用使问题变得简单，即固定图形上的地层值，Occam 模型现在被画成多层的模型，这也是其在反演过程中被计算的方式。在这里 Occam 结果很好地证实了多层大地的假设。因此对于这种类型的数据，层状大地的解释是充分的，而对于之前的两个反演例子都需要证实导电层的存在。

　　图 A.6.1（附录 6）展示了对一个完整的剖面进行 Occam 反演的成果。在每个接收点的成果为黑白图。图的顶部显示的是反演的电阻率-深度剖面。很明显我们已经能识别出精细构造和接收测点间的一致性。然而在信噪比变差的晚期（更大深度）一些不一致性是可见的。因此低通滤波器被应用到数据处理中。滤波的宽度是深度的一半。在图 A.6.1 的中部的剖面比顶部更加光滑。整体结构（推覆构造）要比图片顶部所展示的更明显。

　　上述例子展示了 Occam 反演的实用性，可以用其寻找解释中出现的问题或者对解释结果进行验证。沿着剖面进行 Occam 反演可以得到比层状大地更符合实际的解释。然而由于层状结构经常被用于正演计算，反演也要进行多次迭代，所以 Occam 反演运算量大，也就不能作为常规工具使用（图 4.17 在一台 MicroVax II 耗时大约 50h 的 CUP 运行时间，在阵列处理机上运行 12h）。

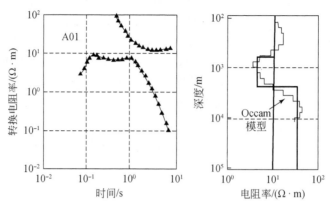

图 4.16　一个 Occam 反演结果与层状大地反演结果对比的实例

4.6　畸变信号解释（反转）

有时野外记录的信号并不符合理论期望，这些信号叫做畸变信号。畸变信号的常见形式是在瞬态持续过程中发生极性变化。这意味着信号通过了它的直流电位，其常常被用作参考零电位，这种瞬态叫反转。反转对于层状大地在理论上是不可能的，它们表明是三维结构或者强的人为噪声源（如管线、铁路轨道等）。在这一部分，当前对反转现象的理解仍存在以下问题：

什么是信号反转？

我们如何对数据中的反转现象进行处理？

我们如何模拟这种反转现象？

目前为止，场数据解释受到关注，反转现象仅仅进行了定性的解释。给出两个来自于 Stoyer 和 Damron（1986）及 Stephan（1989）的解释反转现象的实例。

畸变瞬态信号是种与所预期的层状地层信号指数衰减表现不同的瞬态。有时其通过参考电位时很难确定哪一部分是反转的部分，哪一部分是非反转的部分。图 4.17 显示了一个有信号反转的瞬态信号的例子。图片的顶部显示了在场中记录和观测的叠加瞬变的线性电压随时间的变化，图片的底部展示了进一步叠后处理和对早晚期视电阻率转换后的数据。这一转换是一个强的即时反转过程，意味着在开始后反转直接进行。一个反转由几个小的反转组成，这个即时反转明显小于瞬态信号。在图 4.17 中晚期的两次反转也可能是由错误的参考电位或其他的三维构造引起的。不适当的参考电位的确定有时是强人工噪声和反转影响的结果，这对解释人员来说进行直流电位的判断几乎是不可能的。反转在场中很容易被识别，但不容易分类。

Stoyer 和 Damron（1986）解释了来自犹他州米尔福德区长偏移距瞬变电磁法获得的观测数据。他们将数据扭曲划分为早期反转、中期压制、中期反转和晚期反转。晚期反转是信号反转，发生在视电阻率转换过程中，视电阻率应以 $t^{-5/2}$ 衰减；早期和中期的反转发生于时间数量级增长之前。不同分类的示例数据显示在图 4.18 中。

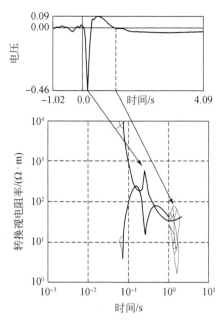

图 4.17　野外观测场数据的反转现象

顶部是叠加瞬变信号的线性显示，底部是经视电阻率转换后的对数显示。该剖面线代表 95％ 的置信区间

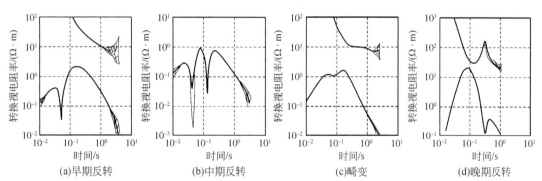

(a)早期反转　　　　(b)中期反转　　　　(c)畸变　　　　(d)晚期反转

图 4.18　犹他州 LOTEM 调查的实测数据畸变分类（据 Stoyer and Damron，1986，修改）

（a）曲线在早期的时间和在晚期时间出现了反转电压。两个中间曲线表示中期畸变，（b）在左侧出现一反转电压，

（c）右侧出现一个强压制

　　信号畸变分类基于反转发生时的时间范围。除了反转也有信号上的强烈压制，这不能用层状大地模型去说明问题。Stoyer 和 Damron（1986）使用了两种不同的方法对数据进行解释。对于晚期的反转，可以在数值模拟过程中用轴向导体进行地质解释（Tsubota，1979）。图 4.19 显示了 Tsubota 由实测数据计算推导的结果，轴向导体埋于均匀半空间，一条曲线显示的是均匀大地响应（上边曲线），另一条曲线显示的是轴向导体的响应（下边曲线），总场曲线是二者的组合。图 4.19 中总场和图 4.18 中晚期反转的差异是由系统响应引起的，其在图 4.18 中电阻率转换还没有消除，图 4.19 中合成数据不考虑任何系统响应。而且，合成数据在半空间假设下获得，实测数据由包含三维地质体的层状模型得到。考虑到这点，图 4.18 的实测数据（晚期反转曲线）与图 4.19 中合成数据结果匹配很好。

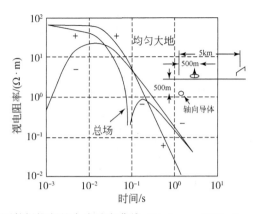

图 4.19　米尔福德实测数据推断的合成畸变曲线（Tsubota，1979；Stoyer and Damron，1986）
在全区内导电体的响应是负数，造成了晚期段响应的反转。在全区内导电体响应被叠加在为正数的半空间响应上

　　通过使用图 4.18 的分类和图 4.19 中 Tsubota（1979）的合成数据，该测点处的测深数据可以被解释，如图 4.20 所示。一个导体被放置在图右侧的位置。所计算的均匀大地响应中导体的响应和整体的响应被推导出来。整体的响应在导体的负响应变得比均匀大地响应更强时出现符号的反转。这一导体距内格罗麦格断裂非常近，众所周知该地含有来自地热场的盐流。由于该流体的存在，导电异常就可预料。这一数据的数值模拟结果显示在下面。

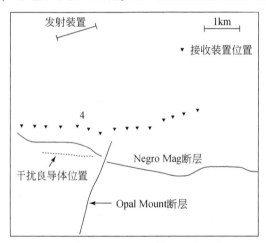

图 4.20　米尔福德测区 LOTEM 调查中断裂和模拟导电体及测线 4 位置图（Stoyer and Damron，1986）

　　因为地质情况不同，其他实测数据可能不会用相同的方式进行解释。为了解释这些数据，Damron（1986）构建了一个类似尺度的模型。出于归一化和数据对比目的，它在可变偏移距模型中使用了一个按比例缩小的发射-接收排列，这意味着当接收装置移动时发射装置是固定的。排列通过断裂时的模拟是通过两块金属板的钎焊接头来实现的。钎焊接头模拟的是一个更大电阻率的断裂带。图 4.21 给出了 Damron 的结果，早期曲线在钎焊接口两侧对称（图 4.21 的曲线 1、曲线 2、曲线 3）。当靠近断裂时（在图 4.21 的曲线 4 和曲线 5），首先下陷演变为中期反转。当接收器横跨和通过焊接点时干扰特征发生了变化，且干扰消失得更慢（曲线 6~10）。在仿真模拟中干扰影响会更强，因为感应电流被限于

金属板中。使用仿真模拟结果的分类，米尔福德部分数据的解释结果如图 4.22 所示。

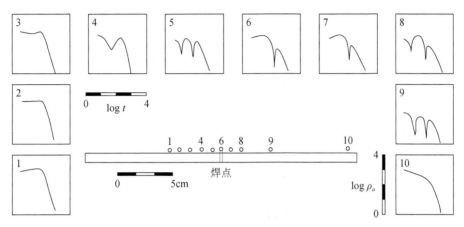

图 4.21 基于断层带仿真模拟实验分析的响应曲线图（Stoyer and Damron，1986）

按所得信号的形状对畸变响应进行分类

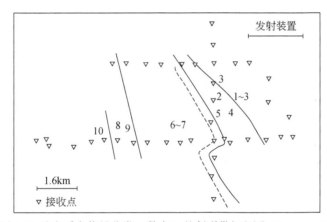

图 4.22 使用图 4.21 畸变瞬变信号分类（数字）的断裂带解释图（Stoyer and Damron，1986）

大数字是指在图 4.18 中所示的曲线，虚线表示 1986 年 Stoyer 和 Damron 解释的断裂位置

仿真模型分类可以实现对可能断裂带的判定。由此，西边的边界位置被推断出来。也有一些北—北西走向断裂存在的地质证据，对这一地质体构造也进行了数值模拟，并将结果叙述如下。

Stephan（1989）使用了相同的方法及 Damron 的仿真模拟结果去对德国西北部的探测数据进行分类（Haltem）。在部分探测区域内可以看到畸变信号（图 4.23），但仅在调查区域的东北角处反转才与地质构造相关。在调查的其他区域，反转更可能由人为噪声（铁轨、管线等）引起的。在图 4.24 中展示的两个采样瞬变信号显示出不同的特征，左侧的瞬变信号开始时有一个小的窄反转之后的正向尖脉冲。右侧的瞬变信号出现时便直接出现一个强的窄反转。使用 Damron 的分类法，推断出现了一条断裂（图 4.24）。

使用这种定性方法结合实测实现对畸变瞬变信号的一个简单的初期分类。下一步就是对解释实测数据所用的更加精细的模拟程序的整合。

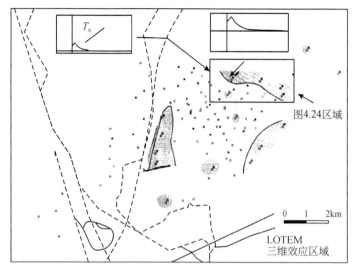

图 4.23　显示畸变数据（阴影区域）位置的调查图（Stephan，1989）

在东北部的阴影区域显示出反转，其中两个实例在图中标出，虚线代表铁路和电源线

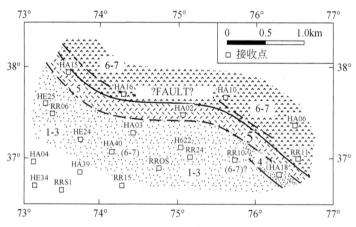

图 4.24　使用图 4.21 中 Damron 的畸变信号分类推断哈尔滕调查区可能的断层图（Stephan，1989）

4.7　反转问题的数值模拟

反转问题的数值模拟不是件容易的事情，因为预先了解模型结构是必要的。在本节中，将讨论两种不同的数值模拟方法：第一个方法使用横向非均匀导电板模型去模拟反转（Weidelt，pers·comm；Vasseur and Weidelt，1977）；第二个方法使用积分方程法去计算异常的三维响应（Newman，1989）。

以往认为反转是由靠近接收装置的低阻异常引起的。这种假设主要依据野外经验和电流通道概念。低阻异常可视为单一导体，在导体中感应电流长时间衰减较慢，并依赖于把接收装置放在导体的哪一侧来决定信号的正负值。图 4.25 和图 4.26 显示一个针对薄导电

板模型模拟反转的例子（Weidelt，per，comm）。模型被简化为地下 100m 深处电导率为
100S 的薄板。薄板厚度和电阻率本身不确定，围岩电阻率为 $10\Omega \cdot m$，电阻率的值是从德
国真实案例中选择的（图 4.24），主要用来模拟高阻体。收发之间的偏移距是 8km。图
4.25 显示图表上部标记的接收位置的垂直磁场的时间导数。反转的地方有两处：一处是导
体远边缘的 3 个点；另一处是导体后面的 3 个点。图上的虚线说明没有导体异常的大地响
应。感应电流在板中间流动，进而在一边产生一个正信号，在另一边产生一个负信号。由
异常导体产生的信号随着距发射距离的增大而逐渐占主导。异常响应随后加到背景响应
中，并根据于其强度，反转出现在异常体周围的不同位置。

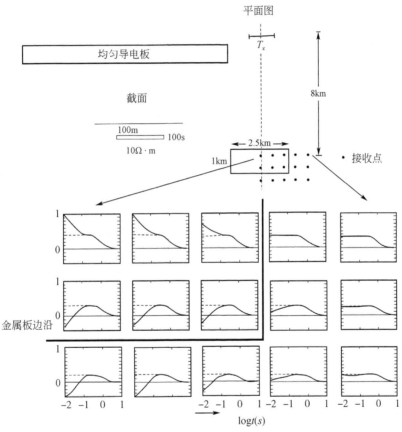

图 4.25　使用导电板程序在不同接收点模拟一个沉积环境布设的阵列和模型
及合成瞬变信号（半对数坐标轴）
导电板横向均匀（Weidelt）。负信号由 0 值以下区域显示

如图 4.26 描述的是一个更加复杂的野外情况（Weidelt，per·comm）。现在导电板从
表层 $12\Omega \cdot m$ 的地层分离出一个 $20\Omega \cdot m$ 的半空间。板的一部分电导率为 10S，剩下的部
分为 150S。板上部的电阻率为 $12\Omega \cdot m$，其下部的电阻率为 $20\Omega \cdot m$。导电异常的对角线
是与发射偶极赤道向对齐的。从平面来看，导电异常离发射 7～10km，长度是 3km。接收
点垂直磁场的时间导数显示在下面。无异常区域的响应被虚线标记出来，并与排列中下部
测点明显不同。在导电异常中心处的测点曲线从一维到三维上显示的偏差非常小，再次说

明反转仅发生在靠近导体异常边缘处，反转的特定发生似乎直接与接收位置的异常场和背景场的强度有关。

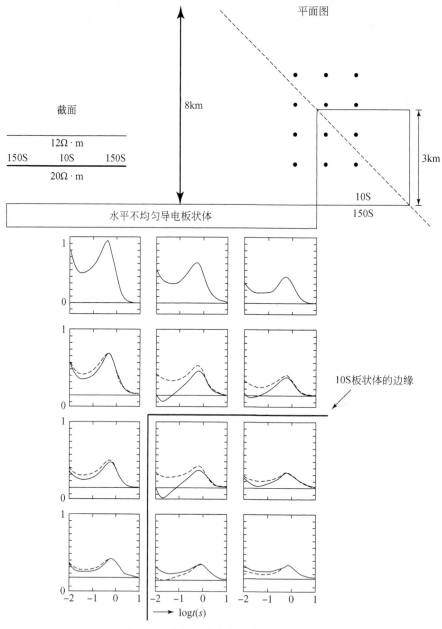

图 4.26　水平不均匀导电板的几何布置

该模型参数模拟沉积环境。所得理论瞬变数据（半对数轴）在底部标出

　　第二个类型的例子是使用纽曼三维（Newman，1989）程序去模拟更复杂的野外情况。基本的模型和结果展示在图 4.27 中。

　　这种特殊的模型用来模拟高阻结晶环境中 LOTEM 的观测。合成的三维数据（方块）

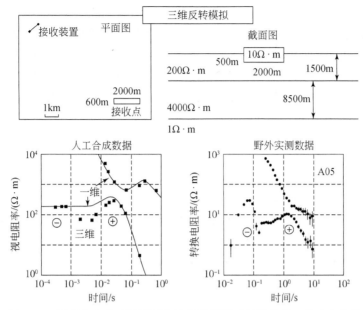

图 4.27　用积分方程法计算了在接收装置附近的导体的三维响应曲线

顶部显示了大地模型的剖面和平面图。左下的数据显示了三维模型的理论数据与各自的一维曲线的比较。底部右边一个真实的野外实测数据展示了相同的特点。在这两个图中缺口时间上的不同位置是由该模型缩放和三维测量下的详细电阻率结构未知的事实引起的

与一维曲线（实线）对比。一维曲线是没有低阻异常的曲线（早期反转）。可以很明显地看到三维曲线和一维曲线的偏差非常大，一直持续到相当晚的时刻，右侧由实测数据转换的视电阻率显示出相似的特征。反转零交叉点的差异是由数值模型和真实地质体比例不同引起的。与图 4.26 模型不同的是图 4.27 中反转与收发之间的良导体有关，然而在之前的图中，接收外的高阻体可以引起异常。

为了进一步估算相对于地质体的反转位置，Newman（1989）计算了穿过导电体剖面的三维响应，成果如图 4.28 所示，两个反转见诸于接收位置 3 和 5。从接收位置 3~6 的

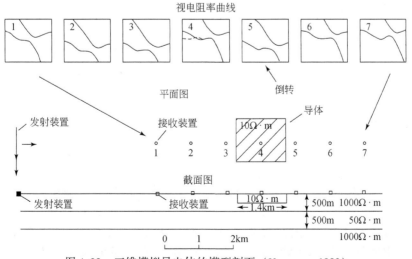

图 4.28　三维模拟导电体的模型剖面（Newman，1989）

信号发生畸变。在接收位置3处信号表现出尖缺口但还没有反转，这暗示着测点正接近异常区。相似的性质也显示于图2.19中，包含三维结构的合成数据图像。当异常响应比层状大地响应更大时，导电体后面位置的反转明显，反转出现于导电异常附近。上述的例子表明：使用仿真和数值模拟两种不同方法对反转进行解释。特别的，导电异常的两侧都可以引起反转，并且还可以由高阻断裂引起反转。因此，对于每一个此类反转的探测，我们应通过获得尽可能多的野外数据来仔细消除所有不可能的特性并查明导电异常，只有这样三维模拟才能成功。

出于以上考虑，Kriegshauser（1991）对犹他州米尔福德地区的数据对两个模型进行数值模拟。基于 Stoyer 和 Damron（1986）的解释，对内格罗麦格断裂带使用二维结构进行模拟。从以上模拟结果可以看出，导体被放在与作者解释相似的深度。轴向导体有很高的电导率，因而能够在大概相同的时间点获得符号的反转。图4.29 显示布设模型和数值模拟数据与实测数据的对比。对于模拟过程，由 Druskin 和 Knishnerman 给出的有限差分进行模拟。模拟结果和野外的数据形状及幅度都是相似的，表明模型的选择非常接近实际情况。在符号反转时间上的偏差，通过改变深度和轴向电导率进行修正。

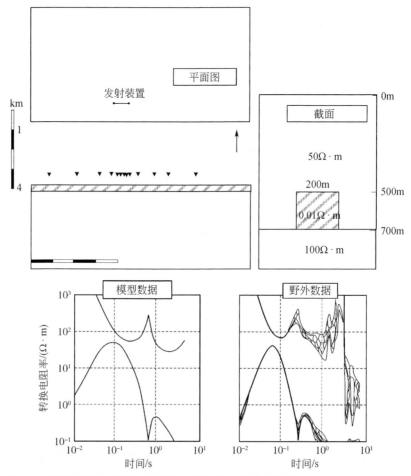

图 4.29　犹他州米尔福德区域的轴向导体的二维模型设置（Kriegshäuser，1991）

该图底部给出了理论数据和实测数据之间的对比结果，两个数据均以电阻率形式给出

另一个实例是来源于米尔福德地区，是用类似的模型进行解释。三维模型的构建依据该地区所有数据的一维解释结果，该地区包含高阻堤。从一维解释中得到一维背景模型的深度值，从大量模型运行中获得岩墙顶部的深度和宽度。图 4.30 显示的是岩墙轮廓及模型交叉面的观测平面，左侧显示野外数据和所计算得到数据中典型瞬变响应。早期压制（顶图）、双反转（第三行的图）及中期的反转都拟合的非常好。第二行的图早期压制由野外数据清晰地展示出来，但是模型数据不清晰。事实上，模型数据压制出现在晚期。虽然这是矛盾的，但并不强烈，因为所考虑的时间窗口受系统响应的影响较大，即便是轻微的偏差都可引起反转，进而使此阶段的特征发生变化。

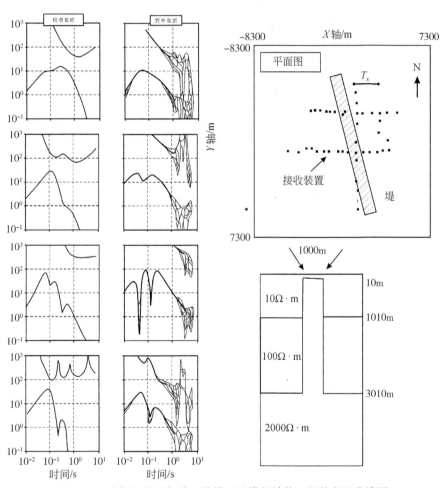

图 4.30　米尔福德测部分三维模型及模拟计算、野外实测曲线图

在此阶段，需要提醒的是要实现三维模型响应与野外数据的匹配，需要较长耗时并且需试验不同的模型，如图 4.30 所示。当计算三维模型时，第一个任务就是从更深的结构中分离出近地表的地下管线影响，而且这经常通过观察图上的反转强度来实现，其分布和初始极性使得解释者能够非常有效地进行选择。

4.8　三　维　模　拟

为了对 LOTEM 数据进行三维解释，需要做三维正演计算。在这里对三种技术进行分析：积分方程法、薄板法和有限差分法。已经在理论和程序上对积分方程法进行研究并取得进展。Hohman（1971）和 Dey（1974）的工作开始于二维，向三维的延伸工作是由 Raiche（1974）、Hohman（1975）和 Weidelt（1975）进行的。积分方程法的优点是能够将异常体和周围介质电磁场响应分离开来，这减弱了用于大地模型的网格尺寸。Wannamaker 等（1984）将算法扩展到多层；San Fillipo 和 Hohma（1975）解出了半空间中异常体在直接时间域的积分方程；Newman 等（1986）使用 Wannamaker 的解并将其通过快速数字滤波转化到时间域中，这是对场源复印进行模拟的算法。

另一种方法是有限元法，但是瞬变电磁的三维有限元还无法完全地实现。Kuth（1987）、Kuth 和 Neubauer（1988）发展了一种算法，计算一个任意地球模型的频率域和感应测井工具的三维响应。

目前使用最多的方法是使用有限差分法和频谱 Lanczos 分解法（SLDM）。这个方法是由 Druskin 和 Knizhnerman（1988）提出的，由 Hordt 等在 1992 年首次应用到实际数据处理中。它能模拟非常复杂的地质情况，并在合理的时间内计算三维响应。

对接地源瞬变电磁三维模拟的工作是由 Gunderson 等（1986）率先来做的，并分析给出了接地导线周围三维电流流动的一个初次认知。在所有模型中，收发距小于 4 倍偶极子长度，因此它不能完全代表长偏移距瞬变电磁方法。第一个长偏移距瞬变电磁模拟是由 Newman（1989）完成的。然而，对比上述两篇论文中的电阻率结构，其不具有沉积环境勘探的代表性。对于三维理论的推导读者可以参考 Nabigbian（1988）中的几篇文章。本章展示两个三维模拟的实例：第一个例子考虑了场源复印的影响，这在进行野外探测时是极其常见的；第二个例子对比了薄板模拟、积分方程法和 SLDM 有限差分方程去模拟野外实测中常见的反转的结果。

4.9　场源复印效应模拟

当计算野外实测场时，我们经常寻找一个能与电极电耦合最好的发射位置。发射被放置在一个导电率更大的区域或导电通路中，这将使得信号发生轻微的畸变。常规校准系数（见第 3 章）被用于校正此类畸变。在本节中，这一影响用三维数值模拟来研究。

三维数值模拟可用于分析近地表非均匀性的影响。在下面的例子中，野外条件的影响通过源位于导体正上方的情况来描述。图 4.31（顶部）显示了平面图和一个简单三维模型的横截面。异常导体电阻率为 $10\Omega \cdot m$，位于电阻率为 $300\Omega \cdot m$ 的均匀半空间中。导体的影响可从靠近真实地表位置的图右侧的曲线看出。由场点一和场点二的对比可以看出，影响对接收位置的依赖不是很大。在图的底部，截面图被展示。在这里所模拟的情形是典型的德国情况，就像黑森林地区遇见的情况一样。发射经常放置于被低阻河谷填积的山谷里，并且周围是高阻围岩。导体在早期视电阻率曲线中存在一个向下移动，在晚期为向上移动。之前讨论过的校准系数可以校正这种偏移，并可获得层状大地模型。

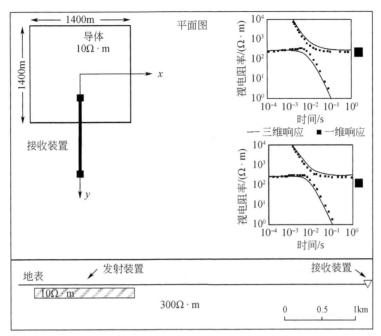

图 4.31　三维模型的平面图和横截面图（Newman，1989）

用以测试发射中一个电极下方导体的影响，两个测点的三维响应和

一维响应在右侧给出

　　Newman（1989）描述了具有偏差的层状大地模型的解释结果。图 4.32 展示了使用一维反演算法反演三维模型数据的结果。反演包含另一个参数，即校准系数，它是与曲线相乘的，因此可垂直移动曲线。校准系数在反演中向上下浮动，三维响应以数据点的形式呈现在这张图中。实线包括早期和晚期的曲线，是反演结果的合成曲线。图 4.32 右侧给出反演模型，与真实大地模型对比，虚线是真实的大地模型。除了多余地层存在于剖面的上部，产生的电阻率符合真实的模型，数据拟合完全可以接受。当使用真实的野外数据时，因为系统响应的影响，在大多数情况下模型将在截面的上部出现偏差。因此，我们需要标定井或者额外的信息以确保解释是正确的。

　　由于系统响应模糊化了剖面上部结构，在解释中必须被考虑。在这种情况下，当假设模型是典型的黑森林地区模型（对比第 9 章）。我们必须考虑以下情况：在黑森林地区，需要使用 16-2/3Hz 模拟陷波滤波器去获得有用的信号，这限制信号的可靠频率低于 10Hz。当获得可靠数据时，我们需要使用扩散深度 $d = (2t\rho/\mu_0)^{1/2}$（Spies，1989）进行深度的粗略估计。对于这种情形，使用 300Ω·m 的电阻率和最早时间 0.1s（相当于 10Hz），就获得了 $d = (20 \cdot 1 \cdot 300 \cdot 10^{7/4}\pi)^{1/2} = 6900$m。如果电阻率稍稍低一些（200Ω·m）且模拟滤波仅从 13Hz 起影响数据，这个深度是 $d = 4900$m。因为扩散深度代表极限情况，并经常用反褶积消除一些滤波影响，出于实用目的，我们假设可信赖的信息仅在一半的扩散深度。

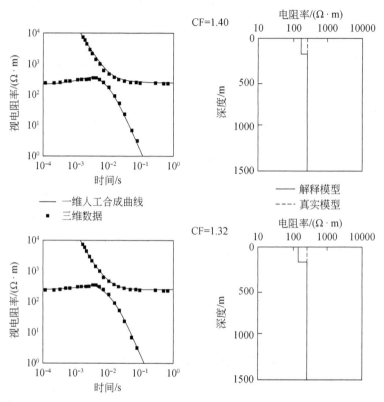

图 4.32　使用一维反演程序处理图 4.31 中的三维响应数据得到的解释结果（Newman，1989）

　　表层为高阻的野外情形是非常少见的情况。一般情况是上部几千米包含多个导电层。所以需要考虑上覆低阻覆盖层的影响。图 4.33 显示的是当两个电极放置在导电板上时，含导体的层状大地的几何设置和三维响应。这是一种非常典型的情况，因为我们总是寻求最导电位置埋设发射电极。对于两个接收位置，数据在早期和晚期基本是平行移动的。当用一维反演处理流程去反演三维数据时（图 4.34），额外的近地表地层需要解释，导体深度也有轻微的错误，然而电阻率是正确的。因为浮动校正因子在反演过程中强制数据与模型进行匹配，所以我们在解释任何一个下面有导体的剖面时都必须极其小心。

　　三维模拟仍有一些严格限制条件，因为积分方程法只可应用于局限的个体。这对于石油勘探没有什么实际的意义，因为在大多数情况中，层状四分之一空间是更重要的，我们可以设想层状 1/4 空间和 2.5 维模型的更多的使用，一个 2.5 维模型（二维大地模型和三维的发射源）是更合理的。这就是考虑应用基于频谱 Lanczos 分解方法（Druskin and Knizhnerman，1988）的有限差分过程去处理更复杂结构的原因。

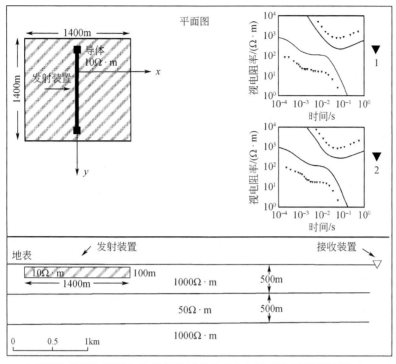

图 4.33　一个顶部为发射装置并包含导体的层状大地几何设置和计算的数据（Newman，1989）

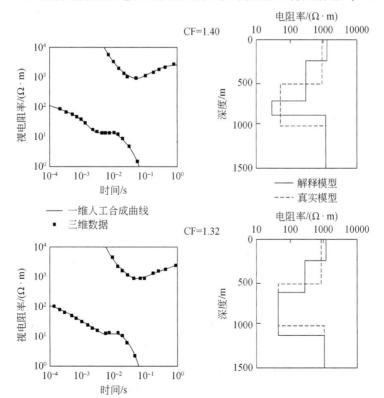

图 4.34　使用一维反演程序处理图 4.33 中的三维响应数据得到的解释结果（Newman，1989）

4.10　不同三维模拟程序的对比

在本节中，针对与反转章节中相似的野外条件比较了不同的三维程序。

第一个程序是使用常规的薄板模拟方法，计算层状半空间中无限小的水平薄板的瞬态响应，薄板的电导率、厚度都是有限的。这个算法基于积分方程法（IE）（Vasseur and Weidelt，1977），该程序的主要优点是具有较高的计算速度（Micro Vax 计算机计算一个大地模型大约需 5min），并可以使用一阶快速适应进行数据反演。由于模拟结果受到水平方向有限延伸异常体的限制，其有可能和实际问题不吻合，因此可以用作更复杂的三维模拟分析的初始模型。

第二个程序是积分方程程序（Newmand et al.，1986）。它计算了在层状半空间中地质体的瞬态响应。理论上对地质体的数量和形状没有限制，需要很长的时间去计算现实环境中的复杂地质体。该程序是模拟的第二步，用于分析薄板模型纵向和横向延伸范围，其目的是使模拟结果接近真实的地质模型。

第三个程序（Druskin and Knizhnerman，1988）基于频谱 Lanczos 分解法（SLDM）求

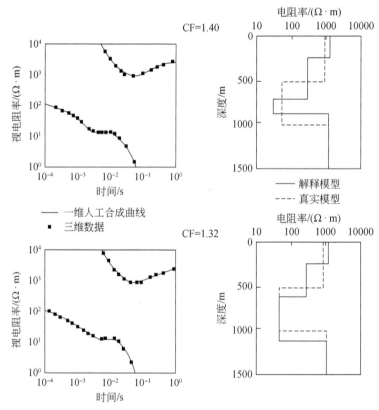

图 4.35　正演模拟程序的三维模拟结果对比（Hördt et al.，1992）

对于薄板导电体其厚度是无限薄，导电率为 100S，其他两种方案（积分方程和有限差分，SLDM）

其厚度为 25m，电阻率为 0.25Ω·m

解扩散方程。该程序使用有限差分，不受实际复杂性的约束，并无限接近真实情况。该理论由 Druskin 和 Knizhnerman（1988）提出，并由 Hördt 等（1992）总结概述。

我们使用图 4.35 所示的模型比较这 3 个程序，模型为 $10\Omega \cdot m$ 的均匀半空间，包含厚度为 25m 电阻率为 $0.25\Omega \cdot m$ 的低阻体。选择该模型是基于上面对反转的讨论。薄板模拟显示低阻体的电导率为 100S。图 4.35 右侧标出的是在 3 个不同接收点处的人工合成数据。发射装置距地质体 8km 远，且与地质体走向平行。这种模型表现出了信号反转现象。在野外施工中，这种信号反转的现象通常意味着三维地质体的存在。

图 4.36 比较了不同程序的模拟结果。在顶部是薄板模拟和积分方程的对比结果。对于所有接收点，在晚期两条曲线吻合很好。对于点 1 两条曲线仅在早期出现分歧。对于点 2，两条曲线出现更大的差别，这可能是因为使用了不同的模型。薄板程序使用的是无限小薄层地质体，而积分方程程序中地质体是 25m 厚。考虑到这个问题，两个程序的差异并不大，模型的特征是相似的。

图 4.36（b）是 SLDM 与积分方程程序的对比结果，在晚期它们吻合地很好，但是在早期出现比点 2 更大的偏离。在这种情况下，我们必须考虑使用 SLDM 算法计算该模型的难度，因为异常空洞是较小的区域会产生较高的空间梯度。对于积分方程程序，该模型是很理想的。因为 3 个程序都可以给出较为合理的结果，而对于顶部的差异可以忽略。

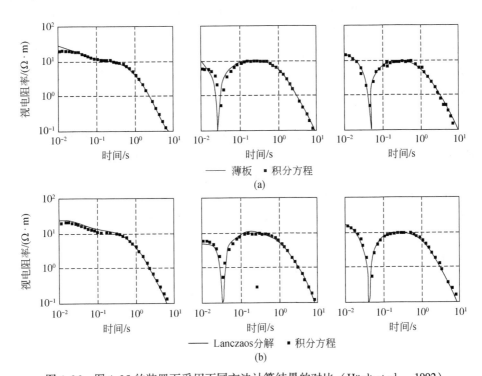

图 4.36　图 4.35 的装置下采用不同方法计算结果的对比（Hördt et al.，1992）

（a）中实线是采用薄板模拟的结果。正方形是使用积分方程（IE）方法的结果；（b）中实线是使用频谱 Lanczos 分解法（SLDM）的结果。正方形是使用 IE 方法的结果

4.11　本　章　小　结

深部瞬变电磁法测深的标准解释可以用一维反演程序进行。反演尽量是从勘测结果中推导出地下电阻率随深度变化的函数，一维反演可以用于不同方法去估计地下电阻率：单点反演；使用不同分量或电磁测量方法进行联合反演；沿着剖面的自动反演；得到更平滑的视电阻率–深度函数反演（Occam 反演）。使用这些不同的反演技术去定性解释一个较小测深异常，直到得到一个定量的三维模型。

大部分的反演是单点反演。为了评估反演结果的可靠性，数据统计和分析往往与反演一样重要。在大多数野外沉积环境下，这样的反演往往可以充分给出地下地质结构的信息。有时候，这种反演可能不会得到需要的信息，这是因为使用了灵敏度较差的分量。

为了减少这种电磁场分量灵敏度的差别，在联合反演中可以使用两种不同的分量进行反演。也可以使用一个瞬变电磁分量和一个磁场数据分量进行联合反演。使用两种不同的电磁方法联合反演可以实现优缺互补，并且联合反演可以获得更加客观、真实的结果。

在瞬变电磁法测试数据的解释过程中最重要的是反演相似数据所需的时间。因此，在进行下一个测深点的工作时可以优先使用前面测点的信息，这种反演程序叫做剖面反演。有很多方法可用于选择先验信息，应该根据具体的目标区选择应用。这种反演方法的使用需要很小心，因为反演人员能够按照其期望去强行反演数据。

为了检验反演结果需要寻找特定的电阻率–深度函数，这种特定结果可以通过 Occam 反演获取。Occam 反演基于电阻率–深度函数是光滑的假设。在沉积环境中，地下没有电阻率的突变，因此这是可行的。在这样的情况下，Occam 反演可以高效地检查反演结果。

当使用不同的反演方法，反演人员有时会遇到一些数据表现异常，难以解释的状况。其中一种异常是测量电压与参考电压相交，这些瞬变数据异常现象叫做反转。因为三维模拟的局限性，很难定量解释反转现象，使用这些反转去描绘测区的三维结构。一旦反演人员可以认知三维结构的特性，就能计算简单的三维结构，从而获得定量分析的三维结构。三维模拟反演技术有着不同的方法：近似公式，三维异常退化成不均匀的薄层导电板和积分方程方法。这些方法可以得到发射和接收之间的高阻断层或薄板。

选用合适的三维建模方法是很重要的，因此需要根据野外数据特点使用不同的方法。本章选用不同方法对比较典型的反转进行解释并给出对比结果。

第5章 仪器系统与野外工作方法

在前面的章节中主要讨论了长偏移距瞬变电磁的物理机制、数据处理与解释方法。在本章中将介绍与该方法有关的硬件系统与野外方法。首先，分析单个采集系统的各个模块，并提出一种更为先进的多通道系统，这种多通道系统有利于把一些地震法常用的技术引入电磁法中。在未来，更大的数据体量将促成多通道处理技术的进一步发展，同时，需要更新的成像方法，并最终实现成像分辨率的显著提升。

在进行系统设计的一般性讨论之后，本章还将介绍一些野外工作中经常遇到的特殊问题。当需要对不同的接收装置及发射装置进行同步时，往往会遇到信号无法被发射、接收同步的情况。因此，通过对同步时钟的合理设计可以相对容易地克服上述困难。同时，选择适当的同步机制也有助于在实现功能的前提下控制系统成本。

本章将关注"移动处理系统"，此系统可在勘探作业中持续保持对数据的最佳质量控制。在确保数据质量可靠的前提下，允许根据观测条件进行连续调整，从而获得较高的工作效率。

最后，在讨论野外方法时，一个基本原则是尽量避免系统故障以增加有效数据采集量。此原则引导我们如何有序地进行发射准备，这种有序准备可以节省大量野外时间。此外，为了减少野外采样叠加次数和重复观测时间，需要重视各种有助于提高信噪比的野外技术。特定的野外作业流程也可以在一定程度上节省硬件方面的开支。有两种方法可以将信噪比提高两倍，即提升发射电流并降低噪声水平。如果选择将发射电流提高两倍，则需要将发电机功率提高接近4倍。因此，通过优化处理和野外方法来提高信噪比将是更加合理的选择，经济上也更加可行。

5.1 系统构成

LOTEM勘探系统主要包括长接地导线源发射装置和接收装置，图5.1为其野外作业方法示意图。长接地导线源的长度一般为1~2km，布设于大地表面，并在导线两端接地。通过发射导线，发射装置将对大地进行激励，发射电流可达几十安培甚至上百安培。电流关断后将在大地内部激励起感应电流或涡旋电流，此电流会随时间向下、向外传播。分布式观测装置布设于一定偏移距外（2~20km），用以记录二次感应的电磁响应（电场及磁场的时间导数）。观测装置观测到的地下感应电流引起的信号被称作瞬变信号。这是因为当电流突然关断后，地下介质会产生幅值较大的感应电流，之后随时间逐渐衰减至一个稳定的水平。重复进行发射电流的导通、关断，则可在接收点观测到一个瞬变信号。使用类似人工源地震数据处理的方法对上述瞬变信号进行叠加，可以使观测信噪比得以提升。

图5.2给出发射与接收系统的原理框图。发射系统包含一个标准三相发电机，用于给整流开关提供220~800V的交流电。此外，在某些条件下也可以使用400Hz发射装置，发

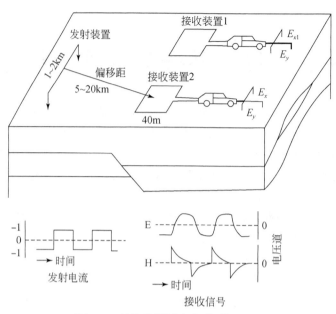

图 5.1　长偏移距瞬变电磁测深系统

射装置与接收装置通过一个高精度石英晶体振荡器（晶振）时钟进行同步。接收系统包含磁场及电场传感器，其观测到的信号直接进入前置放大器。这里提到的数据采集系统称作 DEMS Ⅳ（Digital Electro Magnetic System，4th generation），该系统可将观测到的所有原始数据记录到可移动硬盘上。同时，DEMS Ⅳ 系统允许通过显示器对所有信号进行实时质量控制。整个数据采集系统采用便携式设计，并使用 12V 标准汽车电池供电。DEMS Ⅳ 系统是在 Strack（1985）提出的野外系统设计思想基础上研发的，属于单点观测系统，即在一个接收点上一次只能有一个采集系统进行数据采集。在此基础上，又提出了新的多通道数据采集系统——TEAMEX，其原理框图如图 5.2 所示。

电场传感器为铜-硫酸铜电极，磁场传感器为铺设于地面的感应线圈。在地形条件恶劣的地方，一般用三分量磁通门或感应线圈观测磁场比较方便。近年来，随着抑制噪声性能的增强及成本的降低，感应线圈得到越来越多的应用。相比之下，磁芯线圈的成本大约是空芯线圈的两倍，磁通门线圈成本大约是空芯线圈的 5~8 倍。图 5.3 为感应线圈采集装置。观测回线使用地震电缆绕制，其总长度为 120~200m。观测回线可以铺设成边长为 30~50m 的单匝回线，也可以铺设成边长为 10m 的多匝回线。电缆的两端接在采集器上，信号由采集器进入前置放大器（如图 5.3 右侧所示）。信号经过前置放大器后，其中包含的射频噪声将被滤除。放大倍数调节分为几档，各档之间由模拟陷波滤波器隔离，这样可以在保证最大放大倍数的同时实现对噪声的最大抑制。图 5.4 为 LOTEM 前置放大器。在野外使用前置放大器时需要注意，尽可能使前置放大器输出信号达到最大，以避免信号在传输过程中受到更多影响。同时，放大倍数又需要足够小，避免信号出现明显漂移。模拟陷波滤波器应置于增益放大器之间以实现最大的前置放大倍数。图 5.4 前置放大器左侧的是标定单元。标定单元输出的一个方波信号，可被弱化为双极性阶跃信号。使用标定单元

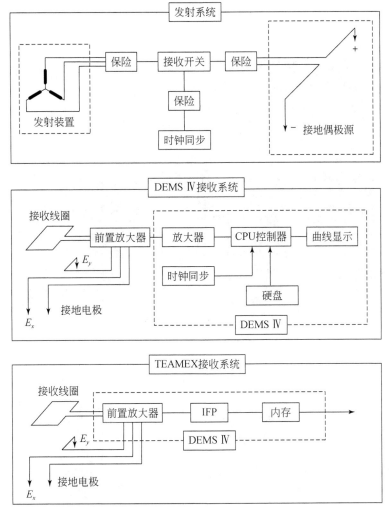

图 5.2　LOTEM 发射和接收系统框图

的输出信号作为放大器的输入信号，可以对增益系数进行快速检测。标定单元可由同步时钟触发，对其进行若干次叠加，记录结果用于系统响应计算。

使用一条长度为 20 ~ 50m 的电缆连接前置放大器与数据记录系统放大器。数据记录系统需放置于距传感器较远的地方，因为观测站及操作员的活动易在传感器处产生电磁干扰。图 5.5 与图 5.6 分别是 DEMS Ⅳ 采集系统的原理样机和商业产品。由图 5.5 可见，DEMS Ⅳ 的原理样机只有数字显示部分。而由图 5.6 可见，在商业产品上还集成了模拟放大器和图形显示器。两系统均使用可移动硬盘作为存储介质，并根据严酷的野外条件进行了相关设计。比较两个系统可以看到，在短短的 2 ~ 3 年里，系统因使用了新技术而小型化了许多。多通道采集单元的尺寸仅为 DEMS Ⅳ（图 5.6）的六分之一，但其效能却提高了两倍。

图 5.3　采集器实物图

左边为感应线圈的连接器和插拔器，右边为前置放大器

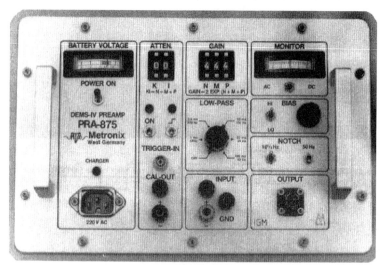

图 5.4　LOTEM 前置放大器

面板左侧为前置放大器的校准单元，面板右侧为前置放大器的控制面板

图 5.5　数字电磁系统（DEMS Ⅳ）原理样机图

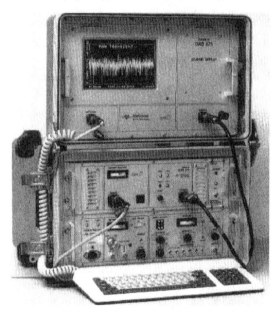

图 5.6　数字电磁系统（DEMS Ⅳ）商用仪器图

5.1.1　发射系统

发射系统可产生正负相间的双极性电流。图 5.7 给出矩形波和阶跃波两种发射波形。采用这种正负相间的双极性电流波形，可通过对信号进行反向叠加的方式实现对发射电极极化效应的抑制。双极性连续电流波形的优势在于两次使用发射电流以得到最大源极矩。此外，因为负载变化使用双极性波形容易造成发电机更大的损耗。对于大偏移距（5 ~

7km）、大探测深度的情况，双极性连续波形的宽度一般是足够的，此时由整流器引起的电流不稳现象可以忽略。而对于高分辨率浅部观测，双极性波形更加适合，因为它只在关断时进行观测。我们将相同极性电流重复出现的频率定义为脉冲重复率。

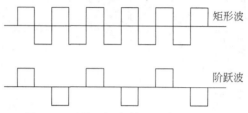

图 5.7　两种双极发射电流波形示意图

在实际中，实现理想的方波电流波形和大电流输出依然是非常困难的。尽管发射装置可以输出峰值为 100A 的电流，但野外工作时的可靠性及安全性是发射系统的主要问题。因此，通常强制使用机电开关对发射系统响应进行实时监测，对关断过程的系统响应采用反褶积技术进行处理，能够在一定程度上抵消电流波形非理想型的影响。

图 5.8 为机电开关盒子的电路原理图。在设计开关盒子的时候需要考虑增加保护装置（该装置并没有出现在图 5.8 里），该装置可在电流降至峰值的 10% 以下时关断电流，以确保电流恒定。这种控制过程可利用窗口比较器实现，保险装置仅在电流即将极性反转前不起作用，一旦完成电流极性反转，保险装置将重新生效。从野外应用的角度看，最简单、最可靠的是标准的三相 380V 发电机（图 5.9）。在世界任何地方都能找到，出了故障也容易替换零件。对矿产资源勘探，常用 400Hz 发电机（图 5.10）。这种发电机体积更

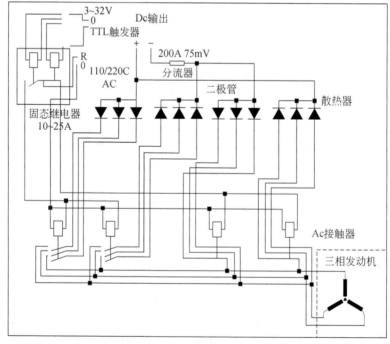

图 5.8　机电开关盒的主要原理图（Strack，1985）

小，能够输出更规整的直流波形。但不足之处在于其备件的使用寿命有限，这是限制其野外应用的主要问题。

图 5.9　用于在德国进行 LOTEM 测试调查的标准建设发电机

图 5.10　常用于勘探应用的 400Hz 30kVA 发电机

使用 25kVA 开关盒连接到发电机，最大输出电流 50A

5.1.2　收发同步机制

收发之间的同步是一项很重要的任务。由于发射装置与接收装置距离较远，它们之间的同步可以使用卫星时钟或远程时钟。卫星时钟的优势在于使用绝对参考时间，但它的工作性能严重依赖于各单元的可靠性。最廉价同时也最方便使用的是远程时钟。恒温晶振时钟相对更加精确，但它需要比温度补偿晶振更大的功率，后者的相对精度为 10^{-7}。时钟在设计时需要考虑以下因素：

（1）可持续运行两天，以满足夜间忘记充电或接收装置需要连夜进行野外工作的特殊情形。

（2）晶振的相对谐振频率要足够高（大约 300kHz 或 100kHz），同时也应确保该高频信号能被简单的示波器现场观测到。

（3）时钟输出率外部可调。

（4）为满足不同时钟信号的使用需求，需设计不同的输出信号。

（5）时钟能够作为主器件或从器件工作。

图 5.11 展示了同步时钟工作的基本原理。当选择组成器件时需要特别留意，以使其能在较大的温度范围内可靠地工作。

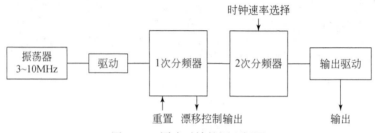

图 5.11　同步时钟的原理框图

图 5.12 是一张同步时钟面板图。电键开关对避免工作中的意外断电和同步丢失有至关重要的控制作用。在变光开关下有不同时钟采样率的代码。输出 5V 的同时具有反向形式的 TTL 信号，这样可以在每次触发时单独控制两个开关组件中的一个。在同步连接器的上方有两个 LED 灯。当两个时钟不同步时，这两个灯中只会亮起一个。

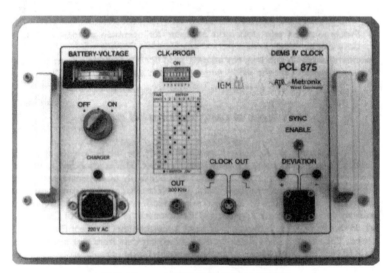

图 5.12　一个简单的同步时钟的面板

图 5.13 是更加精确的同步时钟的前部面板示意图。这个时钟是在长时间的野外测试

后设计生成的，能够满足绝大多数野外需求。指标如下：

（1）功耗较低，运行时间大于72h，这样野外作业人员离开营地时可持续使用3天。

（2）充电输入电压为110～250V，自动切换。

（3）当充电状态指示灯亮起，提示作业人员应及时返回营地充电。

（4）可以通过开关选择时钟采样率参数，避免由不正确的设置操作造成的错误。

（5）采用两个不同的输出频率（3kHz和300kHz），对晶振漂移进行一般或精细的校正。

（6）多种输出模式以适应所有的标准发射装置，从而获得最大的硬件灵活度。

（7）在主时钟和从时钟上均有同步及时钟漂移情况指示器。

时钟的标准化使我们能够使用任意发射装置，从而大大降低移动和安装成本。

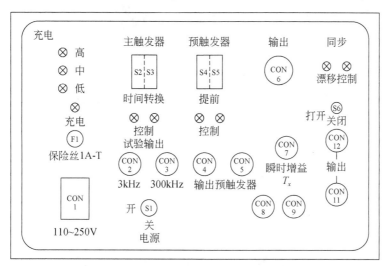

图 5.13　一种多功能同步时钟的前面板图

5.1.3　使用多通道系统的优势

目前，电磁法存在的主要问题是采集数据量较少，且野外仪器的观测精密较低。其原因是电磁理论的复杂性及野外工作人员较少研究电磁场基础理论，以及电子器件的性能和稳定性有待进一步提高。随着电磁法技术的进步和野外工作经验的增长，我们将能够获得更大、更密的电磁数据体，并提高电磁法探测的空间分辨率。本节主要讨论利用多通道瞬变电磁系统探测的优势。这里给出的实际例子中的数据来自于以往的LOTEM勘查项目。

图5.14展示了多通道瞬变电磁系统典型的野外装置形式。将若干信号采集节点通过数传电缆连接起来。每个采集节点同时需要两个通道，其主要原因是：在每一个节点位置上，需要同时观测电场分量和磁场分量，以便保证信号横向的连续性，便于进行联合反演。

可对该装置形式的观测数据进行如下处理解释：

（1）联合反演，获得更合理的地下电阻率解释。

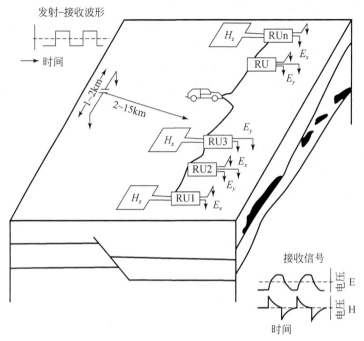

图 5.14　多通道瞬变电磁观测系统示意图

（2）偶极–偶极测深，快速分辨地区三维结构。

（3）数据快速成像。

（4）连续电场观测，并结合磁场观测，以识别并去除静态效应。

（5）同步测量的噪声补偿技术。

为了全面地阐述多通道系统的优势，本节总结出了单道观测系统的缺点：

（1）动态范围有限。

（2）微弱信号漂移造成的不准确性。

（3）噪声和带宽方面的限制。

（4）信噪比较低。

（5）为兼顾工作效率和横向分辨率，一般会选择较大的测点间距。

（6）每个测点所要消耗的维护和经费支出较大。

动态范围问题可以通过一个位于 20km 厚高阻层下的良导体模型响应来说明。图 5.15 展示了这种地质模型在不同偏移距下（5km、10km、20km、30km、40km）的感应电压数据曲线。注意到在不同偏移距处，导体的响应大致出现在相同的时间段内，幅度为 $0.1 \sim 1\mu V$，只有确保对此段响应信号的有效识别，才能实现对目标的有效探测。DEMS Ⅳ 系统使用 16 位的模数转换器，3 位增益，这意味着对于最大 10V 的电压信号，它的分辨率能达到最大值的 1/524288，约 $20\mu V$。系统总的动态范围理论上能到达 10^6 量级，但根据我们对本系统的经验，10^4 量级的动态范围是可以稳定达到的。若进一步考虑放大器和前置放大器（其增益最大可达 500000），则在触及 $1\mu V$ 的分辨率门限时，系统所能达到的最大动态范围仅为 $10^{3.5}$ 量级，导体的响应仍小于分辨率门限。因此，为了能从响应中分辨出导体，需要减弱早期的信号强度，并将整个响应放大到分辨率极限之上。从图 5.15 还可以看出，出现最大导体响应的最优偏移距为 20 ~ 30km。所有的这些需求都需要通过仔细的勘探设计和野外测线调整予以满足。

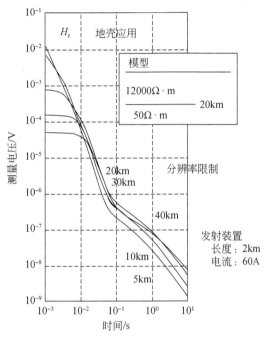

图 5.15　深部地壳应用不同偏移距的电压响应

通过瞬时浮点放大器（IFP）可以实现对现有地震资料采集处理技术的借鉴，从而在简化勘探设计的同时依然能够对地下导体信息实现有效提取。我们所使用的多通道系统 TEAMEX 具有 90dB（相当于 15 位）的 IFP 放大器、42dB（相当于 7 位）的初始增益和一个 12 位的模数转换器。这样带来了总的 34 位的动态范围（10^{10} 量级），若除去初始增益放大器后，有 27 位的动态范围（10^8 量级）。当供电电压为 5V 时，TEAMEX 整机原则上能达到 5.8×10^{-11} V 的分辨率，再除去初始增益放大器后可达到 7×10^{-9} V 的分辨率。无论发射和接收之间的偏移距是多少，都远远超出了图 5.15 中要求区分出的导体的分辨率。因此，目前的主要限制因素是噪声水平而非硬件动态范围。这里最大的优势是可以通过减小发射和接收之间的偏移距来获得更好的地层分辨率。此外，噪声可以被精确观测，并通过数字滤波进行滤除。

当记录瞬态响应时，信号对直流漂移十分敏感，因为放大器通常不含高通滤波器。这些漂移一般由外界因素或设备的连接引起（如热漂移等）。图 5.16 是 10 组独立的磁场感应电压数据。在每个图的上方标注了记录时间。在几十秒内，数据漂移十分显著。因为漂移的存在，需要在进行数据叠加之前精确计算出信号的参考电平。

为了说明由漂移引起的偏差对数据解释的影响，我们做了以下实验：①对同一测点（同图 5.16）所有记录分别进行数字处理及直流电平校正，然后进行选择性叠加。②对同样的数据，首先进行选择性叠加，对叠加后的数据进行叠后直流电平校正。图 5.17 为处

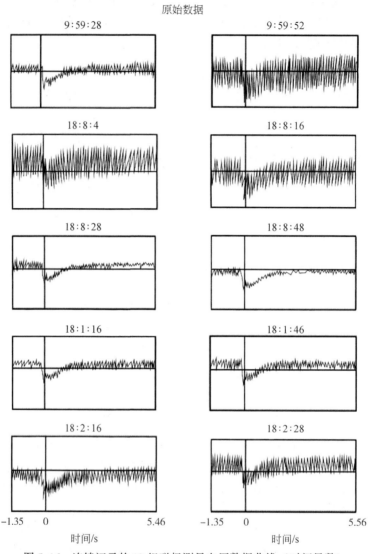

图 5.16　连续记录的 10 组磁场测量电压数据曲线（时间导数）

理结果，上图是先独立进行直流电平校正再进行数据选择性叠加的结果，下图是先进行数据选择性叠加再进行直流校正的结果。这两组数据在叠加后都采用相同的滤波器进行了滤波，以显示处理效果的不同。在两条曲线的下方，均对原图阴影部分进行了放大显示。由图 5.17 可见，上图曲线在参考零电平上多持续了 0.8s。由于瞬变电磁数据只有大于零的值能用于解释，所以持续的 0.8s 能给我们提供更多的可用数据。上述实验说明，在数据叠加之前需要进行精确的直流电平或参考电平校正。

　　为了进一步讨论精确直流电平校正的重要性，我们以一个大地模型的电磁响应为例，首先在响应数据中添加直流漂移扰动，然后计算视电阻率曲线，并在图 5.18 中绘出计算结果。图中包含 3 组曲线，分别是不含直流漂移扰动的原始视电阻率曲线、存在 1% 直流漂移扰动的视电阻率曲线及存在 1‰直流漂移扰动的视电阻率曲线。1% 直流漂移扰动使电

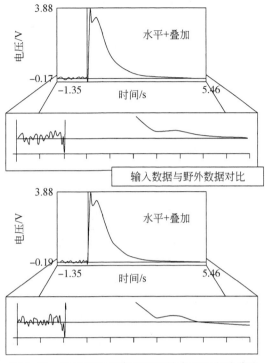

图 5.17　叠加前后的直流电平效应对比实验曲线

阻率曲线在第 2 秒发生反转，而 1‰直流漂移扰动使电阻率曲线在第 3 秒发生了反转。这两种情况均会对高阻层或高导层造成错误的解释结果。

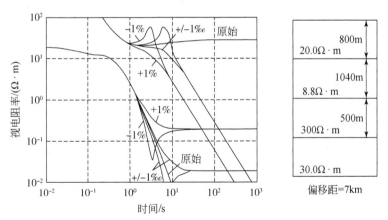

图 5.18　直流电平微小扰动对电阻率曲线的影响示意图

　　TEAMEX 通过一个基于微处理器控制的电平调节，显著优化了系统的参考电平性能，在发射装置工作前，此项调节以微处理器预触发方式完成（通过软件或硬件）。图 5.19 为此处理过程的流程框图。经模数转换后，偏置电压由微处理器计算得到，之后通过数模转换反馈给输入信号。上述处理过程最困难的部分是如何精确设计进行偏置控制的时间，因为当记录正在进行或还有有用信号存留的时间段，必须确保微处理器不进行偏置控制，所以除了偏置控制需要在记录瞬变过程之前进行，运算放大器也应提前进行漂移控制。经过这些处理，直流漂移的影响将被显著降低，并且减少了处理时间。

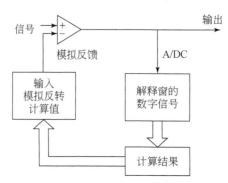

图 5.19　TEAMEX 系统的微处理控制器直流偏置电路原理图

为了阐明单道系统的噪声干扰问题，我们首先说明信号的传输路径。在 DEMS Ⅳ 系统中，模拟信号一般从前置放大器传输到放大器，除了传感器上的噪声干扰，整个模拟信号传输过程中的各个部件均会有噪声的加入。为了避免噪声的影响，我们用梳状模拟滤波器过滤信号。图 5.20 是单道情况下，噪声进入传感器、前置放大器、连接线、放大器、模数转换、计算机等模块的示意图。尽管我们在信号获取、数据处理过程中提高了信噪比，但并不能完全有效地去除噪声。在这种情况下，解释人员不得不接受包含噪声的最终观测结果。观测结果中存在噪声具体体现在以下方面。

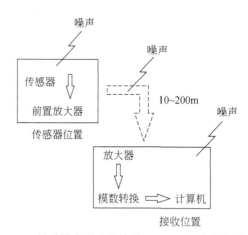

图 5.20　易受噪声影响的单道 LOTEM 系统模块示意图

反演曲线中有较大的误差棒，相邻测点反演结果具有显著的不一致性。图 5.21 给出了一个噪声干扰情况下仍能发现地层电性异常结果的例子。使用 LOTEM 测量系统，在德国一个噪声较大的区域进行地壳探测，甚至以 68% 的置信水准进行误差计算仍能得到很大的误差棒。图 5.21 所示测线上，在第 26 和 27 号测点下方，浅部存在一个地层，而这一层在其他测点上都未显示，但其他测点未必不存在地层异常，因为整个处理是先进行滤波，再从信号中提取有用信息。由于噪声（尤其是高频噪声）过强，因此对信号使用了带宽较窄的低通滤波，从而损失了较多高频成分，测线上其他点的浅部信息无法被有效提取。

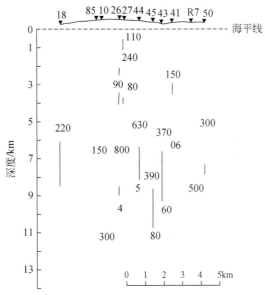

图 5.21　实测深层电阻率断面解释图（Strack et al.，1990）

为有效降低噪声影响和解决系统带宽有限带来的问题，本书采取了减少系统中模拟滤波器数量、简化模拟电路及直接在接收端进行数字化处理等技术。此时噪声仅能通过磁场传感器进入系统。如图 5.22 所示，信号经过采集节点磁场传感器后即会转化为数字形式，不会再被外界噪声影响。

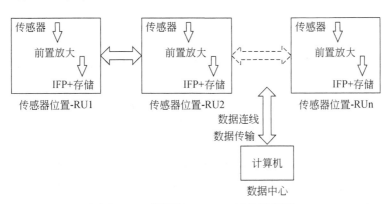

图 5.22　多通道 TEAMEX 系统的框图

为了说明使用不同滤波器的去噪效果，我们在一个已知地质结构的实验地点进行了对比测试。图 5.23 显示了对比测试的结果。由 TEAMEX 导出数据后，在未经系统响应反褶积条件下，直接计算电阻率值，在图上数据点以黑点显示。与之进行对比的是使用真实大地模型分别与 TEAMEX 系统响应和 DEMS Ⅳ 系统响应褶积得到的理论曲线（在图上数据点以黑线显示）。从图 5.23 首支曲线可以看出：DEMS Ⅳ 系统响应褶积的曲线开始时间比 TEMAEX 系统响应褶积的曲线开始时间更晚，这说明 TEAMEX 系统响应更早；从图 5.23 尾支曲线可以看出：DEMS Ⅳ 系统响应褶积的曲线结束时间比 TEMAEX 系统响应褶积的曲线结束时间更早，这说明 TEAMEX 系统响应更晚，说明 TEAMEX 系统具有更大的带宽。

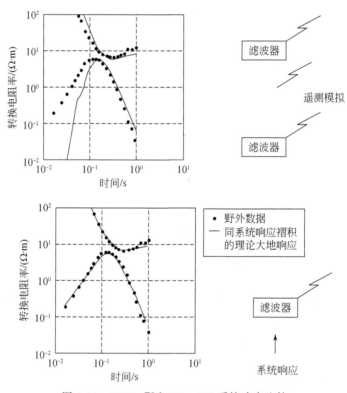

图 5.23 DEMS Ⅳ 和 TEAMEX 系统响应比较

图 5.24 展示了两组数据的解释结果，（a）是 DEMS Ⅳ 数据，（b）是 TEAMEX 数据，（c）是相应数据的 Occam 反演结果，以及由测井得到的真实大地模型。在相同的深度范围内两系统的反演结果曲线一致性较高。此外，在 TEMAEX 反演结果的浅部还出现一个新地层，这个地层的出现说明 TEAMEX 大带宽的特性。

当用单通道采集站获取数据时，只能用该道的数据做有限处理，以提高信噪比；当用多通道系统获取数据时，可以采用一种全新的噪声剔除方法。如图 5.25 所示，（a）为仅采用单点观测数据进行处理得到的结果，（b）是在此基础上采取局域噪声补偿技术处理得到的结果，局域噪声补偿技术基于时间同步观测及时间相关噪声定义，在后文中将对其进行详细说明。这种噪声补偿办法只适用于多通道系统，因为所有接收装置都需要精准的时间同步。

对于合理的勘探设计，需要考虑工作效率与横向分辨率的最优化匹配。在解释数据时，往往希望布设更密的采样站以获得更丰富的数据。下面是使用密集采样站获取数据的例子。图 A.6.1 为对同一条测线上的数据进行 Occam 反演得到的电阻率深度断面图。图

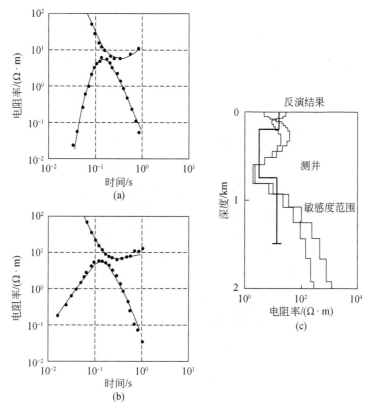

图 5.24　DEMS Ⅳ 和 TEAMEX 在同一地点测量的对比

（a）和（b）是电阻率曲线；（c）是 Occam 反演结果

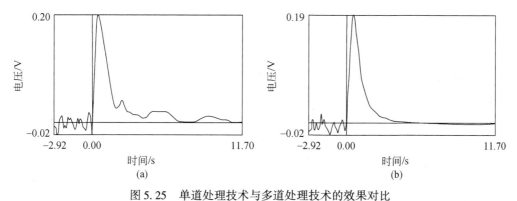

图 5.25　单道处理技术与多道处理技术的效果对比

（a）采用单点观测数据进行处理得到的结果；（b）在此基础上采取局域噪声补偿技术处理得到的结果

A.6.1 上图为使用全部测点数据进行反演得到的结果，下图为仅使用间隔两个采集站的数据进行反演得到的结果。在上图的断面中我们可以清晰地看到在左边有一个异常区域，它可能是真实的地质结构，也可能是由三维效应引起的。鉴于此，解释时需要把更多的注意力放在这个异常区域上。图 A.6.1 下图对上述特殊结构的显示非常平滑，我们可以做出只用一维反演就能完成解释的推断。因此，这个地质结构可能由于采样站过于稀疏而被忽略。

　　同样重要的是，每一个测点的采集成本对很多勘探是否可行影响巨大。采用很多小的采集节点能降低需要携带的部件重量，因为用户在作业中不需要对坏了的采集节点进行维修，并且缺失一个采集节点也只意味着少了一个观测点。图5.26是TEAMEX多通道系统实物图。

图5.26　该TEAMEX多通道系统实物图

5.1.4　移动处理系统

　　在野外采集数据时，连续质量控制对勘探结果是非常必要的。实施质量控制有两种方式：

　　（1）在观测场地实施质量控制。

　　（2）在驻地处理中心进行质量控制。

　　在驻地进行质量控制是最合理的选择，因为直接在采集点进行质量控制效率太低。驻地处理中心既可以使用电脑也可以使用工作站。由于数据量巨大并且多批量任务的需求，工作站是更好的选择，因为它允许解释人员同时控制所有进程。使用基于工作站的移动处理中心能明显降低野外工作的复杂度。所有的数据保存下来并被一个系统处理，能减少多余数据的转换和保存。图5.27为科隆大学使用的数据处理和解释系统，其中使用加粗边界表示移动处理系统单元。此系统可较便捷地升级为一个主系统，并可与其他不同的电脑系统进行通信。

　　对于非常偏远的工作环境，交通和物资保障因素凸显出来。此时应该采用计算机作为移动处理中心，因为计算机比工作站具有更好的适用性。

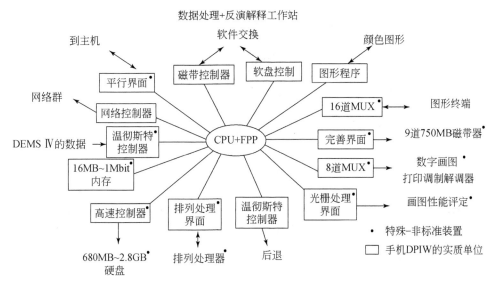

图 5.27 LOTEM 数据处理和解释工作站的主要组成部分框图

5.2 野外实测步骤

除了在数据处理阶段，需要作处理日志记录，野外测量时也应做好工作班报记录。特别地，一次性布置好发射电极能减少工作中的观测时间。对同步和时钟漂移进行详细记录，对资料处理及后期解释十分重要。对以上几点进行全面控制可以消除系统响应观测时产生的很多问题。

5.2.1 发射电极准备

LOTEM 测量中可以对大地发射尽可能大的电流来提高数据信噪比。在干旱地区或地表呈高阻的区域布极时，需要选择电极位置。

如图 5.28 所示，一个电极包括若干埋起来的铁片，这些铁片均与发射装置电缆的尾部相连。这些独立的铁片距离为 A。如果这个距离选择的太小，那么地下铁片间的电流密度将会过大：某个铁片产生的电流将基本不会扩散出去，因为它会被相邻铁片产生的电流抵消。在沉积岩地区，经验告诉我们铁片的间隔至少为 5m，并且，3 个或 4 个铁片足够在较小的接地电阻条件下产生较大的电流。在一些高阻区域，如火山岩区，通常被几米的沉积物覆盖，这种情况下铁片间隔一般选择为 50m。

为了将铁片连接到电缆上，在铁片上开出一个洞口，并将电缆尾部线头与铁片相连，如图 5.29 所示。首先，在湿地层（地下水位）以上挖出一个 1~2m 深的坑，坑底部覆盖泥土、盐和石灰的混合物，盐会提高大地电导率，石灰会在干旱地区保持湿度，可以使用膨润土，但是它比盐和石灰昂贵得多。将连接了短线的铁片放入水平的坑中，并且覆盖同样的泥土、盐和石灰的混合物。当需要考虑环保问题时，可以用钾或者钾和盐的混合物。

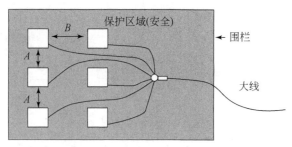

图 5.28　主电缆一端的 6 个单独的电极排列示意图
围栏用来确保非工作人员的安全

然后，将水倒入坑中并覆盖泥土。对于每一个坑，大概最多需要 50kg 的盐和 50kg 的石灰，不过这依赖于当地状况。如果很紧急的话可以用盐和洗衣粉的混合物，但是考虑到环境因素，不建议这么做。

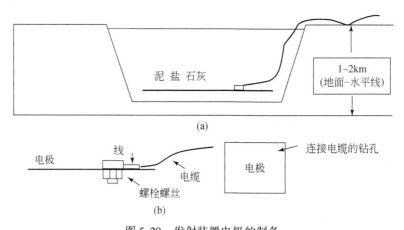

图 5.29　发射装置电极的制备
（a）电极坑示意图；（b）主电缆连接示意图

安放电极的地点需要在勘探前一天准备好。在进行勘探时，用护栏或派专人看守保护好电极所在地区十分重要，因为触碰到装置中任何一个部位都可能造成人员伤亡。出于同样的原因，用绝缘胶带隔离所有暴露的金属部位也十分重要——这样可以保护野外探测人员的人身安全。

5.2.2　最初的发射装置检查

我们的经验是可以采用多发电机组来增大发射电流。在一些情况下，电流太高会使转换开关盒受到损害。因此，我们强烈建议在初次连接时检查发射状态。

可以向发射装置连接 12V 电池代替转换开关盒和发电机，确保电池充满电，然后按图 5.30 所示测量电压和电流，以此计算大地电阻。

如果电流表读数为 2A，电压表读数为 11.8V，那么大地加发射装置的电阻是 11.8/2 =

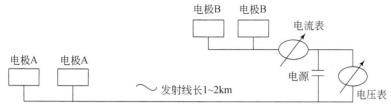

图 5.30　初始发射装置校验的简化电路图

$5.9\Omega \cdot m$。类似地，可以计算开关转换盒产生的直流电压（用三相 380V 电压时可以产生大概 510V 电压）对应的电流。在以上例子中，一个方向的电流是 86.45A，我们总是用两个方向电流的平均值来估计额定电流。这个测试可以在没有发电机的地方进行。为了方便读者阅读，发射装置控制手册在附录 3 中给出。

5.2.3　日常同步检测

尽管时钟同步看起来是个简单的问题，但还是需要特别注意，因为未识别的时钟漂移会对后期的解释造成很大的影响。即使一个采样点的数据漂移也会影响数据匹配度和一条测线与相邻测站间的相关性，并且不恰当的时钟同步会在反褶积系统响应时产生难以预料的结果。正是由于同步合理的重要性，才使同步时钟有这么多不同的输出端口。为了连续记录时钟漂移，必须在早上和晚上都进行时钟同步记录。当勘探中第一次用时钟时，我们建议在同步前记录时钟漂移量。这种方式可以观测晶振的老化程度，并在错误发生前重调时钟。一般情况下，两个时钟之间在一整天内有 $1 \sim 2ms$ 的漂移是可以接受的。

当记录时钟漂移时，必须确保早上和晚上进行测量的触发源是同一个。图 5.31 的模块示意图说明了时钟是如何与采集系统连接的。用同一个时钟记录远程单元的触发信号可以保证远程单元接收到触发信号时与时钟触发之间的延迟。这个延迟主要是由软件和数字连接器造成的。记录下来的信号接下来被用作第二个时钟信号的参考，借此可以确定是否有漂移。当存储记录时，对文件和数据以逻辑名称保存，以便接下来查找数据。附录 3 给出了时钟漂移记录手册的例子。

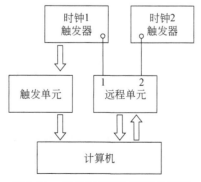

图 5.31　日常同步控制装置的框图

5.2.4　测量系统响应

实地测量班报里面的一项重要内容是详细记录每个站用的是哪个模拟滤波器。必须测量每个装置的系统响应，以便消除场地系统本身造成的干扰，系统响应的消除是通过反褶积来完成的。通常情况下，有两种不同的获取记录系统影响的过程。

第一种过程是在实验室中完成的。当瞬变数据足够多（大于1s）且关断时间足够短时，能够获得足够高的精度。第二种过程是在野外用发射装置开关单元（开关盒），将计算用的信号输入模拟电路中。假设开关盒特性不随负载改变很多（对大多数开关盒成立），第一种方式的输出与野外方式的输出结果一致。两个负责电流反转的开关单元与一个直流供电系统（电池）相连，这样它们可以模拟发射电流波形。图5.32是系统部件组成的缩略图。标定装置的输出作为前置放大器的输入，并通过放大器直接进入数字采集系统。这个步骤的输出模式与瞬变电磁数据输出一样，经过叠加后存入磁盘中。随后，这个数据经过差分、滤波，并与系统响应的褶积或反褶积。

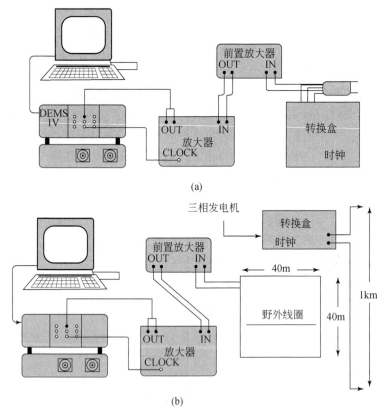

图5.32　LOTEM系统响应记录设备构成缩略图

（a）实验室配电箱；（b）整个系统示意图

第二种过程与第一种过程基本类似，只不过需将整个系统包括发射装置开关时间（关断时间）和电极装置都考虑进去。图 5.32（b）是系统装置图。系统的接收装置直接放在发射装置附近，这样可以单独测量发射装置的系统响应。我们建议这两种方法都要在野外尝试使用，并针对特定勘探选择更稳定的方法。从我们的经验出发，对于电流控制的发射装置，时间较短（小于 1s）时采用第二种方式更加可靠。

图 5.33 是采用两种不同的接收系统记录的系统响应的对比图。这两组系统响应在不同的时间被记录下来，但它们采用了同一个发射装置。两组数据的吻合程度很好，说明发射系统和整个安装过程都很稳定，同时也说明两个系统具有相同的滤波器特性。

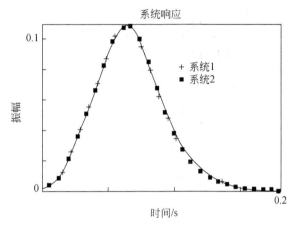

图 5.33　相同发射装置情况下两个不同接收系统响应实测曲线对比图

5.2.5　小结

在本节中主要讨论了使野外探测变得高效且成功的指导原则。尽管有些方面非常繁琐，但它们对整个勘探作业的成功至关重要。保证施工安全和通畅的后勤工作是探测的重要环节之一。对发射装置位置需要特别注意，因为电流（几百安培）或电压（500～800V）过高可能会带来人员伤害。除了安全标志外，还应有专门人员看管发射装置的电缆和电极。当早上铺设线缆时，要确保货车后部没有人靠近线缆，因为线缆可能会打结碰到人或将人员拖拽下货车。对电缆的回收来说，绕线机效果很好，因为它们能将线缆以 10～15km/h 的速度回收。图 5.34 是这种绕线机的实物图。用绕线机而不用电缆盘能避免因发射电缆过重而带来的发射线切断和绞合问题，因此能节省时间并减少可能发生的误伤。

发射装置和接收装置坐标的精确测量十分重要。这项工作应该在实际测量之前完成。通常情况下，除非其他情况需要，精度在 ±10m 以内。电场的方向需要更高精度的测量。电偶极子应该与发射装置平行或垂直，误差在 1° 以内。更大的偏差会造成电场计算时产生大于 5% 的误差。由于可以使用计算因子校正磁场，因此磁场传感器的布设精度要求可以稍低。

为了平稳作业，我们建议每次试验采用如表 5.1 所示的计划表。这使得工作人员能将注意力集中到当前要解决的问题上，而不用留意自己是否忘记了其他工作步骤。为了避免

图 5.34　发射电缆绕线机实物图

10min 内可以完成横截面积为 25mm²，长度为 1～5km 的电缆

不必要的降低时间常数，我们建议发射和接收之间采用无线电通信。

表 5.1　LOTEM 工作人员的日常工作流程

时间	工作流程
上午	1. 发射和接收的同步 2. 获得接收装置坐标和发射电流 3. 检查接收装置完整性和充电状态 4. 燃料检查，无线电设备检查，地图检查
下午	1. 转换数据 2. 检查接收装置位置和发射电流 3. 系统响应可用吗 4. 测量时钟漂移 5. 对所有电池充电 6. 对包括野外日志的所有工作记录进行检查 7. 数据备份

5.3　勘 探 技 术

　　针对勘探任务的不同，需要对单点和多通道系统采用不同的勘探技术。不同类型实地测量的目标都是尽可能获得高信噪比数据。此外，我们还会讨论一种不同的噪声去除技术和人文噪声补偿技术（LNC），因为我们的主要任务之一是提高信噪比。后者能够通过提高信号强度或降低噪声来实现。信号强度的增强可以通过提高发射电流来实现。然而，两倍的发射电流会导致四倍的发电机功率和燃料消耗。为了实现相同的勘探效果，可以通过降低两倍的噪声来实现。

5.3.1　单通道探测系统

对于单通道系统，需要区分连续电场测量系统和连续磁场测量系统，如图 5.35 所示。对于磁场测量系统，在每个测站处需要测量一个或多个磁场分量，但是对于电场测量系统，需要在测站所覆盖的每个测点处测量电场分量。选择使用哪个分量进行观测是由探测目标决定的。如果目标体为高阻（平均电阻率为 $5 \sim 10\Omega \cdot m$）沉积岩背景中的低阻矿化目标体，那么仅需测量磁场分量，如果为了研究三维结构影响，则需要在每一个测点上测量电场分量，并通过电场的偶极–偶极绘图方式或磁场–电场联合反演方式来实现三维不均匀体的检验，检验结果可以清晰地给出解释结果的复杂程度。当检测出现一次场时说明地下结构能用磁场清晰地成图表示出来，并且电场分量测点间距不能太大。在任何情况下，都不要加大电场分量及磁场分量的测点距离，以免导致地下结构特征的缺失，如图 A.6.1 所示。

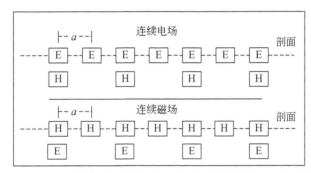

图 5.35　连续磁场分量测量及连续电场分量测量布置示意图

测点间距的大小是兼顾工作效率和横向分辨率的综合结果。我们发现对于深度为 $1 \sim 4km$ 的目标体，250m 的测量间隔是最可靠的。更大的间隔会使相邻测点之间观测结果的相关性变差，并使解释效果不够理想。

对于电阻更高的目标体，可以采用连续电场模式，因为电场测量对高阻目标更加敏感。然而，在这种模式下，我们必须在每个测站处记录磁场分量，这样可以校正每个测点电场的静态漂移。

尽管新操作者可能觉得不可思议，但通过预先布设磁场接收装置和电场电极能显著提高测量效率。接收装置操作员只需要保证他们在记录数据时不触碰传感器即可。采用这种连续测量技术，会使工作效率提高 30%。

5.3.2　多通道探测技术

多通道系统与地震探测方式非常相似。对于 12 通道系统来说，最大的远程单元数目通常是 6 个。图 5.36 展示了多通道系统的分布式观测及沿测线移动系统示意图。用较少的远程接收站提供了更高的产出率，并在重叠区域有更高数量的垂向叠加。当布设更多的接收装置时（12 个至上百个），这种分布式观测效率更高。为了降低放线人员在测线延伸方向上的走动（这会引入噪声），需要按照如图 5.36 所示的方式进行观测系统移动。实际上，由于存在很多限制条件，通常需要这两种铺设方式的改装模式或组合模式。

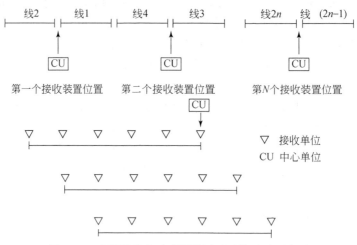

图 5.36　多通道分布式观测装置及系统移动示意图

这里讨论的两种铺设方式都用了一个发射装置。当采用多个发射装置时，可以很轻松地实现不同方式的铺设，就像地震法测量过程一样。例如，可以采用共线-偏移铺设，并需要将它与本书提到的两种铺设做一些对比，以确保理解横向效应及信号对偏移距的依赖性。

5.3.3　人文噪声补偿技术

所有电磁法的一个实际问题是如何提高信噪比，获得更高的数据质量，增大探测深度。人工源电磁场，如频率域和时间域电磁场（Nekut and Spies，1989），噪声的来源比较多，如果探测装置本身的噪声很低，地质噪声不考虑时，那么电磁法噪声的主要形式是供电线、发电机、铁路造成的宽频带人工干扰源噪声，以及球面几何噪声（由闪电活动引起）和风噪声（Macnae et al.，1984）之类的自然噪声。通常可以通过 3 种方式提高信噪比，一是选择合适的发射装置和接收装置位置、数据采集步骤（如叠加需要的单个记录点的数目），以及叠加技术（Strack et al.，1989）；二是在噪声很强的环境中，可以在数据采集系统上施加模拟滤波器以降低噪声，并提高发射电流以增大信号幅值；三是数据采集过后可以通过数字处理的方式来提高信噪比。

假设我们要通过提高信号强度或降低噪声强度来提高 10 倍的信噪比，那么增强 10 倍的信号强度意味着增大 100 倍发射功率或增加 100 倍采集时间，而采用降低 10 倍噪声强度的做法，也可以实现相同的目的（Spies，1988）。

对于可控源电磁法，数据叠加是降低噪声的普遍方式。在噪声很大的环境中，需要很长的采集时间以便进行大量的数据叠加工作。模拟滤波器通常会因为它们在信号可用频谱上的影响而产生问题。因此，我们必须找到在强噪声环境中提高工作效率同时提高信噪比的新方法。在大地电磁法中，远参考技术通常被用来解决噪声问题，因为远程端测得的 MT 信号与 MT 阵列中的噪声不相关（Gamble et al., 1979；Clarke et al., 1983）。

最近，回线源瞬变电磁法中采用人文噪声预测滤波（LNPF）技术降低噪声（Spies, 1988）。LNPF 基于同时测量同一测点处 3 个正交磁场分量，然后计算时间域滤波器，后者可以通过其他两个水平分量上的噪声来预测垂直分量上的噪声。这样垂直分量上的噪声就能在接下来的步骤中滤除。

人文噪声补偿（LNC）技术是针对长偏移距瞬变电磁法发展而来的。LNC 与 LNPF 不同的地方在于 LNC 采用基站作为参考站。MT 远参考技术要求观测点与参考站的噪声必须不相关，LNC 需要与基站噪声相关。由于这个前提的可靠性受大多数噪声源、环境和地质因素的影响很大，因此我们必须在勘探前检查它是否符合相关条件。发展 LNC 技术的目标是针对稠密采样站的多通道特性，为瞬变电磁系统提供一种剔除噪声的方法。

在高噪声环境中，需要获取很多单个记录数据来保证数据质量，当噪声特性与某个信号特性类似时，这一点尤其重要。因此需要较长的记录时间，导致野外施工效率降低。有时即使采用多次叠加，得到的数据质量也不好，因为噪声特性并不是严格随机的或周期的，而是二者的结合体。有时噪声是施工区域特有的，且没有合适的滤波器供解释者使用。LNC 技术就是用以减少在以上类型的噪声环境下获得的质量差的数据集，以便使 LOTEM 应用到高噪声的环境中。如果没有 LNC，LOTEM 在高噪声环境中将无法使用。

LOTEM 系统基本的接收装置布设如图 5.37 所示：发射线圈在几千米以外，基站位置固定并在基站完成所有测量。为了利用相关噪声，要在不同的移动测量站同时测量。这些移动测量站的采集时间很短，因此记录数量中的瞬变电磁数据较少，而噪声成分占优。然后，用移动站测得的特定时间点的数据减去该时间基站处测量的噪声，就完成了噪声去除。

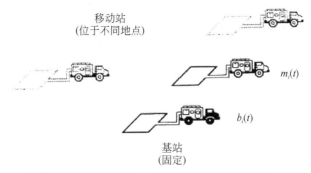

移动站
(位于不同地点)

$m_i(t)$

$b_i(t)$

基站
(固定)

图 5.37　使用两个接收装置的 LNC 技术野外观测设置（Stephan, 1989）

因此，鉴于可控源电磁法中发射信号会覆盖整个测量区域，我们不可能在一个接收点处单独观测噪声而在另一个接收点处单独观测有用信号。为了得到基站处的噪声，我们可以采用下面的步骤：最初基站处的观测数据 $b(t)$ 通过数据叠加得到很平缓的瞬变数据 S。数据叠加后的结果称为"基叠加"，如图 5.38 所示。现在将这个准确的基叠加信号从基站记录的每个观测数据 $b(t)$ 中减去，最后得到噪声。图 5.39 的第一行是一组这种噪声的实例。图的左列是随机噪声的例子，右列是周期噪声的例子。这两组数据只有 3min

的时间，说明外部噪声随时间变化的情况。

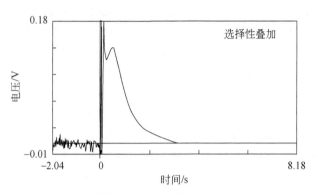

图 5.38　基站中经"基叠加"后的信号（Stephan and Strack，1991）

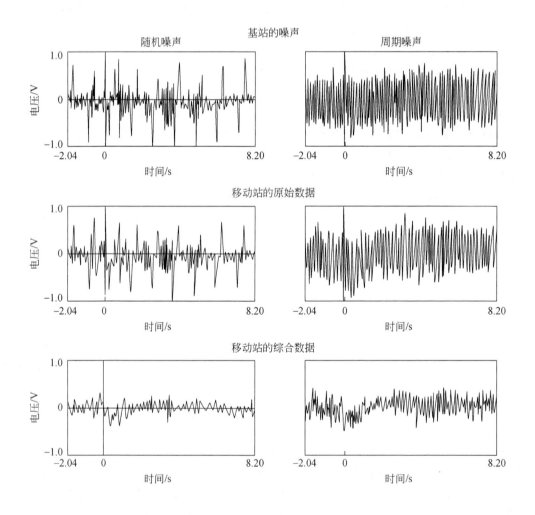

移动站的非直接综合数据

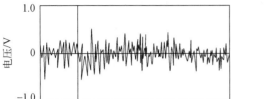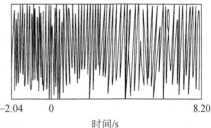

图 5.39　LNC 技术处理序列的两个例子（Stephan and Strack，1991）

左列为随机噪声；右列为周期性噪声；在德国采集的数据。顶部为在基站处的噪声。第二行为使用不同的接收器系统
控制测量得到的原始瞬态信号。第三行为噪声补偿数据。底部为无时钟漂移校正补偿数据

$$n\ (t)\ =b\ (t)\ -S \tag{5.1}$$

只要得到了基站处的噪声，就可以用移动测站记录的数据减去基站处的噪声（图 5.39 的第二行），然后就可以计算噪声补偿信号 $c(t)$：

$$c(t) = m(t) - n(t) \tag{5.2}$$

噪声补偿信号如图 5.39 中第三行所示。两种情况都可以成功地将噪声去除。

有时在特定的场地条件下（不同温度、振荡等），基站和移动站的同步时钟一整天可能会漂移几微秒，这个时钟漂移会导致周期噪声的相位发生变化。这种情况下，简单地进行点对点的减法可能会增大噪声。为了克服这种现象，通过下面的互相关进行时间转换来实现时钟漂移校正：

$$CC(T) = \sum_i m_{i+1} n_i \tag{5.3}$$

这是一个关于基站与移动站之间错位时间 T 的函数。如果互相关函数对错位时间 T 函数有最大值，那么两个信号的噪声应该是同相位的。如果基站的噪声错位了时间 T'，那么时钟漂移是正确的，不需要改变移动站数据的任何计时参考。

为了说明时钟漂移的影响，图 5.39 最下面的图是两个补偿后的没有时钟漂移校正的信号。周期噪声被放大（右图）并且随机噪声（左图）也不能像该图第三行那样降低。因此，如果时钟漂移校正能在噪声补偿前做完，噪声补偿就会十分有效。用这些噪声补偿后的信号，就可以继续完成接下来的信号处理。

为了应用 LNC，需要达到以下几个要求，并且在勘探开始前完成测试：

（1）基站周围的噪声必须在测量范围内相关，并且这个区域噪声不能轻易地被标准处理过程去除。

（2）基站及其周围移动站的接收系统在它们的系统特性方面必须一致，并且数据文件里的记录时间必须与相应的记录一致。

（3）某个接收装置处的人文噪声（风噪声或周围供电线的噪声）需要比区域噪声小很多。

LNC 能不能使用的基本原则是勘探区域内噪声是否相关。条件（2）和（3）是技术问题或者说是在勘探计划的考虑之内（如避免供电线）。当采用多通道系统的中心同步方式时，第二种情况就不需要考虑。

　　包含人工模拟噪声的信号处理无法证明这个方法的可行性，因为它不能模拟真实场地情况下复杂的可能性。因此，需要在两个有噪声的地区验证这个方法。

　　我们之前测试了这种方法的可行性，在每个新勘探场地的基站位置处进行了对照试验。我们采用了与以往完全不同的采集系统，即将第二个接收线圈铺设在基站接收线圈之上，进行观测。这样对照测量的目的如下：第一，证实接收系统有相同的噪声特性；第二，验证 LNC 技术能提高叠加数据的信噪比。如果这些验证均成功了，接下来将接收装置放在数公里之外（我们验证了最多 4km）来测量 LNC 技术可行的偏移距范围。在之前的试验测量中，尽管发现 LNC 技术明显地提高了单个记录数据的质量，还发现了一个 LNC 技术有效偏移距，但是，没有确定 LNC 叠加信噪比显著提高的观测范围。

　　第一个野外测试于 1988 年在德国科隆大学实验场地完成（Stephan et al.，1991）。实验场的噪声比较高，在 Rhine-Ruha 工业区北面，附近密集的工业产区严重影响数据的质量。试验前的观测数据表明接收点处的噪声与几百米之外的噪声近似。

　　LNC 的第一步是在基站处进行瞬变电磁记录。尽管观测到了很多叠加数据，但"基叠加"会像图 5.38 那样，在叠加前滤波和平滑处理后变得尽可能的平滑。要特别注意的是我们无法保证基站处瞬变电磁数据的形状和幅度不被这些滤波器干扰。因此，在基站处计算得到的噪声仍然包括一些信号，补偿后的数据可能会被这些信号干扰。

　　这次试验只进行了 30min，测试结果与图 5.39 类似。实验场噪声特性随着时间发生显著变化，而且高频噪声一直占主导地位。因此，采用普通的数据叠加前处理，如低通滤波器、数据滤波、时间域平滑及选择性叠加等方法（Strack et al.，1989），虽然能够将噪声降到一定水平，但是，随后即使再用 LNC 方法也无法进一步将叠加数据的信噪比提高。图 5.40 显示了噪声补偿前和噪声补偿后对照试验的比较。这两种情况下数据质量都很差，不能挑选出能进一步解释的有用数据。

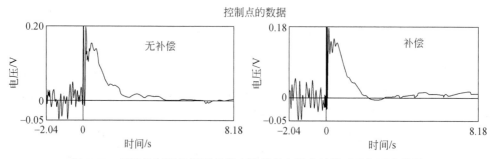

图 5.40　基站控制测量得到的噪声补偿前和噪声补偿后叠加瞬变信号
之间的对比（德国调查）（Stephan and Strack，1991）

　　尽管在以上两个实例中，LNC 能在一定程度上降低单个记录数据的噪声水平，但是如果对叠加后的数据进行 LNC 效果不佳。我们在基站附近的其他移动站位置进行了类似测量，效果均不理想。因此，这个实验场不适合通过 LNC 技术提高观测数据的信噪比。

　　第二个场地测试于 1988 年，在中国的一个煤矿进行。在这片区域，采矿设备产生了很多噪声，并且整个测区噪声水平基本一致。图 5.41 是一张显示测量位置的地图，把 B27 设为基站。图 5.42 显示了补偿前和补偿后的叠加数据。经过补偿的数据看起来更平滑，信噪比有了显著的提升。在经过视电阻率的转换后，半对数域内 LNC 方法的优势可以更清楚地看出来。图 5.42 中两条衰减曲线的早期数据经过视电阻率转换后在图 5.43 的左列显示出来。误差棒是选择性叠加后得到的标准差。在晚期能用于数据解释的范围提高了一个数量级。

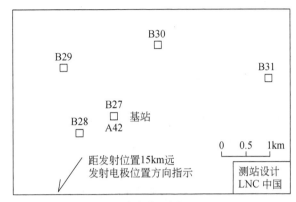

图 5.41　在中国实地测试的接收位置图（Stephan and Strack，1991）

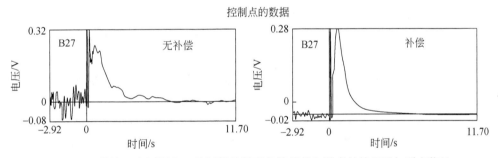

图 5.42　基站（中国调查）控制测量得到的补偿前和噪声补偿后叠加瞬变信号
之间的对比（德国调查）（Stephan and Strack，1991）

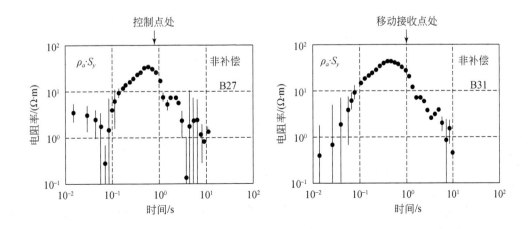

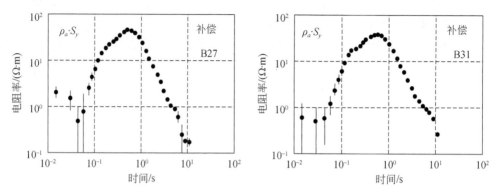

图 5.43　噪声补偿前和补偿后电阻率曲线（Stephan and Strack，1991）

左图为 B27 基站测量结果。右图为离基站 3.3km 的接收站 B31 测量结果

　　图 5.43 的右侧图是距基站 3.3km 处的移动站 B31 测得的噪声补偿前后的视电阻率曲线对比。尽管接收站距基站很远但是仍能看到 LNC 方法的有效性。图 5.44 给出了 B31 站的 4 组补偿前后的数据曲线。左图是原始数据曲线，右图是噪声补偿后的数据曲线。经过噪声补偿，降低了很多高幅度的噪声，只残留了部分高幅度尖峰。此外，增多了低幅值的高频噪声，这些噪声都是移动站或基的不相关噪声（风噪声）。增加高频噪声的另一个影响是产生了小于一个采样间隔的时钟漂移，这种漂移不能通过最大相关性时间转换去除。然而，这种高频噪声可以通过低通滤波、平滑、叠加等数据处理过程轻松解决。

　　我们采用了 $S/(S+N)$ 的幅度比参数来定量的评估噪声压制水平。$S+N$ 是每个站原始观测数据（补偿前）平均值的最大值，信号 S 是最终叠加补偿后数据的最大幅度。图 5.45 显示了 $S/(S+N)$ 值随基站与观测站之间距离变化情况的曲线图。在基站 B27 位置处，$S/(S+N)$ 值提高了 118%。对于除了 B28 之外的其他观测站，$S/(S+N)$ 值提高了 26% ~ 60%。观测站 B28 情况需要特殊说明，在这个观测站附近有电话线，造成了很强的人文噪声（图 5.46）。对于这种类型的噪声，采用 LNC 技术并不能提高 $S/(S+N)$ 值。但是经过 LNC 方法对该站进行数据处理后，拓宽了可靠数据的时间窗口。

　　在第一个勘探实例中，尽管单个记录的噪声能够有效地降低，但是与不用 LNC 技术的结果相比，叠加后数据的信号质量没有提高。标准的滤波和选择性叠加对于这种主要周期、部分随机的噪声已经足够有效了。LNC 技术对原始数据很有效，但在这个区域并没有增加可进行解释的有用数据。

　　在第二个勘探实例中，LNC 技术降低了噪声，使得我们多获得了一个数量级时间窗口的可靠解释数据。这个结论能从所有的移动观测站得出，最远能到距基站 3.3km 处。

　　这两个例子说明可有选择地在一些地区采用 LNC 技术来提高数据质量。在相邻地点比较信号随机噪声的相关性可以快速地判断这个地区是否可以使用 LNC 技术。如果比较结果良好，使用 LNC 技术可以大幅度提升数据质量及其产出量。

　　最初人们可能会认为将接收装置放在基站一整天会降低数据量，然而在此花费的时间能够通过在移动站处更少的采集时间来弥补，因为这种观测装置可以减少数据观测叠加次数。因此，在中国测区用了两套观测方案：第一方案是用一台接收装置进行基站观测，一

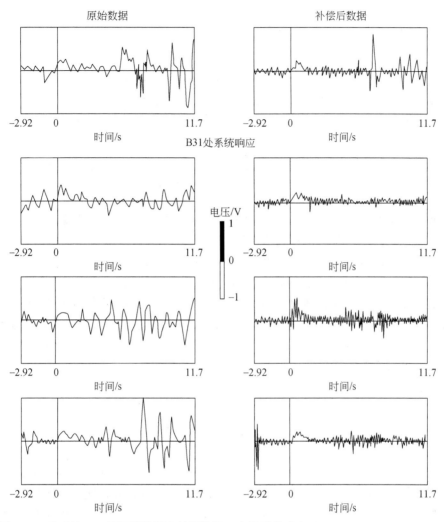

图 5.44　移动站 B31 的原始数据和补偿数据 4 个例子的对比（Stephan and Strack，1991）

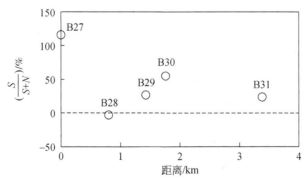

图 5.45　$S/(S+N)$ 值随所有接收位置离基站距离的变化情况示意图（中国）
（Stephan and Strack，1991）

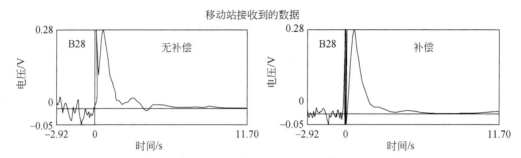

图 5.46　在受到电话线噪声干扰的情况下，基站 B28 无补偿和噪声补偿叠加瞬变信号之间的对比图
（Stephan and Strack，1991）

台移动接收装置进行站点观测，采用 LNC 技术进行数据处理；第二方案是用两台移动接收装置进行移动站观测，数据处理时不采用 LNC 技术。通过比较发现，经过 LNC 技术叠加处理的瞬变数据具有相当好的数据质量。如果在更多的移动站布设接收装置，同时进行观测，那么这种系统工作效率将会得到更大提升。

　　LNC 技术适宜在噪声相关性很大的地区应用，这项验证必须在勘探前进行。此外，当通过"基叠加"来获取无噪声（noise free signal）信号时需要特别注意。如果没能成功，那么从移动测量数据中减去的噪声将包含信号信息，带来解释错误。我们的经验是 LNC 技术始终不会降低数据质量。在某些实例中，如在中国，它是唯一能简易实行的优化可用数据的方法。

5.4　本 章 小 结

　　本章概述了深部瞬变电磁响应系统的设计原理。深部瞬变电磁或 LOTEM 系统由相互独立的发射装置和接收装置组成；二者均与高精度远程同步时钟相连。采集到的数据通常在驻地用移动处理中心解释。这会持续保证系统的快速循环运作及实测数据的质量。

　　在准备 LOTEM 探测时，需要仔细准备发射电极。为了向地下发射最大电流，准备工作包括在电极板周围放置盐（或钾）、石灰和泥土的混合物。在使用发射系统之前，可以用电池预先检测发射装置。在准备好发射装置并使其工作后，应该记录下电流相对于标准方波的偏移程度并将其加入系统响应中。将发射装置和接收装置的系统响应结合起来可以保证后期解释所需的高质量数据。

　　勘探作业步骤可分为单点探测过程和多通道观测过程。设计选择这两种方式的主要目标是尽可能多地获取更好的数据。为了进一步提高数据质量，可以采用噪声去除技术，这会极大地提高信噪比。最初的场地测量显示人文噪声补偿能够将信号增大一个数量级，这相当于增加了 100 倍的发射装置功率。考虑到这些不同的场地测量装置，我们可以轻易地使用多通道采集系统获得与地震法近似的效率。

第6章 勘查可行性研究

本章描述了 LOTEM 方法工作前的两个主要步骤：可行性研究和探测方案设计。可行性研究可确定一种特定的勘探问题是否可由 LOTEM 方法解决。一旦这种方法被判断为有效的，那么就需要进行探测方案设计，对收发距和数据采集时窗等探测参数进行优化。

首先构建一个层状模型，其电阻率与厚度参数可根据测井资料或其他地球物理先验信息得到，以确保每层厚度和电阻率都在一个合理的区间内变化。根据模型的每次变化，分析和对比 LOTEM 场正演计算和实测数据。通过调整模型参数，最终得到可靠的厚度和电阻率。

通过 3 个野外实例进行可行性研究。第一个实例是对中国某处埋深 4~6km 的油藏单元进行的模拟，第二个实例为澳大利亚某处埋深 1~2km 玄武岩体中孔隙度成像的探测实例，第三个实例为 LOTEM 方法在日本进行探测可能性的分析。

6.1 基于测井的探测方案设计

对于 LOTEM 方法，借助电测井获得合适模型的步骤如下：

根据钻孔电阻率和深度资料，对 LOTEM 野外观测数据进行解释，以推测地电界面和各层视电阻率值。

首先，重点考虑如何构建与实际地质情况相吻合的最简化地电模型。其次，把其他地球物理相关信息（如从地震解释得到的结构信息）作为约束条件进行反演，提高解释分辨率。

在大多数情况下，测区或者相邻测区一般都有电阻率测井资料，测井方法通常比电磁法有更好的分辨率。为了估计地面地球物理方法的分辨能力（本书指 LOTEM 测深法），需要对测井数据进行分析，并简化成层状地电模型。

反演过程中的模型参数修正量基本上趋于一个平均值，随后，利用相对于这个平均值偏差的大小来估算分辨率。有两种方法可减小分辨率估算偏差量：

（1）保持层厚度参数固定不变，仅反演计算各电性层视电阻率值，这样恰当的模型简化，有利于进行随后的 LOTEM 方法分辨率分析。

（2）考虑层等值现象，在正演计算中，使用一种迭代程序来优化减小分辨率估算偏差量。

接下来的例子阐明了考虑电性层等值现象技术的应用。假设采用分段拟合技术将电测井数据简化成最优地电模型。模型的分层尽量与实际地层相符。表 6.1 给出了根据实际地层的岩性和电测井数据进行的分层结果。图 6.1 给出了测井数据（方形）和 4 层、5 层的简化模型。

表 6.1　根据电测井资料简化的电阻率、厚度和岩性表

地层	深度/m	电阻率 /(Ω·m)	平均值 /(Ω·m)	厚度/m	岩性
白垩纪	0 ~ 101	20 ~ 100	30	101	SS
	101 ~ 285	33 ~ 86	50	184	SS
侏罗纪	285 ~ 335	35 ~ 230	100	50	LST
	335 ~ 1316	120 ~ 13000	3000	981	火山岩
三叠纪	1316 ~ 1700	200 ~ 800	600	384	SH. ANH
	1700 ~ 1750	15 ~ 60	50	50	SS
	1750 ~ 2050	400 ~ 2000	900	300	DOL. LST
	2050 ~ 2210	15 ~ 80	60	160	SS（target）
二叠纪	2210 ~ 2480	100 ~ 600	150	270	SS（target）
古生代	2480 以上	20 ~ 2000	1500		花岗岩

注：LSL. 石灰岩；SS. 砂岩；DOL. 白云岩；SH. 页岩

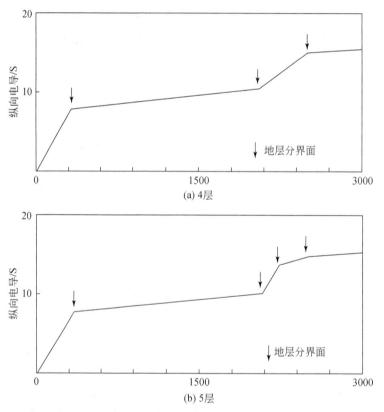

(a) 4层

(b) 5层

图 6.1　根据表 6.1 构建的 4 层和 5 层地电断面总电导图

　　感应测井的深度和电阻率的值可用于计算综合电导。层状介质的总电导可用如下公式进行计算：

$$s = \frac{H_{\text{T}}}{\rho_{\text{average}}} = \sum_{i=1}^{n} \frac{h_i}{\rho_i} \tag{6.1}$$

式中，H_{T} 为所有层厚度之和（总厚度）；ρ_i 和 h_i 分别为层状介质中每一层的电阻率和厚度；ρ_{average} 为平均电阻率（Keller and Frischknecht，1966）。假设总电导不变，我们可以得到平均电阻率：

$$\rho_{\text{average}} = \frac{H_{\text{T}}}{\sum_{i=1}^{n} \frac{h_i}{p_i}} \tag{6.2}$$

由于体积效应问题，大多数电磁测深方法仅能得到综合视电阻率，并不能获得每一层的真实电阻率。电导曲线的斜率即为电阻率，转折点表示地层分界面。为了进一步简化测井所得到的电阻率模型，使其用于 LOTEM 正演模拟，需要采取如下步骤：

（1）采用线段拟合这条曲线；

（2）将线段的斜率定义为各层的电阻率；

（3）线段的转折点定义为地层分界面。

这些步骤可以手工或者采用简单计算机程序来完成。表 6.1 给出了电测井稀疏分段拟合的结果，同时给出了岩性和电阻率范围，供解释人员检查结果的可靠度。表 6.2 列出了考虑电性层等值后的简化模型。

表 6.2　不同层数的简化模型

5 层模型			4 层模型		
层数	电阻率/(Ω·m)	厚度/m	层数	电阻率/(Ω·m)	厚度/m
1	44	335	1	44	335
2	748	1715	2	748	1715
3	60	160	3	96	430
4	150	270	4	1500	
5	1500				

图 6.2 给出了简化模型后 10 层和 5 层模型的正演曲线。尽管两个地电模型参数不同，但是它们给出了几乎相同的结果。实际上，两支曲线的差异表现在 1~3ms 曲线段，该时间段在测量的时窗范围之外，因此很难分辨简单模型和复杂模型之间的区别。另外，复杂模型正演需要更多的 CPU 时间，使得灵敏度计算的时间更长，并且存在多解性。

接下来给出了使用电性层等值和正演模拟程序 MODALL（见附录 4）检查 5 层模型有效性的例子。在图 6.1 中两个不相关的目标层具有相同的斜率。由此产生的问题是它们应该作为两层还是仅仅作为一层来处理。当单个目标层的电阻率等于两个目标层的平均电阻率时（对比表 6.2），会出现层等值效应。该模型可以与前述推导的 5 层模型进行比较。图 6.3 的结果表明目标层仅能作为单层处理，4 层模型与 5 层模型无法被区分开来。

因此，应该采用 5 层模型计算灵敏度矩阵，因为对两个目标层分别进行电阻率赋值要比对单个组合层的平均电阻率进行赋值简单。地球物理学家或地质学家必须牢记，两个目标层中的某个参数的改变也可以被另一个相似的参数的改变等效替换。换句话说就是：在

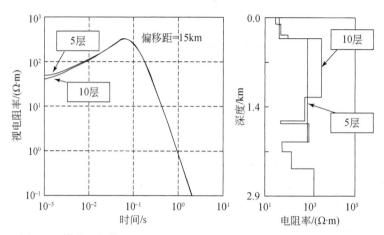

图 6.2　简化地电模型（5 层）和（10 层）的 LOTEM 正演模拟曲线

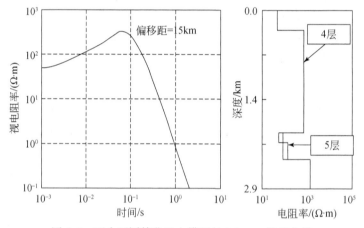

图 6.3　两个不同简化地电模型的 LOTEM 模拟曲线

本例中的目标层不能被单独地分辨出来，而是会作为一个整体被分辨出来。正演模拟主要用于确定方法对特定地电模型中层电阻率和层厚度参数的灵敏度，从一个基本的模型开始计算，使每层的电阻率和厚度都在合理范围内变化。对每次变化后的模型新参数进行正演模拟，得到 LOTEM 响应。如果模型变化前后的正演曲线存在区别，则说明能够分辨模型的层电阻率和层厚度的变化。

　　正演的第二个作用是野外试验的设计。通过对不同发射-接收距离的模拟，可以寻找最佳偏移距。通过对信号幅值的模拟，能够得到在采用当前接收仪器时，所能够容忍的最低噪声水平。在实践中信号幅值决定了最大偏移距，因为信号幅值（电压）随距离衰减。

　　程序 MODALL 可用于完成以上介绍的两种正演功能。该程序包含菜单形式的自动解释，因此仅在处理复杂问题时需参考程序说明书（见附录 4）。

　　调整偏移距是进行分析的第一步。在一些情况下，时窗范围内目标层的响应与背景场明显不同，尤其当目标层为低阻体时，差异更突出。但是，偏移距与目标体之间的关系比较复杂，只有在确定了其他参数之后才有可能确定最佳偏移距。

图 6.4 显示了 3 个不同偏移距处，10 层模型的视电阻率曲线。在这种情况下，地电模型对响应曲线几乎无影响，除了低阻体对早期响应的微小影响。在选择最终时窗范围和偏移距范围之前，应该进行进一步的正演模拟研究。

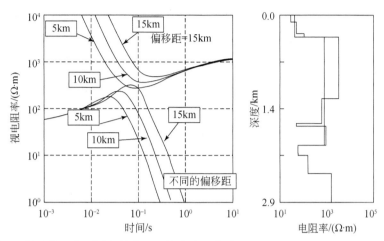

图 6.4　10 层地电模型的 3 种不同发射装置和接收装置偏移距（5km、10km 和 15km）的视电阻率曲线

因此，当野外探测正式开始时，首先应该进行试验测试。该流程为首先固定发射位置，然后用接收装置在预先设定好的各个偏移距处采集测深数据。该测试活动范围应从离发射装置最近的偏移距处直至所设定的最大偏移距处。根据所记录的测试数据，我们可以得到如下信息：

（1）噪声随偏移距的变化和应该使用什么系统参数（增益、叠加次数）；

（2）若在发射装置和接收装置之间存在三维地质体，在该测试中我们会发现信号的极性发生反转；

（3）对于光滑二维或三维结构，该测试所采集的电磁场信号能够对该结构的走向有一个初步的反映。

接下来，改变深部目标层的电阻率值，其取值范围为 $100 \sim 600 \Omega \cdot m$（表 6.1），并进行正演模拟计算。图 6.6 的计算结果表明，计算曲线能够分辨出层厚度参数的变化，但计算得到的曲线变化并不如图 6.5 中浅部目标层的厚度变化所带来的影响大。

图 6.5 ~ 图 6.7 给出了改变中间层厚度参数的计算例子。在图 6.5 中，浅部目标层的厚度分别改变为 1m（在该层情况下模拟）、150m 和 300m。通常深度的 10% 为 LOTEM 方法所能够分辨的一个厚度界限。图 6.5 中计算得到的曲线彼此分离，因此我们可以分辨这一厚度参数。然而该结果并不是唯一解，存在许多等值模型。

方法可行性论证的下一个任务是如何根据信号的幅值确定有效观测参数。图 6.7 中的地电模型参数变化与图 6.6 相同，但计算的不是视电阻率曲线，而是接收线圈中的感应电压。在当前系统中，在适中的电磁场噪声水平及 0.5h 的叠加时间下，探测信号极限已经达到了亚微伏级别（经验表明探测信号极限为 $1 \sim 0.001mV$）。图 6.7 中的信号是可测到 0.5s 的。技术上是可行的，观测时窗的时间限制目前是几十毫秒。该结果的可用时窗范围从几毫秒达到 0.5 s。所以先前例子中的信号在可测量时窗范围内，因而可以被探测到。

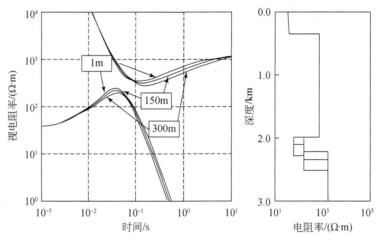

图 6.5　第三层厚度不同的 3 种地电模型的视电阻率曲线（用 1m 厚度等效不存在目标体时的情况）

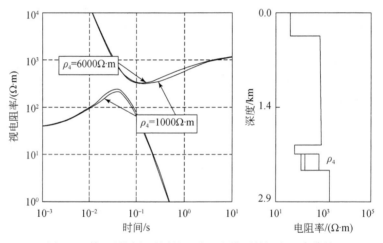

图 6.6　第四层厚度不同的 3 种地电模型的视电阻率曲线

到目前为止，我们已经计算了偏移距为 10km 的例子。为了分析偏移距是否可以进一步优化，需要进行更多的正演计算。例如，可对 7km 和 15km 偏移距下参数变化对响应的影响进行分析，该分析的重点在于：

（1）信号幅度水平随偏移距增大而迅速衰减；

（2）随偏移距增大，目标体对应时窗向晚时间道小幅移动；

（3）在大偏移距情况下，深部目标体参数的变化反映更明显。

在先前的可行性研究和野外探测方案设计例子中，引入了测井模型简化和正演模拟等技术。建议对探测前所做的准备工作进行认真总结和归档，最好按时间顺序归档。最后，对于层状模型的正演结果，应该按以下思路进行整理：①层号；②电阻率（Ω·m）；③厚度（m）；④地球物理特征，描述模型变化对模拟曲线的影响；⑤地质意义，对参数变化进行解释, 如砂岩目标中的厚度变化; ⑥目标分辨率, 决定参数是否是可分辨的, 如通过晚期渐近线进行分辨; ⑦图号, 各个图中结果相互参考 (在附录中)。

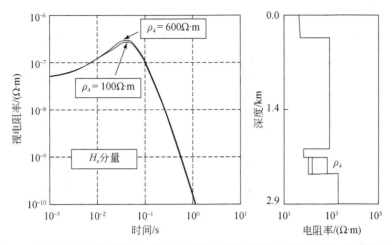

图 6.7　第四层电阻率不同的 3 种地电模型在接收线圈 (信号电平) 的感应电压

当获得一定量的正演计算数据和测区目标体的基本地质信息后, 可相对容易地选择探测的最佳偏移距。设计野外探测试验的最后一步为确定最优收发偏移距、最佳观测时窗和数据精度要求。在一个接收点的观测时间越久, 由叠加获得的信号质量就越好, 但同时在每个测点的成本也在增长, 所以, 人们总是需要在某些条件上做出必要的综合权衡: 在可行性研究过程中, 对精度要求需要进行一定限制, 这对计划时间和预期成本都有帮助。

如果有更多已知数据, 就可以进行更多的可行性研究, 然后再开始野外探测。若测区内的噪声和系统响应为已知, 则可以模拟含噪声的野外实测数据并可对其进行处理。投入可行性研究的时间越多, 在数据采集和整理阶段节省的时间便越多。

6.2　探测深部碳酸盐岩体

电性源瞬变电磁探测技术的一个难点是分辨埋藏 4~6km 深的高阻体电阻率和厚度, 而这对于生产和勘探是非常重要的, 因为准确地预测孔隙度可以很大程度上降低在干井上花费的资金。为了模拟该情况下的探测问题, 我们选择中国某盆地, 进行深部探测的可行性研究, 其目的是在以下条件下, 找到最佳的探测方案:

(1) 完成某一 LOTEM 剖面试验测量;

(2) 在测线两端存在两个钻井, 并有一个较好的地震探测剖面;

(3) 数据的解释主要采用一维反演方法;

(4) Archie 公式适用于碎屑沉积物中的油气资源。

可行性研究的图件在附录 6 中给出。图 A.6.2 (顶部) 显示了 3 层地电剖面, 并在深度 4~6km 存在第四层。该地电结构与陈乐寿 (1988) 的大地电磁数据 (表 6.3) 反映的该盆地结构一致。由于该盆地是渤海湾盆地的一部分, 根据渤海湾盆地的结构和岩性参数 (图 1.1) (Schlumberger, 1985), 该区域内富含石油和天然气藏。模型中的第四层模拟了该区域低阻环境下，油气储层序列中孔隙度的影响。该图顶部给出了基本模型。

表 6.3　用以模拟分析研究的电阻率模型

层数	左侧模型		第三层变化 /($\Omega \cdot$ m)	右侧模型	
	电阻率/($\Omega \cdot$ m)	厚度/m		电阻率/($\Omega \cdot$ m)	厚度/m
1	21.0	770	—	21.0	770
2	4.4	3000	—	4.4	3000
3	4.4	2350	10，15，25，50	100.0	2350
4	30.0	—	—	30.0	—

在地下油气层电阻率变化区域设计测线，并在测线上的 11 个接收点位置，模拟计算了 LOTEM 数据和大地电磁数据。

为了对分辨率进行更真实的分析，在模拟数据中加入了人工噪声。采用一维反演程序对每个测点的含噪数据进行反演，并将各个单点反演的结果组合成剖面。图 A.6.2 展示了在曲线拟合过程中施加约束的反演结果。第一个图为用于合成数据的模型。接下来的图展示了 LOTEM 磁场数据、LOTEM 电场数据及大地电磁数据（在最底排）的反演结果。对 3 种数据类型曲线的拟合过程所用的初始模型中均不包含额外层（左列）或者均包含额外层（右列）。在这个过程中模拟了如何将测井数据添加到数据解释流程中。解释结果极度依赖于初始模型：左列结果与右列结果存在明显的区别，而且在真实模型中的电阻率变化无法被恢复，而是作为构造的形式出现。在真实的勘测环境里，这些结果都是不可接受的。

图 A.6.3 给出了采用地震勘探结果对层厚度进行约束反演，并改变层电阻率时反演的结果。从结果来看，LOTEM 电场数据和大地电磁磁场数据均能在一定程度上恢复地下介质的电阻率结构。然而，LOTEM 电场数据的解释结果并没有对高阻层下方的剖面给出与大地电磁一致的结果。反演结果仍然依赖于初始模型。

接下来对不同的数据进行联合反演。结果如图 A.6.4 所示。图 A.6.4 中的结果是在没有关于结构的先验信息情况下得到的。所得到的结果如图 A.6.2 中的结果一样不理想。图 A.6.4 展示了对构造进行约束后的联合反演结果，第一排展示了 LOTEM 方法电场和磁场的联合反演结果。结果只是轻微地改善了在先前图像中的电场解释结果。中间排展示了 LOTEM 磁场和大地电磁数据的联合反演结果。由于两组数据均对低阻体敏感，因此这两组数据的反演并未给出较好的结果。最后一排展示了 LOTEM 电场数据和大地电磁数据的联合反演结果。其对高阻体的分辨能力是很强的，曲线拟合所得到的结果不依赖于初始模型，但是在高阻体下方的构造单元会出现些许失真。

通过对多组模拟数据和含噪数据的分辨率进行分析，合理设计探测方案，可以达到探测高阻目标层的目的。图 A.7.8 给出了一个关于在中国某盆地的低阻沉积环境下高阻油气储层的模拟结果。当采用地震探测结果等先验信息对构造形态进行约束，并采用 LOTEM 电场分量数据和大地电磁数据进行联合反演时，可以较好地恢复构造各个单元的电阻率信息。

6.3 高分辨率可行性研究

探测中的典型问题是在 1～2km 深度高阻单元中孔隙度的确定。通常这些高阻单元是碳酸盐岩或辉绿岩（粒玄岩）。接下来将介绍在澳大利亚对辉绿岩体中孔隙度进行成像的探测实例。辉绿岩之上是砂岩和中阻岩脉。图 6.8 给出了电阻率测井曲线。在深度 1700m 处电阻率的上升预示着辉绿岩的出现。

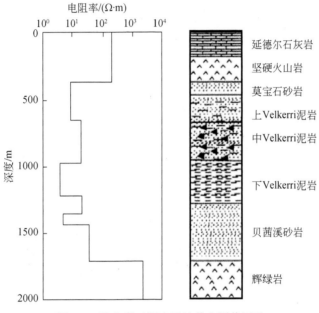

图 6.8　澳大利亚调查区油井电测井记录

图 6.9 展示了探测区域中测井的位置和双程旅行时间等值线图。另外，在图中也标记了地震剖面的位置（图 6.9），该剖面所得到的地下结构将被用于数值模拟，且在模拟剖面上显示辉绿岩体的位置。

在数值模拟所得到的数据中添加 1% 的噪声，分别对孔隙度为 5%、10%、20% 和 30% 的电阻率模型进行模拟。对于 LOTEM 数据，其噪声值偏高，这是因为采集和处理过程消除了大量噪声。然而在正演程序中常常使用保守估计。随后对模拟数据进行处理和解释，从得到的结果可以看出，依靠单个分量无法得到想要的结果。

因此，采用反演进行可行性研究成为数据解释中的一种常规手段。当采用图 6.10 中的地震探测结果作为先验信息对模型结构进行约束反演时，得到了图 A.6.5 的结果（附录 6）。图顶部表示了用于进行正演模拟的地电模型。下面是反演结果，尽管其与原始模型有些相似，但轮廓边界的偏差还是太大了。这就迫使我们必须去获得更多的先验信息参数来进行约束反演。

可能加入的技术包括浅层 TEM 探测和大地电磁法。浅层 TEM 探测对浅层给出了可靠的探测结果，同时 MT 可对深层构造给出可靠估计。用这些结果可保持浅层和深层的固定

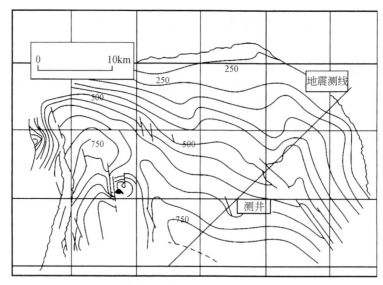

图 6.9　辉绿岩单元顶部的双程走时剖面图

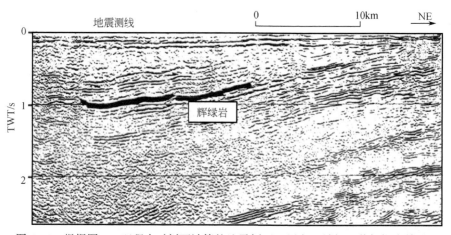

图 6.10　根据图 6.9 双程走时剖面计算的地震剖面（黑色区域标记着辉绿岩单元）

电阻率分别约束浅层和深层的电阻率，图 A.6.5（底部图）为计算结果，可以看出与真实模型非常相似。

　　根据上述分析结果，我们可以沿着 LOTEM 测线进行一些测点的 TEM 和 MT 探测，分别对地下浅层构造和深层的电阻率进行约束以获得最高的分辨率。从以往的研究中可以知道，只有当层数有限而层厚度足够大时，我们才可以在没有高分辨率浅部信息的情况下解释深层目标。在澳大利亚某区域的探测结果显示，当区域较为复杂时，数据解释应该格外小心。不仅要对采集到的数据处理和解释过程认真对待，而且还应该综合考虑测区内获得的其他地球物理探测结果及地质信息。在探测设计阶段就应该考虑多方法探测，若在数据处理过程中才意识到这一问题，为时已晚。

6.4　二维结构的可行性研究

接下来的可行性研究考虑 LOTEM 在探测更复杂结构中的应用。探测区域位于日本，探测目的为对深度约为 500m 的低阻堤坝群进行成像。基于实际情况，目标构造可视为二维模型。堤坝附近的围岩为中阻或高阻，且在该区域存在断层。全部的结构都嵌入高阻背景中。这种地质背景与大多数矿产资源探测和地热探测类似。

采用 SLDM 程序（Druskin and Knizhnerman, 1988）对 LOTEM 探测装置下二维模型进行正演模拟。图 6.11 给出了模型，还给出了接收装置的位置和典型的瞬变电磁响应曲线。图 6.12 中展示了图 6.11 中模型的平面图及相应的剖面位置。电场采集站的位置与电压采集站的位置重合。图 6.12 同样展示了 1Ω·m 的低阻堤坝的地面投影。该异常体一直延伸到剖面右端测点较稀疏的区域。首先，给出了瞬变电磁电场响应曲线，并在下方给出了用电压计算的（用早期视电阻率公式）视电阻率。在剖面两端的瞬变电磁响应显示无异常体，其形态类似于一维地层响应曲线的形态。随着测点逐渐接近异常体位置，在异常体边缘处所观测到的瞬变电磁响应曲线将会出现极性反转。61 号采集站是剖面上最后一个极性不出现反转的测点。在相应的电场测量中（15 号采集站），信号的形态相较于 01 号站

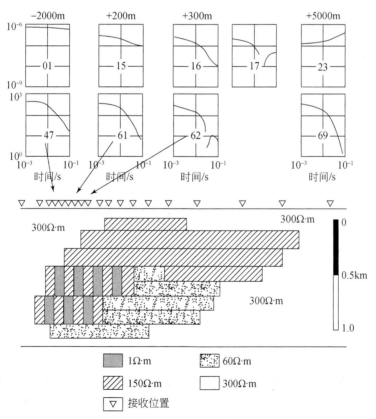

图 6.11　地电模型及瞬变电磁响应曲线

处信号的形态出现了明显的变化。62 号采集站的磁场响应包含一个极性反转（因此表示为平方形式）。在电场响应中该极性反转仅出现在剖面的远端（17 号采集站）。在剖面边缘的 69 号采集站，在远离异常体边缘处，磁场同样出现了极性反转。相应电场响应向相反的方向平移。

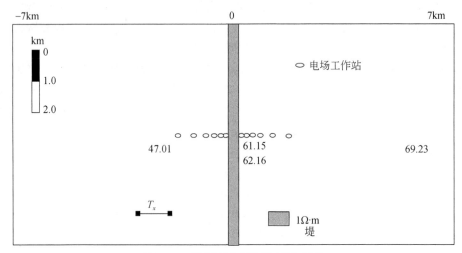

图 6.12　数据采集剖面位置示意图

如果我们的目的是确定 LOTEM 是否适用于该类目标体的探测，那么我们需要在上述可行性探测的基础上给出一个更加确切的结果。考虑到模拟的瞬变电磁响应将出现极性反转，一维反演技术在此并不适用。这意味着我们至少要使用二维解释，甚至有可能是三维解释。由于三维反演所需要的计算量巨大，其关键在于找到一个合适的初始模型。这就要求在多条平行测线甚至网格测线上进行数据采集。由于电场响应和磁场响应的第一个极性反转的位置不同，通过分析极性反转位置的差异可以获得异常体的信息，因此在探测中需要采集电场响应。

对于图 6.11 所示二维探测问题，从可行性研究中可以获得如下信息：

（1）为了能够确定异常体边界的位置，在 LOTEM 探测中应该在同一位置同时采集电场和磁场数据；

（2）应该采集多条平行测线或者二维网格数据，以获得二维或者三维反演所需的较为可靠的初始模型；

（3）在三维异常体响应远小于一维结构响应时，数据应该以测线为单位给出。

6.5　本 章 小 结

在进行野外探测前，对于所要解决的问题，首先应该进行可行性研究。为了估计 LOTEM 方法在该探测环境下的探测能力，应该考虑所有测区内能够用到的电阻率结构的地质构造信息。

为了用 LOTEM 方法获得合理的解释结果，首先对测井数据进行层等值性划分，通过将测井数据进行分层获得最佳分辨率，同时保留测井数据的总体趋势。当进一步减少层数时，应确保所得到的电磁响应是相同的。

一旦找到了最佳模型并了解到了相应的参数变化，便可进行正演计算并得到最佳偏移距。通过最佳偏移距，我们可以计算所能采集到的信号幅值，从而确认所用的仪器设备能够分辨所需要得到的参数。

在正演模拟和可行性研究阶段，我们需要保证模型与实际地质情况是吻合的。通常探测目标与下伏和上覆地层是穿插在一起的，在这样的情况下，需要借助反演和分辨率分析等以获得最佳的可行性研究结果。

在中国某盆地的探测中，我们进行了可行性研究。结果显示，需要联合 LOTEM、大地电磁法探测和地震勘探以获得最佳的探测结果。该探测策略可对深度 4～6km 处的孔隙度变化进行成像。

在澳大利亚，正演模拟的目的是确定哪种方法可以在辉绿岩体中对孔隙度变化进行成像。正演表明对于近地表需要采用浅层 TEM，中等深度采用 LOTEM，大深度采用 MT。只有采用 3 种探测方法，并采用地震探测所得到的先验信息，才能给出最佳结果。

在日本，我们进行了复杂二维地质体的探测。由二维模拟结果可知，在这个探测中常规的数据解释方法不适用。然而通过 LOTEM 电场和磁场数据结合的方式，并进行二维加密数据采集可以对探测目标体进行成像。

程　　序

1）可行性研究

在典型欧洲环境（强人文噪声）下进行探测的可行性研究，包括：

（1）简化测井数据并推导一个更为合理的地质模型，有助于提高分辨率，但是这种简化必须符合当地的地质情况；

（2）将测井结果的层数减少到 6～10 层，并继续减少深部层数。当地质情况与电性层分界的差异较大时，停止减少层数。

从测井结果中挑选的数据（第一个数字为深度，第二个数字为电阻率）：

0，80

725，80

770，80

810，6

860，40

1140，11

1220，100

1450，11

1680，40

1830，6

1900，60

1960, 8

2050, 35

2080, 65

2100, 6

2250, 30

2800, 4

3000, 4

从钻孔地质得知表6.4中的资料。

表 6.4　钻孔数据提供的岩性资料

深度/m	近似电阻率	岩性
0 ~ 700	中等偏上	石灰岩
700 ~ 2300	中等导电	中生代沉积岩
	10 ~ 15km	沉积岩
2300 ~ 3000	导电	沉积岩
	5km	
3000 ~ 4500	中等导电	沉积岩
4500	电阻	基底

从上述钻井资料我们可以得知：目标体为在深度2300 ~ 3000m范围内的低阻沉积单元。

（3）对各单元的电阻率变化进行分析，特别是目标层的电阻率变化。确保为调查选择了最优偏移距。

（4）垂直磁场分量和电场分量哪个更适合？

（5）给出最优观测参数。

（6）会使用另一种地球物理方法吗？如果这样，为什么？

2）火山盖层

一个典型的勘探问题是确定火山盖层（美国、印度、巴西、联邦德国等）下沉积层的厚度。火山顶层的电阻率值通常低于$100\Omega \cdot m$（$70 ~ 90\Omega \cdot m$），厚度为200 ~ 1500m。这些沉积的厚度为500 ~ 2500m，其下伏为高阻基底。

（1）在LOTEM装置下，采用MODALL程序对厚度为800 ~ 2000m的沉积层变化进行模拟，以获得最佳偏移距。

（2）为了得到大约1mV的目标体响应，需要采用多大的源电流和收发距。

3）深部地壳应用

首先评估LOTEM方法在深部地壳探测问题上的适用性。已知在7km（不确定）到12km存在低速区域，顶层介质（2 ~ 3km）的电阻率为$150\Omega \cdot m$，然后为8000 ~ 20000$\Omega \cdot m$结晶岩石。

（1）推导可能的模型；

（2）确定可能的参数变化；

（3）最佳偏移距是多少；

（4）分辨目标体可承受的最大噪声水平。

4）逆掩断层

逆掩断层的延伸范围为 25km，厚度为 20～2000m，电阻率为 150Ω·m。其在沉积层（3～8Ω·m）下，最大厚度约为 2500m。请设计所有探测参数。

5）深部油气储层

在 2km 深度处是厚度 200～700m 的油气储层单元。上覆岩层电阻率为 3～8Ω·m。其下伏的沉积层（深达 5km）电阻率约为 15Ω·m。设计一个对油气储层内的 5%、10%、30%、50% 孔隙度变化进行成像的探测。

6）高阻体成像

对低阻（5Ω·m）沉积层单元内的高阻体（200Ω·m）进行成像。该高阻体的深度为 2km。你会如何设计探测试验?

第7章 综合实例

在前面章节中，展示了几个结合测井等其他物探方法进行 LOTEM 探测的实例。本章列出了单独使用 LOTEM 探测的实际案例，这些勘探案例大多从实验角度分析方法的有效性。第一个案例是科隆大学在德国鲁尔区北部的一个测试（Stephan，1989），施工区在德国西北部，其沉积物属于上石炭统，厚度超过 5000m。随后的两个案例分别是使用第七集团公司的系统在科隆大学附近的矿山试验区进行的地质校准试验和澳大利亚的 LOTEM 试验；本章最后的案例是在德国明斯特兰盆地开展的 LOTEM 三维定量解释试验。

7.1 德国鲁尔区北部野外试验

试验区位于科隆市北约 100km、鲁尔区北约 10km 处，鲁尔区是德国人口最稠密的工业区。之所以选用该区域是因为其临近科隆市，并可以较好地完成以下目标：

（1）由于其临近鲁尔区，测试区人文噪声较强，故它是进行噪声试验和研发 LOTEM 数据处理系统的理想试验区域。

（2）得益于当地的煤炭开采工作，试验区的地质条件已知。区域内的数个测井和地质资料可以很好的解决不同方法效果的对比问题。

（3）由于含水层的存在，试验区内一些地方开展的反射地震勘探存在一定的问题。因此该区域的野外试验可以很好地证明 LOTEM 的勘探能力。

图 7.1 展示了该区域在 1987 年和 1988 年两次勘探的施工布置图。1987 年的勘探只使用了一个发射装置去完成上述目标。因为试验区域没有明显的高阻层，所以磁场对时间的导数可以很好地分辨电性构造（Strack et al.，1989b）。1988 年的勘探使用了两个不同的发射装置去验证 1987 年的勘探结果，并解决野外试验中使用不同系统和不同操作员的问题。

试验区有 6 个可用的钻孔信息，图 7.1 展示了各个测井的位置。图 7.2 为区域内的代表性钻孔。从钻孔资料可以看出，在 800m 深度二、三层交界面存在强烈、突变的电阻率异常，在原始测井资料中，电阻率剧烈变化的边界并不清晰。在图 7.3 中出现的强烈异常只有可能是由块体造成的。其上方 270m 厚的介质电阻率大概为 $18\Omega \cdot m$，这一范围的岩层主要由泥灰岩、砂、白垩系和第四系白云岩组成。由于哈尔腾砂层中一些砂石中含有水，因此反射地震勘探中出现了问题。在该砂层底界面到 1800m 深处是由泥灰岩组成的低阻层，该层的电阻率大概为 $3\Omega \cdot m$。在其下 $700\sim800m$ 是已经被探明的石炭系岩层。LOTEM 试验区最南侧的地层由白云岩和泥灰岩组成。分别为含薄层状页岩、石灰岩、硬石膏组成的厚度达 100m 的二叠系岩层，以及其下由砂石组成的厚度为 200m 的高阻三叠系岩层。石炭系岩层由电阻率约为 $15\Omega \cdot m$ 的介质组成。图 7.2 中的电阻率模型是数据处理解释的初始模型，随后使用测井资料提高该模型精度。图 7.3 以累积电导的形式绘出测井资料曲线。当电阻率边界改变时，图中曲线出现中断，这些中断使得用线性回归来定义的特定深度范围内的平均电阻率发生分离。该程序得到的结果和实际地质资料吻合很好。

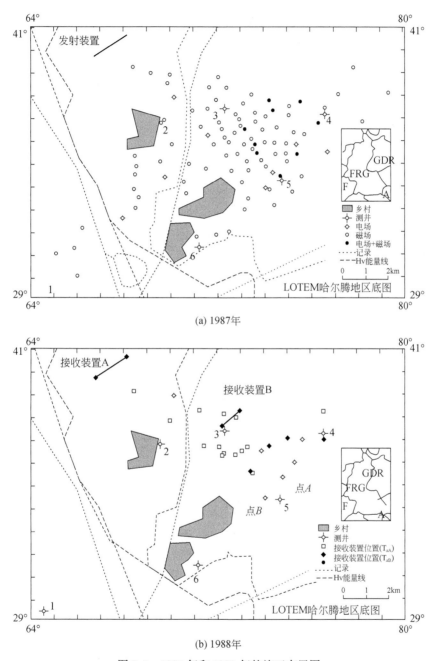

(a) 1987年

(b) 1988年

图 7.1　1987 年和 1988 年的施工布置图

在图 7.3 中可以看到，第一层边界电阻率平滑地改变，这与地质情况很吻合，而在第二层边界处电阻率变得陡峭。这是使用平滑的反演算法（Occam 反演）处理数据得到的最好模型。图 7.4 是 Occam 反演结果和层状大地的测井模型，这里仍然可以看到在第一层边

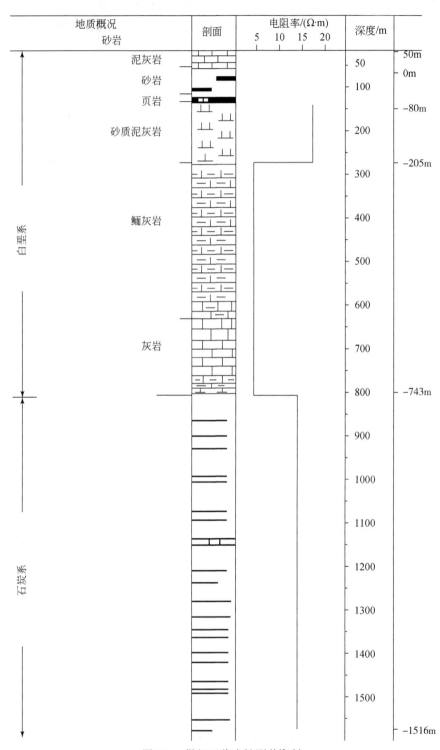

图 7.2　勘探区代表性测井资料

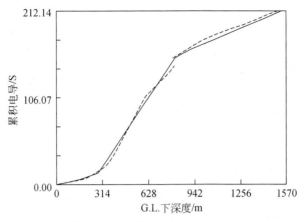

图 7.3 基于测井资料中电阻率层边界的累积电导分析结果（Stephan et al.，1991）

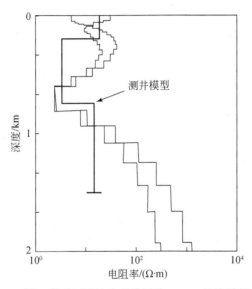

图 7.4 同一模型不同接收系统下的 Occam 反演结果对比

界处电阻率值平缓改变，同时也可以看到在过渡带石炭系电阻率的改变更陡峭。本章在同一地表位置使用了不同的接收系统，并计算了两组 Occam 反演结果。

另外，图 7.5 为可用于对比的施工区域地震勘探剖面资料，该资料只进行了初步解释，图中细线标出了石炭系的顶部。这个地震剖面资料数据质量较差，并且石炭系地层不能被清晰、完整的探测。例如，图中 3 条预测石炭系边界的反射同相轴在图左侧和最右侧时并不是很清楚。该地震剖面资料主要用于确定地层水平分布和验证 LOTEM 数据的一维反演结果。Stephan 等（1991）给出了更多的较详细的资料。

试验区实测数据的噪声影响非常严重，因此不得不采用 50～150 次叠加。图 7.6 展示了 1988 年进行的磁法（左列）和电法勘探（右列）的数据处理步骤，顶部两个框图为它们的原始数据，其下方是用于严格保证质量和设计最佳数字滤波器的振幅谱。滤波器消除了信号中大部分的周期性噪声，底部框图为经汉宁时变窗进一步平滑并校正线性位移的数

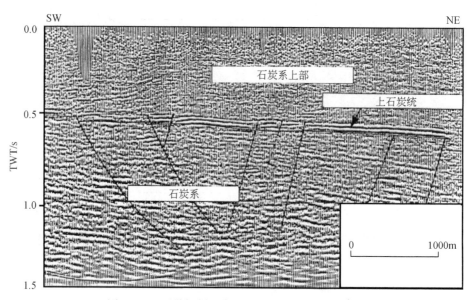

图7.5　地震勘探剖面资料（Stephan et al.，1991）

据记录。这些数据记录（如在图片底部的）也都经过了选择性叠加处理，因此图7.7中展示的信噪比得到明显的提高。在图片底部，数据被转换为对数域，这里的数据是用于变换以求得磁场时间导数的电阻率，这意味着系统响应没有使用任何校正。下方的曲线代表使用早期视电阻率公式的计算结果，而较上方的曲线为使用晚期视电阻率公式的计算结果。这里的误差线是使用选择性叠加算法推导而来的。图7.8为反演结果，在时间序列早期和晚期噪声干扰较大的数据点已被删除。图中穿过数据点的实线是右侧层状大地模型的理论曲线，黑点是由反演数据推导出的且其半径与各自参数的分辨率成正比关系。随后，使用各自反演的结果就可以得到图7.9中从西南方的钻孔1到东北方的钻孔2的电阻率剖面。反演结果清晰地展示了数据解释的正确性。在标记95%置信界限的深度处的误差线是由反演数据推导得到的。本章使用的模型，彼此之间几乎没有关联性，也没有做任何电性参考。

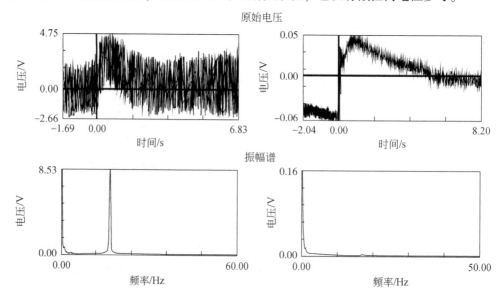

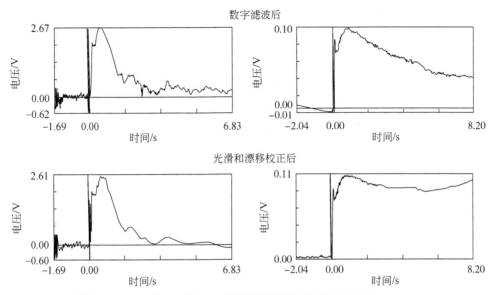

图 7.6　磁场原始信号的处理步骤（左侧）和电场原始信号处理步骤（右侧）（Stephand et al.，1991）
顶部为一个电磁场的数据记录，第二行是用于质量控制的振幅谱，随后是数字滤波后的数据记录，
底部为对信号进一步平滑处理的结果

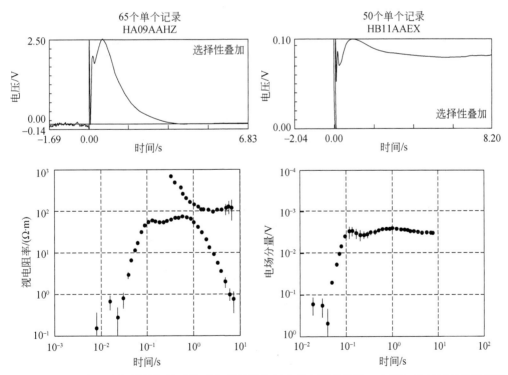

图 7.7　图 7.5 中经选择性叠加处理的瞬变磁场以及相应的电阻率曲线（左侧）和经过对数及线性
处理后的瞬变电场（右侧）（Stephand et al.，1991）

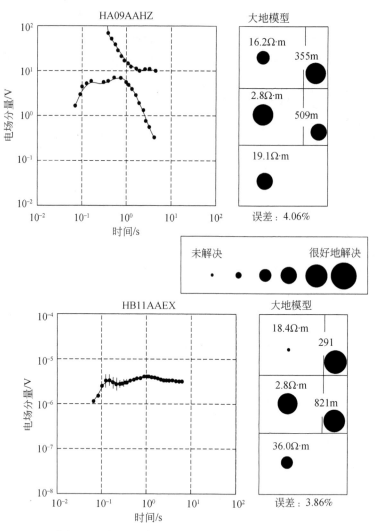

图 7.8　图 7.6 和图 7.7 中的电磁场信号反演结果

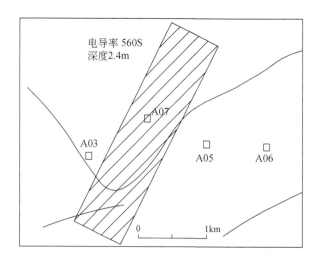

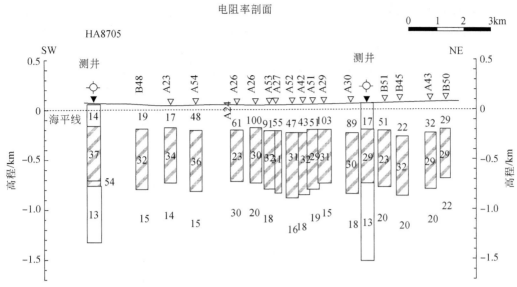

图 7.9 图 7.1 中钻孔 1 到钻孔 2 之间的电阻率解释剖面 (Stephan et al., 1991)

由于可能存在场源复印问题，不同发射装置测深数据的一致性是开展可控源电磁法勘探工作的常见问题（见第 4 章）。非一致性问题的产生有两类原因：一是错误的反演解释；二是地质结构（三维效应）。在确定导致非一致性问题原因和通过电导（或横向电阻）或运用本书给出的三维建模方法进行校正前，要消除数据受到的噪声干扰。

可以同时使用 3 个发射装置去检查电磁场测量的重复性问题。图 7.10 是使用此方法得到的在图 7.2 中标记的两个点的反演结果，各个案例的结果吻合很好，只是在最下层电阻率出现了不同，这是由于使用的数据是由磁场测量装置得到的，而磁场信号在测量高阻层时精度较低，并且点 A 处比点 B 处的噪声影响更强烈。在比较这些勘测得到的电磁场

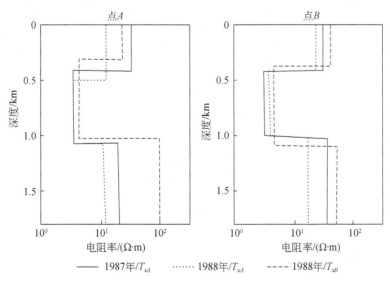

图 7.10 相同测点使用三个不同发射装置的磁场勘探无约束反演结果对比 (Stephan et al., 1991)

各分量时可以看出，它们是基本一致的，最下层电阻率的偏差变小，因此在勘测该层时电场测量的准确度更高（Strack et al.，1989b）。在点 17 处（图 7.11 右侧），测井和反演结果的深度出现了大概 50~70m 的偏离，目前不清楚产生偏离的原因，但这可能是由于在该剖面较上的部分应用 LOTEM 时具有较低的分辨率。由于该偏离在整个试验区是连续存在的，所以影响不是很严重。

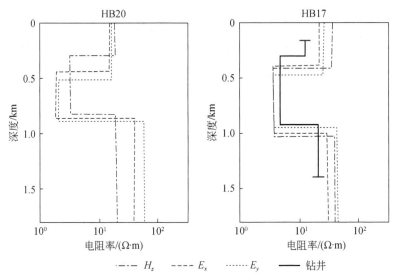

图 7.11　在两个测点处的电场与磁场勘测结果对比（Stephan et al.，1991）

　　实测数据需要经过评估以确保解释的一致性，只有当一致性得到了证明才能去解释区域内的构造。可以以等值线图的形式表示数据以展现数据的一致性。图 7.12 是导电单元的电阻率等值线图。虽然反演是独立完成的，但是试验区电阻率反演结果之间的偏差很小，虚线表示数据密度不够高。这说明试验区的数据解释结果是互相吻合的，也没有特殊的异常存在。为了解释试验区内的地质结构，我们用等值线表示了石炭系近顶部的深度（之所以选择近顶部，是因为试验区西南部电阻率结果不清晰，无法确定是石炭系顶部还是蔡希斯坦统顶部）（图 7.12）。等值线深度比测井深 50~70m（占总深度的 5%~8%），反演结果和钻孔信息吻合很好，并且等值线清晰地显示出钻孔之间存在一个山脊，这证明了等值线图不是直接由钻孔资料得到的。在图 7.13 中，这个山脊可以由已知的区域地质资料确认。

　　上面实例表明在鲁尔区北部的 LOTEM 勘探是非常成功的。虽然施工区附近的工厂、电线、铁路带来了很强的人文干扰，但是仍然得到了高信噪比的野外数据。野外数据的解释结果和钻孔资料吻合很好，反演结果显示了钻孔之间存在一个山脊，该构造已通过区域地质资料得到确认。野外探测数据可以清晰地绘制地震勘探无法确定的石炭系顶部位置图。

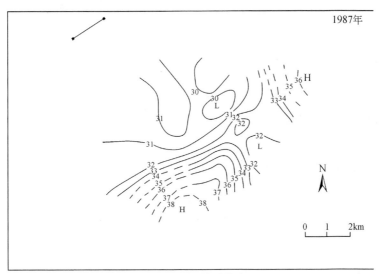

(a)导电单元的电阻率

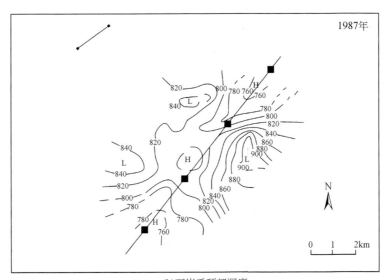

(b)石炭系顶部深度

图 7.12 第二电导层（底部）的电阻率等值线图

（Stephan et al.，1991）

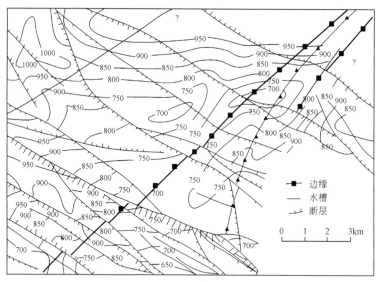

图 7.13 试验区地质信息图和地质结构解释图 (Stephan et al., 1991)

7.2 美国丹佛–朱尔斯堡盆地的 LOTEM 地质校准探测实例

在 1981 年,第七集团公司在已知地质信息的试验区使用仪器进行了一个新技术的重要试验,试验目的为:在已知地质情况的条件下校准 LOTEM 技术。

为了对比不同的接收系统,本书选择了有丰富地质和地电特征资料的丹佛–朱尔斯堡盆地进行试验 (Harthill, 1968)。该油储盆地位于美国科罗拉多州的东北部。图 7.14 为科罗拉多大学的矿产试验区 (CSM),该试验区大概 19km 宽、280km 长,地形平坦只有少量

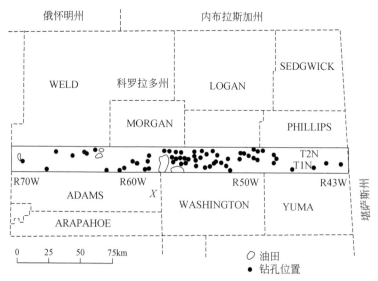

图 7.14 科罗拉多大学矿产试验区 (粗线圈定的区域) 位置图 (Harthill, 1968)

的人文噪声干扰（电线），区内有大量的油田。Harthill（1968）通过分析数千个钻孔资料后得到了图7.15中的地电地质剖面图。由于具有较为充足的地电信息和地质参数，该试验区很适合做地球物理试验。

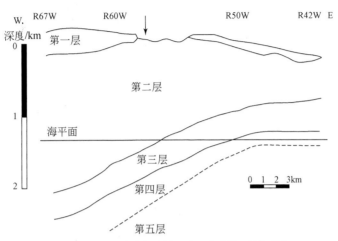

图7.15 CSM测试区的地电–地质简要剖面图

试验区不同位置的第一层厚度和电阻率不同是因为它由不同的地质层位组成。因为其含风化层，测试点向试验区南边移动了15km（见图7.14中的 X）。新的试验点在皮埃尔页岩出露的位置，皮埃尔页岩电性特性相同且有较小的各向异性系数。相比东部，皮埃尔页岩的厚度稍小，其电阻率大概为3Ω·m。该特殊地层也成为其他地球物理学家感兴趣的地层（White et al.，1983；Schneider，1982）。第三层由砂岩、页岩、灰岩组成，也是电性均匀的构造。在该层，达科他砂岩层产出石油，并包含了 CSM 试验区几个油田；厚度约为400m；其纵向电阻率和皮埃尔层不同，在 CSM 区内不为同一常数；并且其各向异性因子较皮埃尔层大（对比图1.10）；该层平均厚度为400 m，电阻率约为60Ω·m。

第四层由电阻率不同的地层组成，宏观上该地层是300m 厚的高阻层，主要地层为宾夕法尼亚系、二叠系和侏罗系。

第五层是前寒武纪花岗岩和片麻岩基底，电阻率超过了500Ω·m。第四层和第五层都是高阻地层。

根据 CSM 试验区的基础地质模型资料，可得到如下信息：

皮埃尔层 $\rho_1 = 3\Omega \cdot m$ $H_1 = 1600m$
砂岩层 $\rho_2 = 6\Omega \cdot m$ $H_2 = 1600m$
电性基底 $\rho_3 = 500\Omega \cdot m$

野外仪器系统由第七集团公司的 3 个接收系统组成。所有的系统都使用 SQUID 磁力仪，且这些 SQUIDS 是不同时期的模型。接收系最大的问题是超导磁力仪的不稳定性，因此冗长的系统校准工作必须要使用所有的系统去进行结果对比。图7.16 为使用不同接收系统得到的视电阻率曲线。当使用系统校准后，3 个不同系统的系统响应出现明显差别，其反褶积不能保存300ms 之前的信号使得几个系统结果更接近。因此，去除300ms 之前的数据点并且使用可靠的估计去圆滑处理晚期数据，消除 SQUID 的 RF 放大器噪声影响。发射装置使用地表上距北接收点 15km、偶极距为 1.5km 的偶极源。

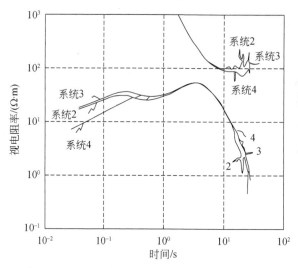

图 7.16　CSM 试验区 LOTEM 勘测的视电阻率曲线

经反褶积圆滑处理的视电阻率曲线随后也同 Harthill（1968）发表论文中的地电模型人工模拟的曲线进行了对比。图 7.17 为对比结果。野外实测数据（点状）同人工合成记录曲线（实线）的对比结果很好，说明系统校准工作很成功。得益于这些勘测试验，数据处理系统和仪器被进一步优化。

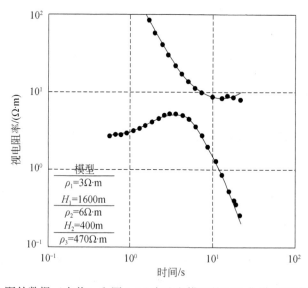

图 7.17　LOTEM 野外数据（点状）和图 7.15 中地电模型的理论曲线（实线）（Strack，1985）

7.3 澳大利亚悉尼盆地的第一次野外试验

1983 年麦格里大学研发了 LOTEM 原型系统（DEM Ⅲ），并在悉尼盆地进行了野外试验。勘测试验的目的有以下两个方面：

（1）证明 LOTEM 可以应用于条件复杂的区域，如悉尼市旁边的人口密集的悉尼盆地，并探测 1~4km 深度的电性结构；

（2）证明包括数据处理系统的整个野外系统操作的简洁性，并关注勘测成本。

该研究项目由麦格里大学、（澳大利亚）联邦科学与工业研究机构和必拓公司提供的麦格里大学研究基金支持。Strack（1984）叙述了勘测的概况。

1983 年 10 月，本次勘测试验在悉尼市西北 20km 处开始实施，试验进行了两天。悉尼盆地西邻新南威尔士州，约 380km 长，总面积达 36000km² （图 7.18）。悉尼盆地可以被分为 5 个区域：南部区域、西部区域、中央区域、北部区域及西北区域，所有的区域均出产煤炭，各个区域也可以进一步细分为小盆地。悉尼盆地已经发现了碳氢化合物，但没达到商业品位。之所以选用该区域作为本次的试验区，是因为其临近悉尼市，并且地形图显示该区地形开阔适合布置接收点，发射点可以布设在小河旁。当开始勘测工作时，只能在试验区找到有限的空地，这是图 7.19 中接收装置如此分布的原因。

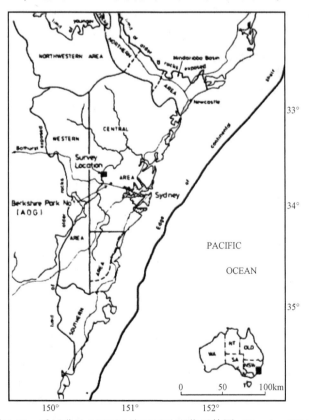

图 7.18 悉尼盆地 LOTEM 施工区地理位置简图（Strack，1984）

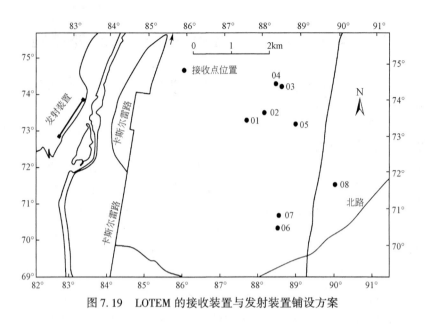

图 7.19　LOTEM 的接收装置与发射装置铺设方案

　　悉尼盆地由三角洲和海洋沉积物的复杂混合物组成，这使得地层可赋存碳氢化合物。这样的地质情况大大增加了地球物理数据解释的困难，所以需要详细的测井资料去减小数据解释的多解性。Mayne（1974）曾详细地描述了悉尼盆地的地质状况。图 7.20 展示了悉尼盆地南北方向的一个剖面的地质简图，这里的箭头标注了试验区的大概位置。试验区的地层在 3km 范围内是水平层状的，根据岩性推测，其电阻率分布也是如此。根据该剖面图，可以得到一个粗略的初始反演模型（图 7.21）。

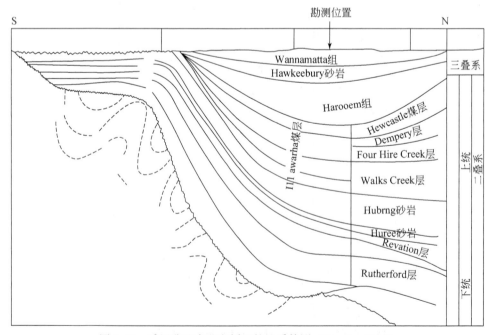

图 7.20　悉尼盆地南北向剖面的地质简图（Strack，1984）

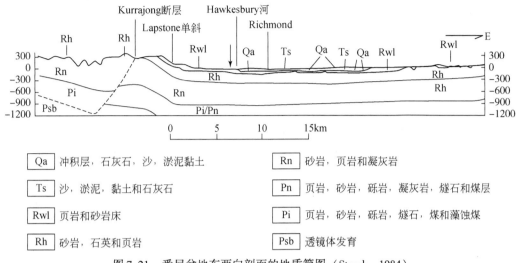

图 7.21　悉尼盆地东西向剖面的地质简图（Strack，1984）

试验使用 8 个接收装置记录了约 320 个瞬变电磁数据。由于野外施工时雷电活动的干扰，记录时间缩短到 8h，剩下的时间用于修理和布置发射装置。发射用的偶极子长1200m，电极被打入两条河流的河床里，河床有少量的泥土，因此注入大地的电流最多只能达到 45A。接收装置则使用 200m 长、地震施工使用的电缆制作而成的感应线圈。图 7.22 展示的是所有接收装置接收到的经选择性叠加处理的瞬变记录。在工作站 8 处的数据受很大的噪声干扰，这是由施工时的雷电活动造成的，因此电磁噪声随时间的延长变得更强。所有的数据没有经过预叠加，这也解释了为什么数据的噪声如此强烈。图7.23 为试验得到的视电阻率曲线例子，该视电阻率曲线在早期显示了 3 个异常层的存在（对比图 7.23）。

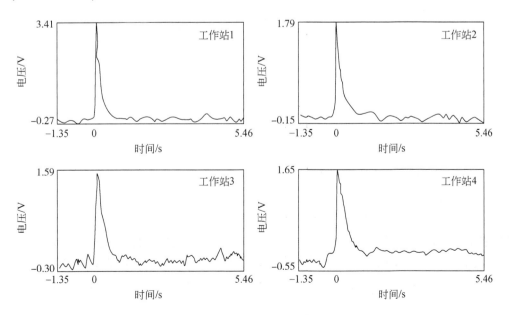

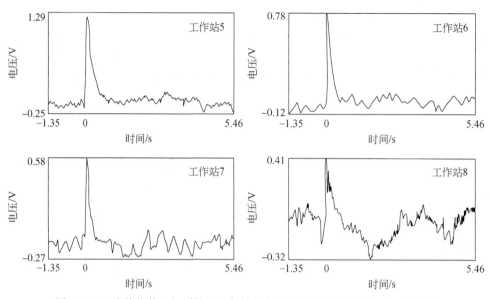

图 7.22　8 个接收装置得到的经选择性叠加的 LOTEM 数据（Strack，1984）

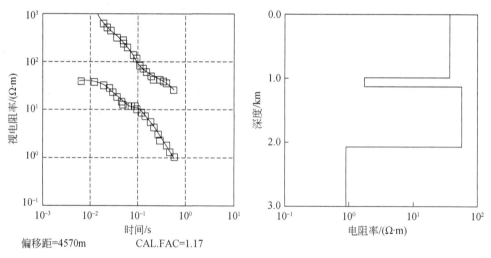

偏移距=4570m　　　CAL.FAC=1.17

图 7.23　视电阻率曲线及反演结果

　　根据试验区的地质状况需要采用一个三层初始模型进行反演。经过反演测试后，发现测试区还需一个额外的低阻层引入反演，这个低阻层也得到了相应的地质解释。

　　初始模型的第一层由砂岩、页岩、砾岩、凝灰岩组成，第二层由砂岩、黏土、泥页岩、凝灰岩、油页岩和煤层组成。因此两层的电阻率近似，但是反演结果显示第二层的电阻率更低。查阅完整的测井报告发现，该层的黏土有较好的导电性，这解释了为什么第二层电阻率较低。第三层由砂岩、页岩组成，只是其电阻率较第一次的更高。第四层只有格丽塔煤矿的勘测资料。我们得到了第一层的地电参数、第二层的电阻率参数、第三层的总厚度参数。

　　图 7.24 为经解释得到的地质剖面同 BMR 期刊中 149 页的结果的对比（Mayne et al.，1974）。第四层由约 1km 厚的二叠纪到三叠纪的沉积物组成，由勘测结果得知该层的基底在约 1km 深度处，而地震勘测结果表明纳拉宾组基底在 850m 深度处。几个测井资料显示，晚二叠世煤层在纳拉宾组基底时变得多矿质，这解释了为什么电阻率异常在地震反射层之下。第二层含有晚二叠世相对高阻的伊拉瓦拉煤层，但是由于其内存在黏土层，LOTEM 测量结果表明该层导电性较好。LOTEM 进行的煤层基底测量显示其深度达到了 1200m，而地震勘测深度为 1150m，这是由于晚二叠世煤层和其下的天鹅山组沉积相发生突变。第三层厚度为 1200m，由高阻的二叠系天鹅山组海洋沉积序列组成，其平均地电边界深达 2430m，该边界通常用于地震资料中拾取格丽塔煤层的顶部以及寻找 2280m 处的斯纳珀地层。LOTEM 和地震解释的差异是由数据未偏移所引起。

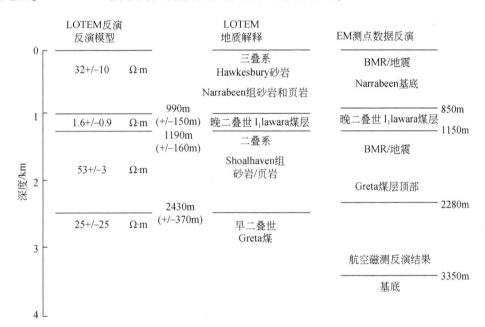

图 7.24　解释得到的地质剖面与 BMP 期刊中的对比图

　　图 7.25 对比分析了 LOTEM 与大地电磁、SIROTEM、UTEM 结果，图中也显示了试验区附近的钻孔资料。但是钻孔距试验区过远，其资料与试验区相关度较低。库拉京高地钻井显示在 1km 处地层导电性很好，其他测井，如只有 1100m 深的伯克希尔公园钻井显示 1km 处地层电阻率降低。由于试验区的噪声，AMT 勘测深度低于 500m。与 LOTEM 数据一样，SIROTEM 数据也在相同的深度显示了强烈的电阻率变化。但是 SIROTEM 探测深度约是 LOTEM 的 3 倍，这应该是由于它们发射装置的耦合方式不同（LOTEM 使用接地偶极子，SIROTEM 使用感应线圈）或者是不同系统的处理解释方法不同造成的。UTEM 在浅部得到的电阻率值较高，但在 1km 深度处很接近 LOTEM、SIROTEM 得到的电阻率值。总体上来说，在浅部 LOTEM 得到的平均电阻率和两个钻孔资料很吻合。因为感应源系统对高阻体的分辨能力不如电偶源系统（见第 8 章），所以 SIROTEM、UTEM、LOTEM 和钻孔得到的电阻率值的偏差是可以接受的。

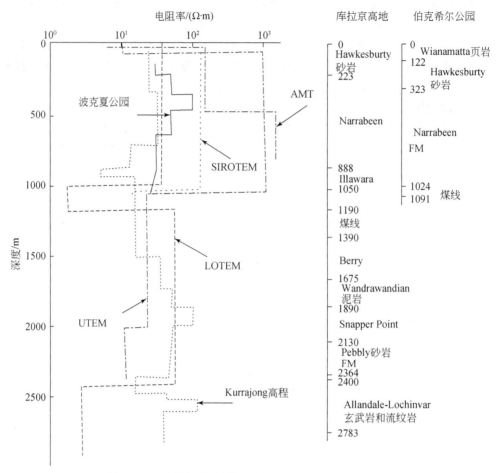

图 7.25　反演结果与其他地球物理方法及测井数据对比

　　上面的试验实例证明了 LOTEM 方法可以通过简单的原型仪器实现对地下目标体的探测。其数据处理解释可以快速的完成，并且结果与试验区的地质资料吻合非常好。

7.4　德国明斯特兰盆地的三维解释案例

　　1987 年，在明斯特兰盆地 5km 深的明斯特兰 1 号钻孔旁边进行了一个野外试验，这次试验的目标是在已知地质情况的试验区对勘探方法进行校准。该区域的数个地方存在瞬变电磁异常，可能是三维地质结构体造成的。这里，我们关注了 Hördt 等（1991）对瞬变电磁异常的解释。

　　图 7.26 为施工区的 LOTEM 工作站铺设图。在此之前，其他研究团队对该区进行了 MT 和 CSAMT 勘测，其勘测数据将用来与 LOTEM 勘测结果对比并与 LOTEM 数据进行一维联合反演（Hördt et al.，1991）。LOTEM 工作站沿着两个临近明斯特兰 1 号钻孔的剖面铺设。阴影区表示观测数据中有三维结构影响的部分。图 7.26 中的河流用于确定方向。

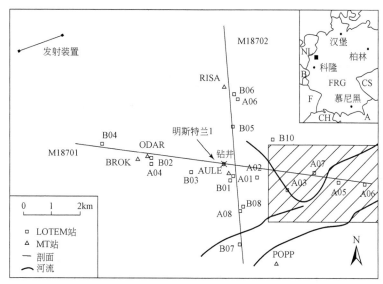

图 7.26　明斯特兰测区 LOTEM 和 MT 工作站铺设图

阴影区是存在三维效应的区域；河流用于标记方向

图 7.27 是沿着剖面 ML8701 使用二阶 Marquardt 算法得到的一维反演结果（Jupp and Vozoff，1975）。为了改善反演剖面的一致性，从东到西的一个工作站的最终反演模型将作为下个工作站反演的初始模型。最后得到的剖面图显示区域的西部存在一个与东部不同的（图 7.25 中的阴影区域）连续的 3 层模型。工作站 A03、A07 和 A06 的数据显示该区域内存在比剖面其他地方电阻率和层厚更大的覆盖层。

图 7.27 同时给出了选用的 6 个数据集。野外数据仍然包含着系统响应，并在早期与一维模拟数据不同。为了提高数据稳定性，将正演模拟曲线与测量得到的相应数据的系统响应进行褶积运算，而不是进行反褶积运算。工作站 B03 和 A01 属于同一剖面的连续部分，且测量得到的数据显示了该区域典型的曲线。工作站 A03、A07 和 A06 在早期存在着较大的振幅。一维反演可以得到很好的解释，但是这个早期较大振幅是三维结构造成的。工作站 A05 的电压曲线中存在一个反转信号，这在层状半空间模型中是不可能发生的（Newman，1989）。因此，这个工作站的信号表明区域内存在三维地质构造，不能用一维反演的方法去解释。

Newman（1989）解释认为：如果工作站在远离发射装置的一边，近地表的低阻体会导致响应信号出现极性反转。而如果接收装置在靠近发射源的一边，曲线在早期振幅会向高处偏移。与第 4 章给出的三维模拟计算结果对比，可以在响应中观测到这种附加效应。图 7.28 的上图可以简要地说明该现象的物理解释。当发射装置电流开关时，大地中有感应电流经过低阻体，导致局部产生异常电流和异常磁场。在靠近发射装置的位置接收的信号，异常体附近总磁场信号较强；在异常体远处，总磁场减弱，并有可能导致信号反转。图 7.28 的下图是电流关断 10ms、50ms 和 100ms 后在地质体上方沿着剖面的三维响应。在响应早期可以见到低阻体的偶极源响应。

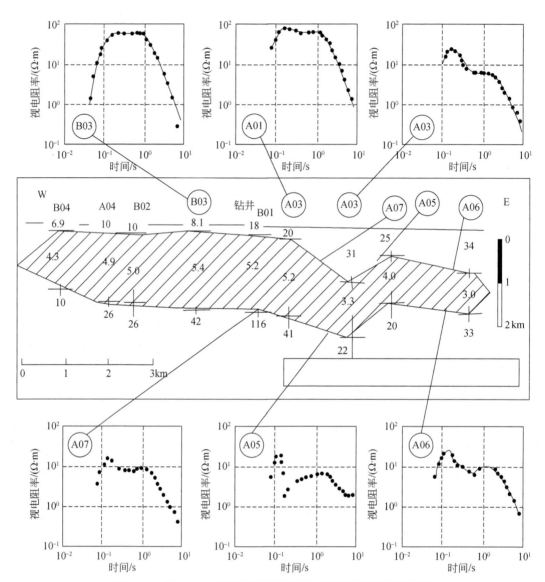

图 7.27　沿 ML8701 剖面的反演结果及三维异常体附近的数据

实线对应着经过计算的数据。B03 和 A01 的数据显示其区域内是层状结构，其他的数据则显示其区域内
存在三维结构。工作站 A05 数据中有反转信号，图中展示了其绝对值

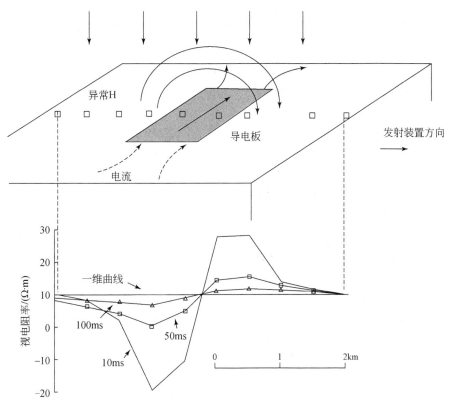

图 7.28 野外数据中观测到的三维效应的物理解释

上部示意图表示受到局部低阻体影响时电流和磁场的分布。图中的正方形表示接收装置的位置。图下方表示
在低阻体上沿着剖面不同时间的视电阻率同一维响应的对比

7.5 薄板模型的结果

解释完观测到的三维响应后，我们使用三维正演模拟的方法进行定量解释。首先，我们选择了一个一端在 A07 和 A08 工作站中间，另一端在 A07 和 A05 工作站（图 7.29）中间的低阻体。因为 A06 工作站并不处在异常观测的有利一侧，这个模型不会解释该处的数据，而是会与 A03 和 A07 一样。为了解释 A06 区域，需要建立一个 A06 处地质体的模型，在该区域没有充分的地质资料或者 LOTEM 数据去解释剖面末端的 A06 工作站的地质状况。所以，我们会集中精力进行工作站 A03、A07 和 A05 处资料的定量解释，A06 处的数据会在本节末进行讨论。

即使使用上述的初始模型，要得到吻合数据的模型仍然是一个繁琐的、需要不断试验的过程。因此，我们使用一个算法进行一维反演，然后建立薄板模型（Jupp and Vozoff，1975）。算法中的变量为薄板模型的电导率和厚度。薄板形态的所有参数如倾向、位置、水平走向是固定的。其下伏的一维大地参数接近 A01 处的介质参数并且是固定的。这与我们做的假设一致：在三维区域层状地层勘测结果不会改变，但是会被局部的结构影响。

　　通过一些必要的正演模拟来确定反演初始模型。对于第一个模型，在计算数据时三维结构的影响还不是很大。信号反转发生在早期，并且和工作站 A05 的数据的较强变化不吻合。我们发现需要用一个 SW-NE 向延伸的有更大电阻率的板状体进行正演，当使用这样的初始模型后，不同的模型都表现出较好的反演结果。图 7.29 是最佳的薄板模型，相应的数据在图 7.30 中。考虑到模型的简洁性，反演吻合效果非常好。同时 A03 和 A07 的早期场振幅吻合非常好，这是一个很难实现的任务，因为虽然 A07 更接近预测的异常结果，但是 A03 处的三维效果要比 A07 处的强。对于图 7.29 中的工作站 A07 来说，因为它非常接近薄板中心点，所以其三维影响变得较弱。图 7.28 解释了为什么接近异常中心点时三维影响变弱，这是因为扩散的磁场变成了水平方向。

　　图 7.29 中模型的缺点在于薄板层较浅的深度及其良导电性，这是所有反演结果表现出的共同特点。反演总是会使得薄板移向浅层并增强其导电性，这意味着如铁路轨道或者电线等人文干扰会导致异常（Sternberg，1979）。但是因为试验区不存在这些人文干扰，我们猜测这种浅部、低阻的结果是受薄板模型影响造成的。真实的地电结构应该是比薄板模型更加复杂的，并且电阻率异常主要沿着垂直方向扩展而不是水平方向。因此我们无法预测异常区的正确深度，从薄板模型总结出：我们可以使数据同 A03、A07、A05 处的一个 SW-NE 向的低阻异常相吻合。意识到这点后，我们使用其他三维程序对数据进行了精细解释。

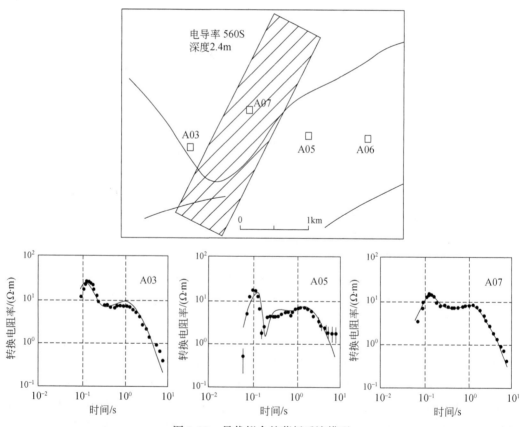

图 7.29　最优拟合的薄板反演模型

7.6 积分方程模拟的结果

在薄板模型建模后，我们必须把地质条件作为先验信息去限制可能的模型范围。试验区位于一个大型的沉积盆地，其浅部1500m由白垩纪北海盆地沉积物组成。在电性上，该试验区是水平层状的。目前还没有勘探资料说明该地区上部几百米范围内存在电性异常（Jödicke，1990）。电性异常唯一的合理解释是深部的卤水，这些卤水具有导电性，并能够沿着断层和脆弱的裂缝移动。

在图7.30中，低阻体的中点和走向与图7.29中薄板模型的相同，该低阻体从地表向下延伸至300m深度处。在图的底部，是和数据吻合的模型参数，方格对应着测量数据，而实线对应着理论计算得到的曲线。底部的图是A05处的数据同"测试"位置理论计算得到的曲线的对比，结果表明A05处的测量数据和模型吻合的更好。

我们在最佳薄板模型反演的基础上进行建模，但是考虑到电阻率下降可能的机制，我们在图7.30中给出了模型的平面图。这里的异常构造和图7.29中宽50m、深300m的薄板模型相同。这里模拟了卤水侵入而造成电阻率变化的剪切区域，从地质条件上看，我们推测该区域宽约100m、深约50m，厚度为10m，并且它并不是垂直的，而是有约60°的倾角（Staude，1990）。但是，我们想尽可能简化我们的模型，来模拟使用LOTEM方法能够解决的构造问题。由于测区的工作站分布较为稀疏，我们只能用一个简单的垂向延伸的地质体去验证模型。图7.30展示了模型的数据吻合状况。工作站A03和A07的早期振幅和模型并不吻合，工作站A05处的反转效应很弱，这意味着对于垂向延伸的地质体，接收器需要和异常足够近才能采集到具有强烈的反转效应数据。为了验证这个推测，我们将工作站A05的数据同图7.30中标记"测试"处的理论数据进行了对比。该处和异常点只有200m远，距工作站A05有900m。"测试"曲线和实测数据很接近，这意味着对于近地表的异常区域，垂向延伸的地质体造成的反转效应影响的区域要比水平延伸的窄。在下个解释阶段，我们需在A03和A05工作站位置建立一个更靠近异常体的模型。

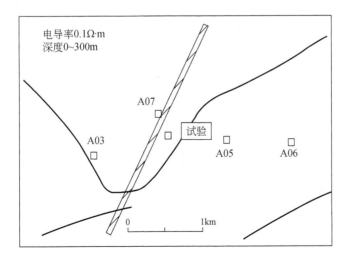

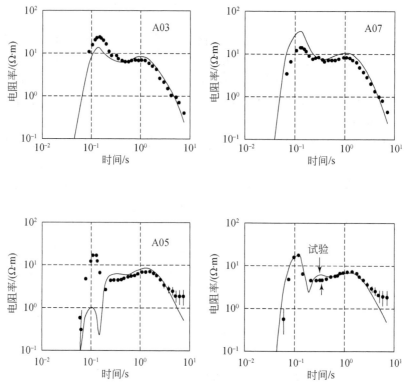

图 7.30　用于采用积分方程进行正演模拟的三维模型（平面图）

7.7　SLDM 模拟结果

　　上面的模拟结果修正了低阻异常体的位置和走向。因为工作站 A03 和 A05 数据的三维效应很强，我们现在建立一个距它们近一些的异常体模型（图 7.31，图 7.32）。我们标注了该区域的断层：一个断层穿过了工作站 A03 区域，为 SE-NW 走向，这和我们预想的 SW-NE 走向的模型不同。区域内的河流和地质信息是对应的，它们沿着之前提到的破碎区域流动，从一个地质调查图中可以看到河流开始沿着 SE 方向的一个已知断层分叉（Staude，1989）。图 7.29 是最终将低阻体和河流联系起来并标注表层断层的模型，它由两板块组成，一个是 SW-NE 走向，另一个是 SE-NW 走向。对积分方程程序而言，这是一个很困难的任务，但是使用为大型构造设计的 SLDM 程序可以相对容易地解决该问题。我们一步步地使用附加的模型去修改我们的模型，最终的测试表明在这个过程中，我们得到的主要结论仍然是正确的。

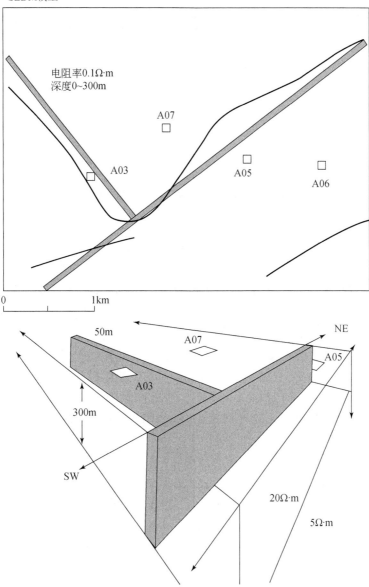

图 7.31 使用 SLDM 程序进行模拟的三维模型（Hördt et al.，1992）

上部为三维模型平面图，下部为 SLDM 模型的三维图

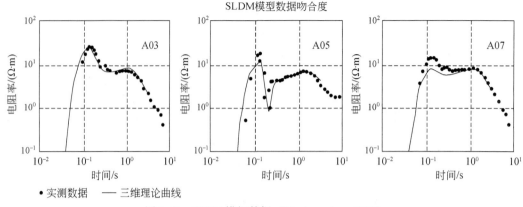

图 7.32　SLDM 模拟数据（Hördt et al.，1992）

虚线对应着测量数据，实线为理论计算得到的曲线

7.8　三维解释的讨论

经过 3 个步骤，我们推导出与 LOTEM 观测数据和地质信息吻合的三维大地模型。第一步，使用薄板反演的技术路线得到异常构造的大概位置和走向；第二步，使用积分方程程序计算了一个更加复杂的模型，这解释了可能产生三维效应的原因，最终的结果让我们不得不修正构造的走向，因为垂向延伸的地质体产生的异常响应要比水平延伸的窄；第三步，推导出一个实际的模型，这一模型非常复杂，难以使用积分方程程序进行计算，于是我们应用了有限差分的算法（SLDM）。该模型包含了地质体的地表出露信息和河流信息。对于该区域异常的地质解释是，深部卤水沿着脆弱的空洞漫延上升造成了电阻率的下降（Staude，1989）。

虽然地质解释和实际的地质信息吻合的很好，但是还存在几个问题。工作站 A06 的数据存在三维效应，而我们的模型都不能合理地解释它。我们推断该数据是受不同的结构影响，这与模型一的地质原因相同。后来该点处的 LOTEM 勘测给出了一个合理的三维解释。该区域还有 MT 和 CSAMT 的勘测资料，图 7.26 中标记"WIEL"测点处的 MT 数据显示，在 LOTEM 勘测的深度范围内不存在三维效应（Hördt et al.，1991）。该区域没有其他直接有用的 MT 数据和物探数据。

我们使用 $0.1\Omega \cdot m$ 的电阻率进行了最终模型的计算，这一电阻率很低，甚至低于高盐度的卤水。不同电阻率和更大的结构模型显示，测区电性结构的电阻率应该更高，但会低于 $1\Omega \cdot m$。低电阻异常的可能是含盐黏土，电阻率的降低可能会造成激发极化（IP）效应。File 等（1989）、Simith 和 West（1989）研究了 TEM 数据的 IP 效应，并解释了重叠回线的信号反转问题。为了试验他们的理论对该区域 LOTEM 数据的实用性，我们需要更多的地电断面图、IP 和浅层 TEM 数据去精细勘测异常空洞的物性信息。

作为结论，我们分析了利用 LOTEM 数据对包含更详细构造信息的三维异常进行定量解释的可行性。在明斯特兰地区，很难通过稀疏的测量确定地质模型的正确性，但是对于进一步的研究来说，这是一个很好的基础。

我们的解释方法可以应用于一个测点观测到信号反转、在其他测点观测到早期振幅增加、存在三维效应的区域。在这些案例中，我们推荐第一步使用薄板程序去获得数据的初始模型；第二步和第三步要依赖于具体的地质情况，但是从简单到复杂的建模过程应该是对任何模型都适用的。对于观测到的三维效应更加复杂的区域（如在大范围内存在反转分布的区域），我们的处理流程可能就不是绝对准确的了，这时候需要更多的野外实测数据。

7.9　本 章 小 结

本章给出了在几个不同地区成功应用 LOTEM 技术的实例，这些实例使用了不同软硬件系统、处理解释程序和野外施工人员。人文噪声干扰强烈且地质条件复杂的情况下，在德国进行的试验得到了较好的观测数据；在美国进行的试验对已知地质条件的区域使用了不同的系统；在澳大利亚进行的试验，在不同的天气条件下且电磁噪声较大环境中，使用了新的野外系统。

所有的案例得到的施工效果都比之前试验区勘测的效果要好。在鲁尔地区，LOTEM 勘探得到的地质构造和已知的地质构造情况吻合很好；在科罗拉多，3 个不同的系统得到的施工成果由于系统响应的不规则性，需要删除开始时的几个测点。在澳大利亚的 LOTEM 系统试验，确定该系统可以达到 1~2km 的勘探深度，其勘探得到的地质界面和其他地球物理数据及测井数据吻合很好。

最后，我们使用了 3 种不同的数值建模方法解释了明斯特兰的 LOTEM 数据。首先，薄板模型算法给出了构造大概的走向。然后，使用积分方程程序解释异常效应及其垂向延伸。最后，我们使用了有限差分的算法建立一个更实际的地质模型。这 3 个技术路线可以解决复杂构造的处理解释问题。

第8章　实例：用长偏移距瞬变电磁法解决高阻层探测问题

对于电磁地球物理学家来说，其中一个最困难的任务是开发电磁（electromagnetic method，EM）技术的新应用领域。在勘探中，目前主要采用的是简单的单道或双道野外勘探系统，很难清晰地解释 EM 方法的物理本质或者不能完全评估其性能。本章展示了一些 LOTEM 技术的新应用，其成果显示新应用大有前途。前两个实例涉及 LOTEM 技术的高阻层分辨率问题。这里提供的信息基于 Strack 等（1989）的一篇论文。Vozoff 在澳大利亚首次将 LOTEM 进行了成功应用（该次应用是采集电场分量），随后在联邦德国进行了后续工作。接着，介绍了一个来自中国的实例，展示了使用此技术探测含有油气构造。

在玄武岩盖、结晶推覆作用或表面覆盖碳酸盐岩的区域（Berkman et al.，1983；Anndrieux and Wightman，1984；Prieto et al.，1985；Stanley et al.，1985），电磁法已经获得了成功应用，因为相比于地震勘探，它们对不同的物理性质比较敏感。然而，由于电磁法没有反射地震法所具有的分辨率，所以提高 EM 法的分辨率是非常重要的。因此，除了被动源电磁法，如大地电磁法（MT），可提供更高分辨率的主动源方法（如瞬变电磁法）的研究非常重要。

这里的实例主要来自于 Eadie（1981）、Verma 和 Mallick（1979）的工作。第一个是在欧洲某个油田的勘探实例，需要在石油生产环境中确定其中的一个电阻层。第二个实例是在澳大利亚应用 LOTEM 界定沉积层序内碳酸盐岩的多孔区域。在这两个实例中，都利用诸如测井、反射地震以及地质资料对反演模型进行了约束。

8.1　高阻层物理概念的扩展

在第 2 章中，讨论了 LOTEM 方法的基础物理背景，介绍了烟圈的概念。本章主要比较高阻围岩介质中的高阻体及低阻体所造成的影响。为了形象地展现地下电流，图 A.6.6（附录 6）展示了 $20\Omega \cdot m$ 的均匀半空间中低阻层（左，$1\Omega \cdot m$）和高阻层（右，$400\Omega \cdot m$）对应的电流密度等值线。图中各帧是按时间排列的快照，从顶部的 0.01s 到底部的 1s 左右，两边的区别在于第二层的电流密度。在低阻情况下（左列），电流在低阻层中保持的时间相对较长，在高阻层中没有明显的感应电流。另外，在电性层水平界面，垂向电流产生电荷积累。对于低阻层，大多数的能量通过电流在第二层传输，而对于高阻层，电流穿过此层。

所有感应电磁源（如 MT 和大回线 EM 方法所使用的）只能在地下感应出水平感应电流（Verma and Mallick，1979；Boerner，1992）。接地电偶极子的电极部分产生电场的垂直分量（Nekut and Spies，1989），这个分量在水平层边界处产生电荷。图 A.6.7 的各帧是通过垂向烟圈的水平时间切片。这些时间切片显示了图 A.6.6 中高阻情形（右边栏）和低阻情形（左边栏）对应的电荷密度分布。当电场从一个低阻体指向另一个低阻体时，电荷是正的。这些电荷的极性依赖于发射装置的极性和为满足正常电流密度的连续性所需的电场跳跃。在发射装置的任何一方，电荷有相反的符号。中间层的低阻性或高阻性同样会影响电荷符号的正负（对比左右两栏）。后者意味着电荷对层边界的电阻率变化是敏感的。因此任何可测量的电荷积累的效果应是反映中间层电阻率的一个很好的指标。最初，两种情况下的电荷横向移动是相同的。然后，高阻情形下电荷积聚速度变得更快。底部的两个帧显示了随着时间的推移，电荷分布的均匀性增强，但在高阻情形下进行得更快。在高阻情形下的电荷分布在整个时间范围内更强。然而，在高阻情形下第二层中的电荷在该界面处保持的时间更长。因此，可以通过测量感应电流发现低阻目标（图 A.6.6）以及通过测量界面处的电荷变化发现高阻目标（图 A.6.7）。在这两种情况下，当低阻或高阻层太厚或其电阻率变化太剧烈时，它将作为屏蔽层屏蔽下面的部分。

我们可以把电场和磁场的测量简化描述为时间聚焦电磁测深和直流电测深的结合，这意味着通过接地偶极发射装置和电场传感器进行了一个偶极–偶极测深，测深中有感应电流扩散的体积和时间聚焦效应。因为暂态现象，在这其中有更好的深度分辨率（由于更小的积分体积）。

这两次试验是配合多套不同的硬件来完成的。在欧洲，我们用第 5 章所描述的第四代数字电磁系统（DEMS Ⅳ），在澳大利亚使用 Zonge 公司为此次试验特意改良的 GDP 12 接收装置（有专用的 LOTEM 前置放大器）和发射装置（25kVA）。这两个系统的磁力计由平放在地面有效面积可达 0.2km^2 的大型多匝线圈组成。发射装置偶极子电线长 1～1.5km，两端接地。测量相隔百米的接地铜–硫酸铜不极化电极之间的电场。在这两种系统中，发射装置向大地注入周期为几秒到几分钟的交变电流。

在 Zonge 公司的设备中，电流保持 30A，并且 E 和 H 的信号（叠加或未叠加）在双通道接收装置中记录。DEMS Ⅳ 接收器还可以进行在线质量控制和独立瞬变信号的存储。DEMS Ⅳ 通过 80kVA 发电机向大地注入幅值达几百安培的三相电流。发射系统和接收系统通过高精度石英晶体振荡器时钟进行同步。位于传感器单元附近的前置放大器或过滤器发送毫伏到伏特范围的信号到主放大器或滤波器单元，并从那里传输到数字数据采集系统。

8.2　欧洲测区实例

本次试验调查在欧洲一个已知地质概况的油田进行，目的是确定地质构造。与其他区域一样，本次试验的目标层是高阻层。在 Eadie（1981）于澳大利亚进行的研究基础上，除了磁场外，本次试验还使用了电场，实现对高阻特性更好的分辨率。

图 8.1 展示了一个油田测试剖面的调查平面图。在地图上显示的测点只是一个大范围调查中的一小部分。在同一位置，针对两个不同发射装置分别采集数据。两个不同的发射装置分别位于东北部和西南部。这主要是为了研究不同发射位置是否会对解释结果产生影响。两种发射装置分别使用 50A 和 150A 的电流，两次发射得到如图 8.2 所示反演结果，反演结果基本一致。反演结果的细微差异可以归因于发射装置 A 的测量数据具有较小的信噪比和较短的记录时间（更高的采样率）。因此，本次调查中，我们确立了一维反演的有

效性。

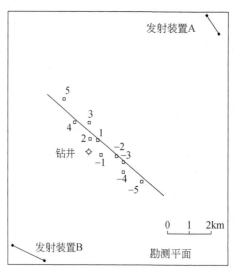

图 8.1　欧洲试验区发射装置-接收装置布置平面图（局部）（Strack et al.，1989b）

在测井位置处以 0 为测点号开始编号，向西以正数编号，向东以负数编号

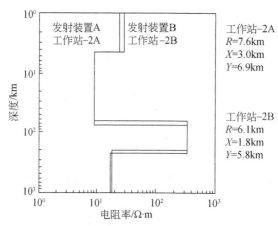

图 8.2　测点-2 处的针对两个不同的发射装置的反演结果对比（Strack et al.，1989）

　　由于调查面积覆盖了一些存在管道和油井的石油生产区域。为了考察这些管道和油井是否对采集的信号产生影响，进行了常规通道测试（接收装置的位置在此未予显示），即接收器沿发射装置的赤道方向移动。因为用于此调查的 LOTEM 系统的系统响应约为 100ms，早期管道效应将被削弱。只有当管道效应很强时，才会显示如通道测试中所示的反转（比较第 4 章）。该调查区域的通道测试没有显示出任何异常现象，这主要是因为该地区相应频段内的管道响应已由模拟滤波器滤掉（这是由于强烈的人文噪声的影响）。此外，接收器放置在离管道至少 50m 以外的位置和远离抽水井 200m 的位置，以避免过多的电磁噪声。

　　图 8.3 给出了该剖面中的磁场和电场瞬变信号及其各自的处理步骤。上部两帧显示磁

场（左）和电场（右）的原始瞬变信号。下面两帧显示其振幅频谱。这些频谱仅用于质量控制，以及准确地定义每个单独瞬态信号的噪声频率。然后，使用递归滤波器去除这些频率的噪声，并保留其真实振幅（对应第三行的两帧图）。最后，选择性叠加了单独的瞬变信号（通常是 50 道），剔除随机噪声（Strack et al.，1989）。叠加信号的结果在图底部示出。该处理后的原始电压信号被转换成真实的磁场和电场。然后利用第 3 章所描述的校准因子对该磁场进行一阶发射机复印效应校正（Zonge et al.，1986）。然后将数据转换到对数域中，并为数据约简而重新采样。将简化数据输入反演程序中（Strack，1984），在这个阶段，我们使用 Jupp 和 Vozoff（1975）、Vzoff 和 Jupp（1975）及 Raiche 等（1985）提出的参数反演方法，其中还输出各个模型参数的误差统计和详细的分辨率解析。部分瞬变信号（小于10%）由于受到强烈的人文噪声干扰而无法解释。

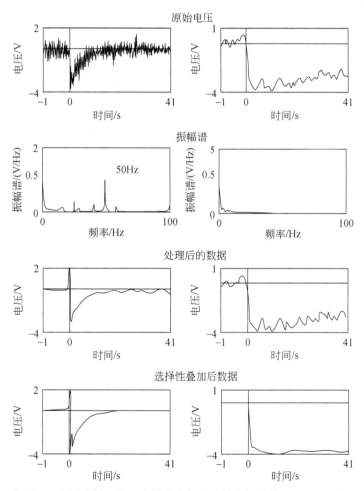

图 8.3　在图 8.1 中测试剖面的一个测点数据处理的中间结果（Strack et al.，1989b）
左边栏是磁场响应（磁场的时间导数），右边栏是电场信号

反演所需的初始模型来自测井信息。这是为了约束一系列具有不同层数的模型，以此来获得可以解释所观察到的瞬变信号的最简单模型。在每个接收装置的位置用磁场反演输

出的结果，如图 8.4 所示，反演程序的统计输出包含 3 条可显示模型分辨率的不同信息（Raiche et al.，1985）（对比第 4 章和附录 3）。

雅可比（灵敏度）矩阵的归一奇异值表明了每个特征值参数的置信度。

从特征值参数域到物理参数域的变换矩阵表明该层的电阻率、厚度及深度的组合，该变换矩阵由其特征向量表征。

原始参数阻尼因素是每个电阻率、厚度或深度在计算出的曲线拟合中重要性的度量，上面两层的电阻率及厚度较准确，它们的置信度在 70% 以上。高阻层的（阴影线）的电阻率不准确，它的置信度在 1% 以下，它不包含在具有最高置信度的特征向量中。

图 8.5 显示了一个电场反演剖面。电场反演给出了顶部两层的层参数（电阻率和厚度），但无法与磁场反演结果（50% ~ 80% 的置信度）相比。然而，重要性为 10% ~ 30% 的电场数据与重要性小于 1% 的磁场数据相比，前者更好地给出了第三层的厚度及其电阻率。在整个剖面的磁场反演中，第三层的一致性仅仅是因为将第三层输入作为了初始模型。

使用雅可比矩阵对电阻层参数的灵敏度差异进行了分析。电阻率测井结果作为调查区域的代表性模型，以产生电场和磁场的理论数据。以测井信息作为初始模型计算电场和磁场的理论数据，从而计算出雅可比矩阵。该矩阵的每一列是数据集对相应的地电参数变化的灵敏度值。图 8.6 显示了数据对中间（电阻）层参数变化的灵敏度，然而对该数据的厚度变化不敏感。磁场对高阻层的电阻率变化几乎不灵敏，而电场对电阻率和厚度变化显示出极强的灵敏度。

上述结果表明，LOTEM 测量可以成功应用在工业噪声较强的西欧，可以成功获得在产油田的高阻层参数，成功实现与测井相匹配的测量的初步目标。此外，现在可确定高阻层的电阻率，解决了先前用地面地球物理方法不可能完成的问题。

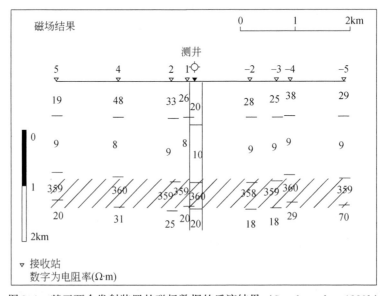

图 8.4　基于两个发射装置的磁场数据的反演结果（Strack et al.，1989b）

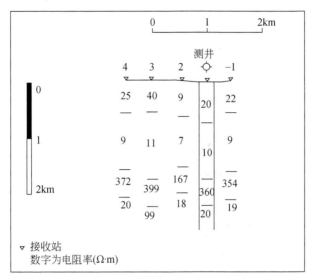

图 8.5 基于两个发射装置的电场数据的反演结果（Strack et al.，1989b）

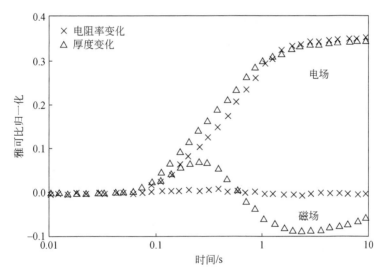

图 8.6 使用灵敏度归一化雅可比矩阵对电阻层参数的分辨率进行分析（Strack et al.，1989b）
磁场（底部两条曲线）与目的层电阻率的变化几乎无关，而电场（上部两曲线）对厚度
和电阻率的变化都非常灵敏

8.3 澳大利亚坎宁盆地的实例

澳大利亚坎宁盆地（图 8.7）是评估 LOTEM 勘探能力的极佳选择。在泥盆纪法门期（图 8.8）广泛分布的 Windijana/Nullara 石灰石中的多孔区域的油气产量低。通过反射法地震勘探很容易探测到石灰石，如图 8.8 所示，主要的勘探困难是定位孔隙度足够的区域。

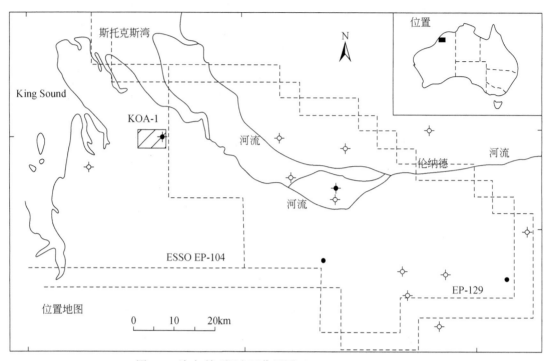

图 8.7　澳大利亚调查区位置图 （Strack et al. , 1989b）

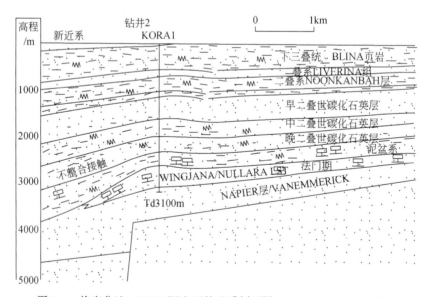

图 8.8　坎宁盆地 LOTEM 调查区的地质剖面图 （Strack et al. , 1989b）

出于评估方法的目的，选择了一个具有可用高质量地震剖面和良好测井记录的区域。Kora-1 （图 8.7 ~ 图 8.15） 已经完成探测，1985 年中期在 Kora 西部 （图 8.9） 采用 LOTEM 进行调查时正在打钻。这两个钻孔内的孔隙度很小。图 8.8 为穿过 Kora-1 的地质剖面。由于井的深度达到了 Napier 地层底部，钻井深度以下的岩性和构造是较好推测的。

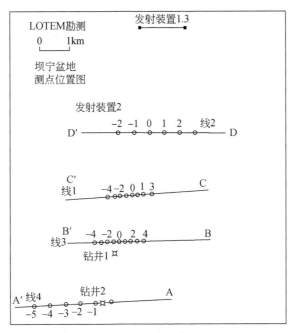

图 8.9 坎宁盆地 LOTEM 调查平面图 (Strack et al.，1989b)

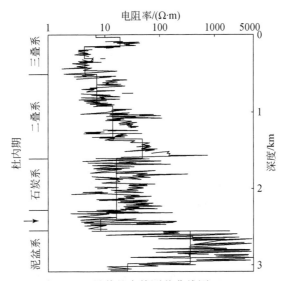

图 8.10 图 8.9 中 Kora-1 号井的套管测井曲线图 (Strack et al.，1989b)

图 8.9 显示了 LOTEM 调查的平面图。使用一个通以 30A 的电流、约 1.5km 长的接地线偶极子进行 LOTEM 测量。在 4 号线测量由发射装置激发的电场和磁场。该区域电磁干扰较小，可以得到质量较好的实测数据。

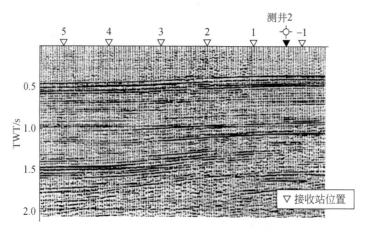

图 8.11　用于反演确定地质构造的 4 号线的地震剖面图（Strack et al.，1989b）

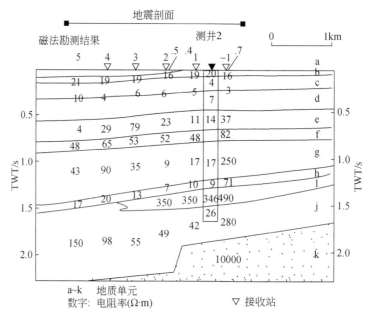

图 8.12　单元内电阻率变化图（Strack et al.，1989b）

这些电阻率由磁场数据反演而来，反演过程中采用地震信息固定层厚，并通过不断拟合获得最佳电阻率值。
由于高阻，单元 i 的反演结果可能并不准确

　　假设地震数据准确地反映沿线深度的变化，用反演井 Kora-1 的 LOTEM 数据（图
8.10）探讨各单元内的电阻率变化。高质量的地震成果如图 8.11 所示，图 8.10 中的套管
测井信息使得我们使用了 9 层或 10 层模型，这在其他情形下是难以想象的。

　　在地震剖面的基础上，在反演中将层厚固定。图 8.12 显示了基于磁场分量数据的电
阻率反演结果。当仅使用磁场数据反演时，图中所示的碳酸盐岩的电阻率反演效果较差。
然而，当添加电场的数据用于联合反演时，得到如图 8.13 所示的结果，可见联合反演所
得到的电阻率准确度好得多。

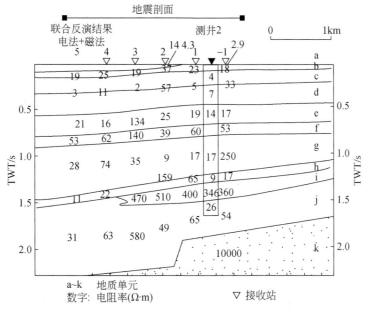

图 8.13 单元内电阻率变化图 （Strack et al.，1989b）

它们是磁场和电场瞬态数据根据地震信息固定所有层的厚度，以及使用联合反演的方法获得的最佳拟合电阻率值，对高阻单元 i 的统计可信度比图 8.12 的大得多

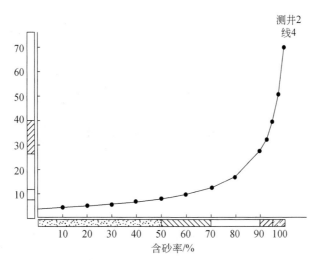

图 8.14 单元 e 的电阻率与砂岩百分比的关系图 （Strack et al.，1989b）

它们之间的关系从测井曲线中获得，并用于将电阻率值转换为砂页岩比

假设每个单元中水的电阻率和含水饱和度都不变，计算出了每个碎屑单元内电阻率随砂-页岩比例的预期变化（Schlumberger，1987）（第 2 章）。图 8.14 示出了单元 e 电阻率与砂岩百分比的关系图，对各单元采用类似的校正曲线可以让我们在碎屑单位内将电阻率变化转换为砂-页岩百分比。对于单元 i 的碳酸盐岩，可以假定 Archie 公式（Archie，1942）将电阻率的变化与孔隙度的变化相关联（Schlumberger，1987）。图 8.15 显示了将

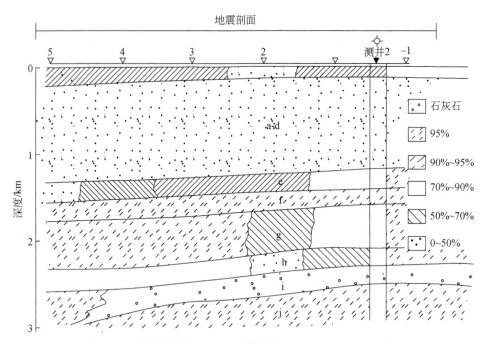

图 8.15 砂页岩比表示的电阻率断面图 (Strack et al., 1989b)

该断面图反映盐分和水分饱和度没有横向变化时的孔隙度。使用校正曲线以及图 8.14 中沿着轴线的

尺度推导出砂岩的百分比值

图 8.13 的电阻率剖面转换为砂岩百分比的结果, 其在单元 i 内的变化较小, 表明单元 i 是一个均匀的低孔隙度单元。

本实例体现了电场和磁场联合反演, 以及结合地震数据可以实现更高分辨率。它表明, 通过高质量的数据和综合解释可以得到地下的孔隙度图。

8.4 中国江苏泰兴地区实例

在 1988 年, 依托德国 TEM 试点示范项目, 在中国进行了一项 LOTEM 试验。该试验区属于江苏省, 位于长江与华北准地台区交界处的构造上, 许多石油和天然气都是在该地区发现的。从寒武纪到三叠纪, 该地区经历了造山和海侵−回归周期, 沉积物的总厚度为 3000 ~ 9000m。在该地区的部分区域, 沉积物包括碳酸盐岩和 (或) 火山物质, 它们都可以在反射地震数据中反映出来。LOTEM 试验调查的目的是确定碳酸盐岩/火山岩的结构, 也可能是为了调查它下面的地层。额外地质资料很少, 由一个地震剖面、一个解释地图 (三叠系的顶部) 和一个测井曲线图组成。虽然图 8.16 所示地震数据不是很好, 但它们清楚地显示了如图标记的 3 条反射带。在剖面的左侧, 数据质量变差并未显示出所期望的结构化凹陷。

从这个剖面图和其他 (不可用) 数据得到了等值线图显示的三叠纪的顶部信息, 并在图 8.17 示出。其目的是探测三叠系、二叠系和石炭系碳酸盐岩的顶部, 以及碳酸盐岩内部或下部的可能结构。该项目的总目标是要证实 LOTEM 技术在此环境中与其他方法的对比效果。对图 8.16 中的地质和地震剖面的分析认为最低反射带是泥盆系的顶部。

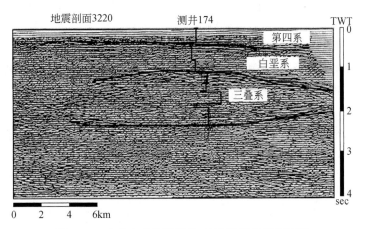

图 8.16 含有 3 条反射带的 3220 线的地震剖面图

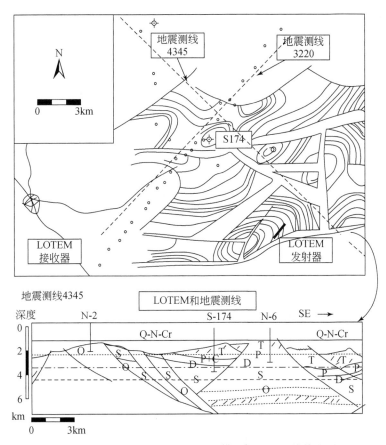

图 8.17 根据三叠纪顶部的地震信息推导出的等值线图

地震测线 3220 的西南部显示了一个下陷处。在底部示出了垂直地震线上的地质剖面

  该 LOTEM 调查旨在测量一个尽可能接近地震测线 3220 的剖面，其坐标是不完全已知的。图 8.18 给出了该调查平面图和地震测线的大致位置。除了平行于地震测线的剖面，

还进行了从发射装置处的变偏移距试验。图中还显示出了调查区域中的电力线。电力线的密度和电力线可变频率可能使大地电磁测量变得很困难，似乎只有一种可控源技术可以克服这个问题。

从不同的测井资料中得到了测井曲线，如图 8.19 所示。实线代表仅基于岩性得到的测井曲线，此测井曲线的显著特点是从三叠系到二叠系灰岩电阻率的上升。图中的虚线表示经过 LOTEM 方法正演之后的测井曲线。现在，只能区分出 3 个地层：白垩系砂岩下方的一层边界和三叠系灰岩顶部的两层边界。二叠系石灰岩无法根据正演模拟加以区别。

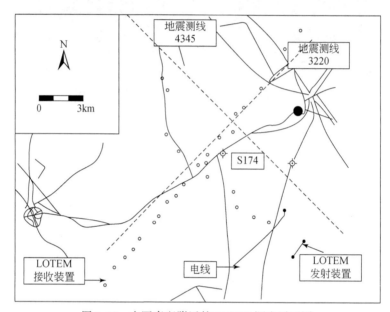

图 8.18　中国泰兴附近的 LOTEM 调查平面图

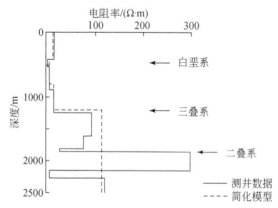

图 8.19　两个简化的感应测井曲线

实线代表被保留岩性，虚线考虑了 LOTEM 的层分辨率

不同的电场和磁场分量参数的正演模拟结果如图 8.20 所示。在此，二叠系碳酸盐岩的电阻率是变化的。这些变化模拟了石灰岩中孔隙度的变化。磁场导数显示为早期和晚期

的视电阻率曲线，而电场显示为接收装置测量的电压。磁场的响应显示了从 0.1 ~ 10s 的变化，其幅值变化范围约为 25 倍的关系。电场显示了在同一时间窗口内的变化，但只有超过约 5 倍的振幅变化。此外，电场响应的差异大于磁场响应的差异。磁场和电场响应变化都是较小的，但是相对而言电场响应更容易被检测到。根据此正演模拟曲线得出的结论是，LOTEM 方法成功鉴别碳酸盐岩内部结构的能力是有限的，它可以检测到组合的上三叠统、二叠系和石炭系碳酸盐岩单元及其平均电阻率，但无法详细地给出这个单元内部和下部的信息。

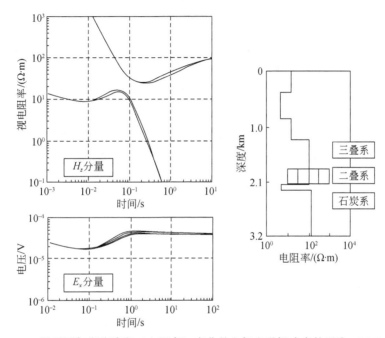

图 8.20   二叠系石灰岩孔隙度（电阻率）变化的电场和磁场响应的理论 LOTEM 曲线

使用在前面章节中所述的标准程序对实测数据进行了现场处理。然后，用一维层状大地反演程序对数据进行了解释，结果绘制成电阻率断面图，并显示在图 8.21 中。在断面图的顶部，3 个地震反射带中的两个被叠加在一起。使用 2.5km/s 的平均速度进行深度转换（均无法获得更详细的速度）。图 8.21 所示的地震反射带和层状模型反演结果之间的匹配度是比较高的。要判断这种拟合的可靠性，我们必须考虑以下问题：

实测数据是在现场处理的，这意味着最佳信噪比的处理没有进行精细处理。

因为无法获得详细叠加速度，所以仅使用平均地震速度完成低质量的地震数据的深度转化。

测前的正演模拟表明，我们只能解决碳酸盐岩平均电阻率的顶部问题。

没有完成反演结果的详细统计和分辨率分析。

在上述因素的影响下，如图 8.21 所示的结果难以让人信服。当检查反演统计时，很明显三叠系灰岩顶部下的参数（层的电阻率和厚度）没有反演出来。反演结果仅仅保留了从测井资料得到的初始模型。这些数据呈现出一个严重的问题，因为这意味着在层状大地模型假

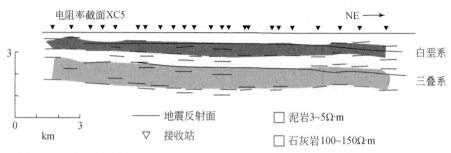

图 8.21　从一维反演结果得到的 LOTEM 电阻率剖面图（黑斜线表示地震反射面）

设下，这已经达到了该反演方法的极限。因此，重新检查实测数据，并考虑其他数据反演成像方法。在这种情况下，我们使用在第 2 章中论述的原来或目前的成像技术。图 A.7.8（附录 7）给出了将地震剖面叠加后的成像结果。人们可以清楚地看到 LOTEM 当前图像和地震数据中的凹陷是一致的。另外，其中蓝色图像的碳酸盐岩的顶部代表碳酸盐岩中的数据。然而，为了确认这些变化是真实的，人们需要额外的信息，如测井或更好的地震数据。

在江苏的实例表明，LOTEM 技术已经比我们到目前为止所能解释的方法具有更大的潜能。LOTEM 剖面仅需约 30 个频点记录，而地震剖面则需使用 1024 道记录，可以说其解释效果已经非常好了。

8.5　本章小结

大多数地面可控源（感应）和天然源电磁法都倾向于寻找地电断面的低阻部分。而这些实例表明，LOTEM 可以成功应用于寻找高阻油气资源。在欧洲和澳大利亚的 LOTEM 实例给出了先前精度无法达到如此之高的特定信息。LOTEM 越来越广泛的应用将使我们在该方法上获得更多的经验。经验的积累是该技术是否可以作为石油勘探常规工具的唯一决定性因素。

在第一个实例中，只有电场测量结果显示出了对该剖面高阻部分的灵敏度。在坎宁盆地的实例中，LOTEM 电场和磁场数据的联合反演为得到地下孔隙度图提供一种方式。

最后一个来自中国的实例说明了一维反演的局限性。虽然与地震法提供的信息吻合，但是一维反演质量有待提高。因此必须开发出直接使用实测数据的新技术。当前普遍认为采用成像技术可得到可靠结果。这表明 LOTEM 将具有比本章所述更高的分辨率。

第9章 深部探测应用实例

电磁法是用来获取地壳深部物理构造信息的方法之一。Boerner（1992）对可控源电磁法在深部地层探测中的应用进行了综述。本章将给出对 LOTEM 的应用具有示范作用的若干应用实例。其中包含 LOTEM 在欧洲、亚洲和中国的几个最新探测实例。

9.1 历史实例记录

苏联作为长偏移距瞬变电磁法的起源国家，在方法发展的初期做了大量的研究。这项技术在磁流体动力发电机上的收益较多（Velikov et al.，1986）。西方国家对苏联长偏移距瞬变电磁法探测工作的信息了解得非常少，仅有少量的西方案例记录描述了苏联长偏移距瞬变电磁法测试的基本信息。

最早的一个深层瞬变电磁探测是在南非完成的（Van Zijl et al.，1969，1970，1975；Blohm et al.，1977）。从卡布拉巴萨（Cabora Bassa）输电线处记录到的响应让人印象深刻。图9.1为 CSIR 档案中的一段数据记录。时为技术支持的 Joubert 仍然记得图中标记的详细信息。记录中的瞬变信号影响了想要取得的直流电信号。在图9.1中，几处瞬变信号可以看成双峰值。这些双峰值是由发射装置的极性转换造成的。在记录初期，与计时和记录相关的调整主要是非周期性的。用作直流电阻数据的最重要的部分是转换之间的时间，这是由于在读取直流电阻率之前，不需要的瞬变电磁响应已经完全衰减，这导致需要处理大量的数据。所有的条形图都将数字化记入电脑中，这些瞬变电磁曲线仅仅当作计时器。图9.2展示了一个完整的记录。从记录中难以看出单独的瞬变电磁响应曲线，需要将记录分解为若干叠加窗口。

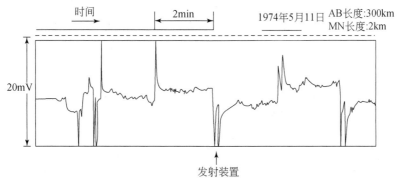

图9.1 从卡布拉巴萨线超深电阻率测量得到的原始数据记录

图中标注的信息由 S. Joubert 提供（私人通信）

图9.2的左上角展示了叠加后的记录。为了更清晰地展示叠加后的瞬变电磁响应曲

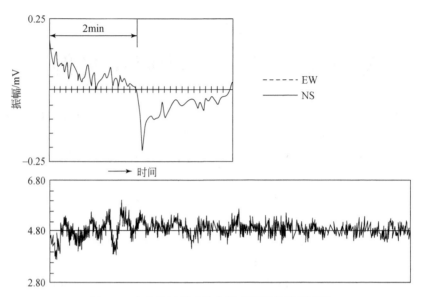

图 9.2　卡布拉巴萨直流电阻率测量的处理图例

底部显示数字化后的完整时间序列。左上框显示从时间序列中选取窗口后
所产生的堆栈并将其叠加（S. Joubert, CSIR）

线，对叠加后的时窗进行了平移。叠加后记录的最后一部分用来读入直流电阻的响应值。当时并没有完成瞬变电磁响应数据的解释，基本的目标是将瞬变电磁数据解释整合到CSIR 的研究目标中。

　　Sternberg 和 Clay（1977）、Sternberg（1979）在加拿大地盾南部区域完成了第一个大尺度源的瞬变电磁测量。大尺度源是由 22km 长的接地偶极源组成，发射电流约为 50A，能够提供的源偶极矩为 1540000Am。Sternberg 采用了瞬变电磁测深和直流电测深以获得相同的地电模型。图 9.3 和图 9.4 展示了一些典型的电场和磁场响应数据。这些信号看起来与现在所测得的信号非常相似；当偏移距增大时，其幅度增强，时间范围变宽。图 9.4 中的电场响应随偏移距的变化特征不同。偏移距为 59km 时，电场响应易与磁场响应混淆。Sternberg 对 MUS 处（图9.3）的数据进行了解释。他认为该处响应的极性反转是由良导异常体引起的。对于这类三维效应，这是个合理的解释（Newman，1989；Hordt et al.，1992）。

　　为了获得一个较为可靠的模型，Sternberg 采用了蒙特卡洛反演方法对数据进行了处理。图 9.5 展示了模型范围。当采用直流电阻率数据、LOTEM 电场数据和磁场数据进行联合反演时，第二层（高阻体）和第三层（低阻体）之间的界面可以识别。不管怎样，Sternberg 所做的工作可能是早期 LOTEM 深部探测中最重要的工作，因为其包含了 LOTEM的若干工作规范：

　　（1）采集电场数据，从而可以对地电剖面中的高阻异常体进行探测；

　　（2）反演可以得到一系列模型，从而可以得到置信界限；

　　（3）为了获得更可靠的结果，采用不同方法（电阻率法、TEM 法）进行综合解释；

　　（4）对三维异常体进行定性解释。

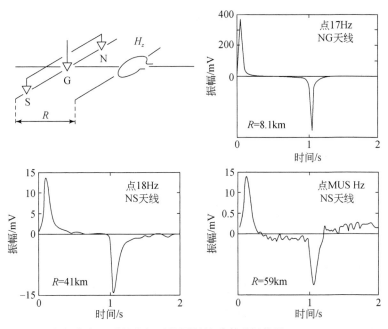

图 9.3　在加拿大地盾的南部延伸测得的瞬态磁场信号（Sternberg，1979）

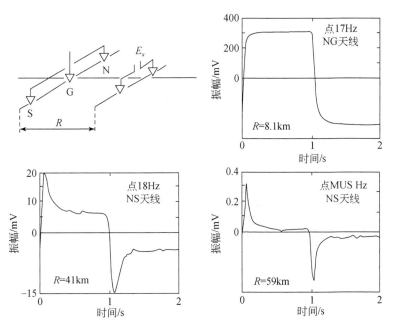

图 9.4　在加拿大地盾的南部延伸测得的瞬态电场信号（Sternberg，1979）

Keller 等（1984）发表了关于使用大回线源瞬变电磁探测深部地热资源和碳氢化合物（测量深度大于 3km）的探测实例。他们的大回线源由一段短的线圈（为 1~2km）和大的电流（正负峰间大约 2000A）组成。这类源难以控制电流的转换（因为大电流），导致有

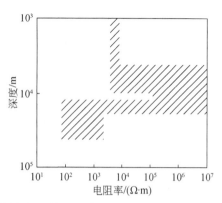

图 9.5　在加拿大地盾的南部延伸进行瞬变电磁测深的解释模型范围（Sternberg，1979）

时候对反褶积产生不可预测的影响。在第一个实例的论文中，给出的早期和晚期视电阻率有时差别很大，有时候却会相交。

根据 Newman（1989）以及本书前述章节关于标定因子的讨论，我们知道这种发射源复印效应可以解释为静态漂移。他们解释结果的一致性取决于所用的反演程序。在反演中，标定因子是即时可变的，从而补偿了静态漂移的影响。图 9.6 展示了他们对另一个剖面的解释。图上方显示的是早期和晚期电阻率。从图上观察到电阻率曲线早期出现了一些凸起的特征，尤其是在 431、461 和 459 测点较为明显。这些凸起特征显示了反褶积的影响，且它们经常和地球模型层不匹配。Keller 等（1984）的论文阐述了完成深部长偏移距瞬变电磁探测并且获得大数据需要付出的努力。

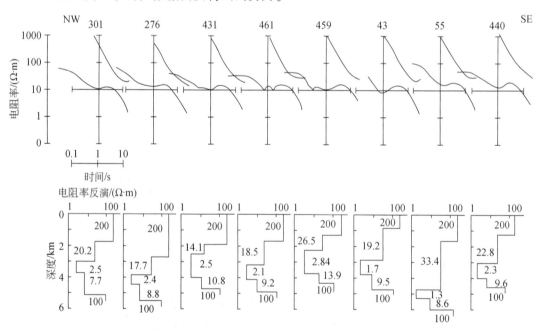

图 9.6　太平洋西北部解释剖面的示例

接下来将阐述瞬变电磁系统深部探测及其在地壳结构研究中的应用。第一个介绍的是德国深部钻孔项目实验，然后将介绍 LOTEM 在中国地震预测中的首次应用。

在上普法尔茨区域完成了第一个长偏移距瞬变电磁测量的深层应用之后，对黑森林区域进行了另一次探测，该区域为钻孔的候选位置之一。为了确认在黑森林区域获得的探测结果，在乌拉赫地热区域附近进行了一次标定探测，在该探测区域的浅部地层处存在已知低阻异常体。图 9.7 展示了反射地震剖面和长偏移距瞬变电磁剖面的位置。

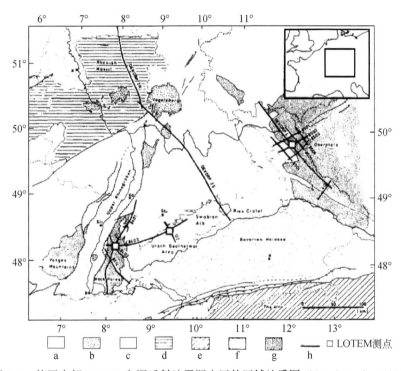

图 9.7　德国南部 LOTEM 和深反射地震调查区的区域地质图（Strack et al.，1990）

a. 古近纪—新近纪和第四纪盆地和地堑充填；b. 古近纪—新近纪火山岩；c. 二叠纪—三叠纪沉积物；d. 泥盆纪（莱茵盾）；e. 阿尔卑斯造山运动；f. 侏罗纪沉积物（施瓦本）；g. 结晶海西基底。地图符号：K. 科隆；F. 法兰克福；M. 慕尼黑；Str. 斯特拉斯堡，嘉卡尔斯鲁厄；B. 巴塞尔；Stu. 斯图加特。示于图 9.12 和图 9.21 的 LOTEM 调查区（正方形）的底图

9.2　德国的第一个深部地壳探测演示试验

在确定德国深部钻孔位置期间，在上普法尔茨区域做了测量实验，该区域已被选择为钻孔区域。长偏移距瞬变电磁探测面对的主要问题是：在 10km 以下有良导电层吗？如果有，那么深度范围有多大？

在大地电磁测探中探测到一个低阻区域，但是其深度不确定。当探测开始时，高阻（电阻率大于 1000Ω·m）目标体对 LOTEM 响应的影响是未知的。在高阻地区和冻土中，如何进行大功率发射也是个以前没有碰到过的难题。最终向大地注入的最大电流仅为 60A（峰值）。在一个完整的一周的测量时间内，仅获得 22 个接收点的数据。它们被分散到测

区范围内，其中 11 个测点沿着某一剖面分布。

　　图 9.8 展示了一个典型的 1986 年探测数据的处理流程。图中顶部展示了两个典型的独立记录。记录中清晰地呈现了瞬变电磁信号。信号主要受到人文噪声的干扰。在底部展示的是原始数据经过傅里叶变换得到的幅度响应。在数据中存在基频为 16-2/3Hz 和由高次谐波组成的人文噪声。采用第 3 章介绍的幅度滤波器进行滤波后的数据记录，如图 9.8 所示。最终，对数据进行选择性叠加，得到了图底部光滑的响应曲线。注意到信号的持续时间只有 1s。1986 年设计了用于沉积环境进行探测的数字数据采集系统，这个系统需要进行特别的修改，以使其在高采样率的情况下，仍然具有较大的动态分辨率。

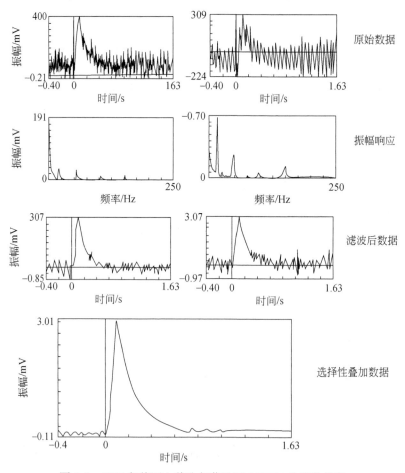

图 9.8　1986 年德国上普法尔茨地区 LOTEM 典型数据集

　　在完成了大量的叠前处理后，我们使用一维反演解释数据。在大量的正演模型计算之后，只有一个初始模型得到的反演结果能够对图 9.9 所示探测剖面进行合理的解释。反演结果非常不稳定，并且在地下 10km 深的地方存在一个低阻体，但不清楚该低阻体是否能被分辨。误差范围很小，然而当时的数据解释人员对结果并不十分自信，因为在这种环境下并无探测先例且当时不存在三维模拟技术。

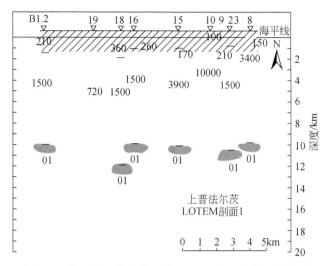

图9.9 德国测区钻孔附近的 LOTEM 电阻率断面解译图

尽管资料解释人员存在不同的意见，但是一维反演结果能够清晰地揭示低阻体的存在。为了确定这一解释，进行了两次测试：第一次，低阻体电阻率的测试，改变底层的电阻率，从低阻逐渐变为与上层高阻层电阻率相同，图9.10 给出了结果，不存在高阻体时的响应曲线与测点的数据响应曲线之间产生偏离，表明数据揭示了低阻体的存在；第二次，导体厚度测试，这个测试能够让数据解释人员理解到低阻体的厚度达到多薄时，仍能对数据产生影响。从图9.11 中可以看出，导体至少保持250m 厚，否则曲线就会偏离数据很多。另外，厚度最小时，拟合残差也最小。

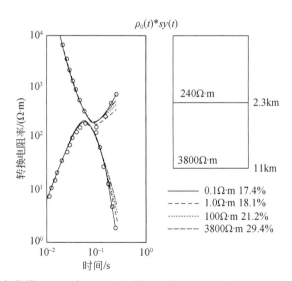

图9.10 上普法尔茨模型电阻率测试（上普法尔茨测点15）（导电层的最大深度为10km）

测量和解释都说明，当运用一维反演时，必要的一个因素是：上普法尔茨地区层状导体在结晶岩下面大约10km 深的地方存在一个低阻体。在完成钻孔实验后，我们了解到地

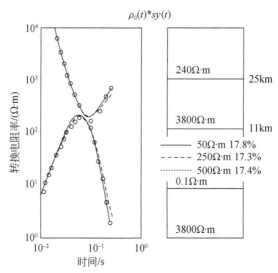

图 9.11　1986 年 LOTEM 数据（上普法尔茨测点 15）最小导电体厚度测试
（导电体的最小厚度是 250m）

质是非常复杂的，需要进行三维数值模拟。测区内大量的极性反转更验证了这点，证实了多维地质体的存在。于是学者设计了一个更复杂的三维调查，在区域内设计超过 100 个工作站，但目前还没有给出数据处理结果。

9.3　黑森林测区调查

1986 年 7 月，在 Haslach（图 9.12）附近，对黑森林测区进行了一个长偏移距瞬变电磁实验，以及对德国深部钻孔项目的现场调查。实验的目的是确认地层 10km 内的电阻率分布。该实验是上普法尔茨试验成功带来的结果。

现有的地球物理数据包括了地震的反射、折射及大地电磁探测。在地震剖面内，从广角和近垂直地震勘探中可知，深度为 14km 以内的地层中不存在异常体，仅在将近 9.5km 深处出现了一个亮点（图 9.13）。14km 以下的地层是相当稳定、具有高反射率的地震叠层（Luschen et al. , 1987）。在欧洲中部、西部和西北部地区，BIRPS（英国反射分析组织）（Matthews，1986）、ECORS（Etude Continentale et Oceanique par Reflexion et Refraction Seismique）（Cazes et al. , 1986）和 DEKORP（Deutsches Kontinentals Reflektionsseismik Program）（Bortfeld et al. , 1985）团队的很多深层反射研究都表明这是一个典型的大型海西地壳结构。地震折射测量在将近地下 7km 深（Luschen et al. , 1987）的地方探测出一个明显的低频信号。在 12km 以下，大地电磁测深探测到一个更低的 650S 的导体层，但不能说明 12km 以上就不存在导体层（Tezkan，1988）。该区域内人文干扰较为严重，以至于上部地层得到的大地电磁音频测深数据不可靠。

由于测区内人文干扰严重，此次 LOTEM 探测的测点密度和数据冗余度较大。另外，测区内地形条件差，仅仅能安置两台发射装置：一台在实验区域的北部（发射装置 A），

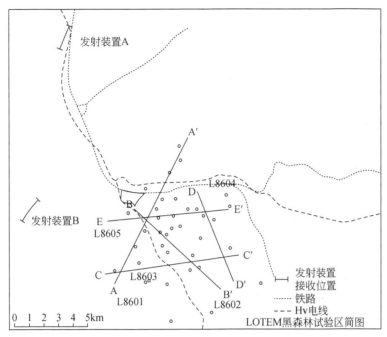

图 9.12　黑森林测区调查工作布置图（Strack et al.，1990）

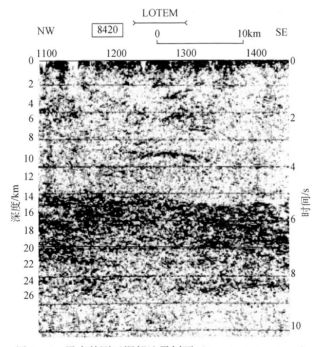

图 9.13　黑森林测区深部地震剖面（Strack et al.，1990）

在 9.5km 深度处显示构造异常部位，在 14km 深度出现明显深层界面

另一台在西部（发射装置 B）（图 9.12）。一个工作周期为两个星期，期间长偏移距瞬变电磁测深测量了将近 60 个点。由于铁路和电源线强烈的噪声，使用 16-2/3Hz 的模拟陷波滤波器记录数据，否则接收不到有用信号。因为谐波会严重地干扰更高频率的瞬变信号，所以信号信息限制了陷波滤波器的频率范围（0～13Hz）。随着场源与接收装置之间距离的增大，时间域测量信号长度也随之增大，设定偏移距为 8～13km，这样信号不会被模拟滤波器干扰，并出现在时间窗口内。给定偏移范围、系统响应（包含了发射和接收的模拟滤波影响）和地层的电阻率分布，就可能求出调查的最小深度，因为受上述因素变化的影响（Spies，1989），每个测点的最小深度都不一样。

　　原始数据受噪声的影响非常大，为了获得较高的信噪比，进行了大量的叠前滤波处理，并根据每个测点的噪声特征，进行了选择性叠加（Strack et al.，1989）。图 9.14 显示了黑森林测区实验数据处理的一个典型例子。图顶部显示了一个接收装置内两个连续的时间域记录。人文噪声会严重影响每一个瞬变信号。图下部则是各个响应曲线，用来控制数

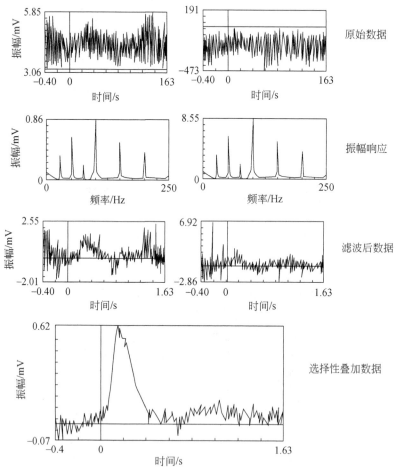

图 9.14　黑森林测区调查数据处理流程（测点 12）（Strack et al.，1990）

在一个接收站的两个随时间变化的连续记录显示略有不同的噪声特性。对此测点所有的记录（250 个瞬态信号）

经滤波后的数据进行选择性叠加产生了底部的瞬态信号

据质量和决定应该过滤掉哪一个频率噪声。边框的第三个部分显示在加入了一个真实的振幅之后，数字滤波器消除了 16-2/3Hz 的噪声后，这些独立的瞬变信号的形态。图 9.14 的窗口底部展示的是由特定接收点采集的数据经过叠加和滤波后的形态。

标准的偏差来自于选择性叠加，并用来作为反演的权重。这里没有使用先验信息。一维反演结果被整理成二维深度–电阻率剖面，图 9.15 展示了其中之一。剖面 7 ~ 9km 的深度处存在明显的电阻率差异，最深层（电阻率为 10 ~ 80Ω · m）比上层（150 ~ 800Ω · m 电阻率）的导电性要好。对于基底层来说，深层的误差棒具有 68% 的可信度。随着时间的增加和信噪比的减少，深度误差棒随之增大。

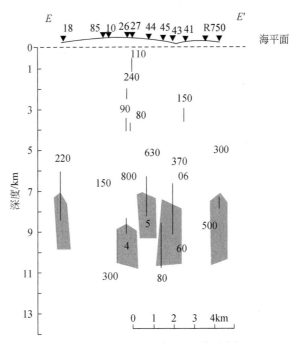

图 9.15　EW 向电阻率剖面 L8650（*E-E*′图 9.12）解释图（Strack et al.，1990）

图 9.16 展示的是 NW-SE 走向剖面 8602 和 NE-SW 走向剖面 8601 的反演结果。可以看出低阻体向西北倾斜，也可以看出 NE 走向存在深层低阻体，这个低阻体的位置与大地电磁探测所揭示的低阻体的位置吻合。

在其他测点同样可以探测到倾斜体的存在，但不确定是多维结构还是真实地形起伏的影响。使用两台发射装置进行探测，在同一个区域有非常相似的解释结果，验证了低阻体的倾斜是由地质因素引起的。

图 9.17 展示了发射装置不同位置激发下，接收电极间距 200m 情况下，一维反演结果的对比。27 号接收点在发射装置 A 的北方观测，46 号接收点在发射装置 B 的西方观测。由于人为因素（母牛和电围栏），同样的位置不可能再次放置仪器，因此两台发射装置从不同方向对探测区域进行信号发射。如果出现多维结构或者发射场源复印效应，那么在相邻接收点得到的一维反演结果将存在较大差异。

27 号接收点的反演模型是一个三层模型，上两层电阻率约为 150Ω · m，并且低阻层

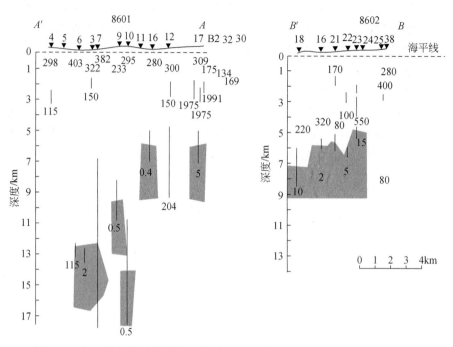

图 9.16　从一维反演结果得到的剖面 8601 和剖面 8602 的电阻率断面解释图
导体向西北方向有明显倾斜。误差棒在 68% 的置信区间内

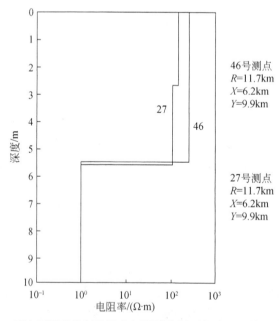

图 9.17　两个不同的发射装置在相邻测点得到的独立一维反演结果的
对比（Strack et al.，1990）

的顶部深度约为 5800m。46 号接收点的反演结果是一个双层模型，表层高阻的电阻率为 360Ω·m，高阻地层顶部深度为 5700m。导体顶部的深度一致性证实了该区域的一维解释的可行性，对于区域内的平面分层线和区域分界线，即从 6～8km 的深度来说，地震解释结果也具有一致性（Luschen et al.，1987）。两个点第一层的电阻率不同，是因为浅层的响应大部分位于高频区，16-2/3Hz 的模拟陷波滤波器影响这些响应。

图 9.18 给出了在上普法尔茨探测低阻体的电阻率和它的最小厚度的测试。电阻率测试（图 9.18 左边部分）模拟出了一个高阻体和一个低阻体的均匀半空间。只有模型中存在低阻体时，得到的响应曲线才能与数据曲线拟合较好，这意味着测区存在低阻体，但其厚度是不确定的。由于大地电磁测深并没有探测到该低阻体，因此我们逐渐减小其厚度，直到模拟数据与实测数据偏差较大，图的右半部分展示了结果。可以看到当低阻体厚度小于 500m 时，拟合度越来越差。

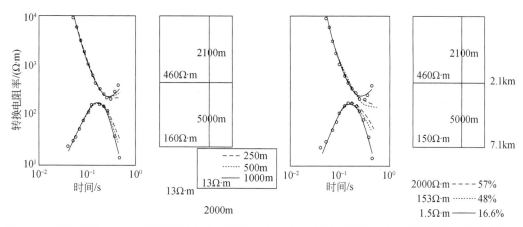

图 9.18 对黑森林 LOTEM 数据进行电阻率测试（左）和最小厚度测试（右）以评估导电体存在与否

图 9.19 是低阻体的深度统计分布。可以很明显地看到两个最大值，一个在 6～8km 处，另一个大约在 14km 深的地方。在实验区域的北部得到更大深度的探测结果，深部低阻体可以和浅部一样，但是浅部的低阻体看起来有不同的特性。在南部地区，长偏移距瞬变电磁测深能够探测到该低阻体的存在，但是对大地电磁法而言其电导率太小，难以被探测到。在北部地区，低阻体的低阻特征减小。由于该测区噪声干扰严重，因此难以探测到比南部地区埋深更大的低阻体。第一个低阻体会覆盖第二个低阻体，因为噪声会掩盖下方低阻体感应的信号。这个解释看起来更加合理，并且这和 Tezkan（1988）的解释不矛盾。

图 9.19 从所有黑森林数据反演得到的深度与最后导电体的关系直方图

　　图9.20是一维长偏移距瞬变电磁解释结果与地震实验结果的对比。在最左边,显示了反射地震剖面的结构信息。右下显示了地震P波的速度模型,可以看到低速区域的深度为6~14km。在同样的深度范围内,纵横波速比系数出现一个明显的最小值,泊松系数从0.25减少到了0.22 (Luschen et al., 1987)。最右边是对于长偏移距瞬变电磁实验的电阻率解释结果,附带着一个大地电磁解释结果,因为基于长偏移距瞬变电磁法测量并不能分辨10Ω·m的基底。长偏移距瞬变电磁的结果确定了两个层的分界面:一个在将近3km的深度,另一个在6~8km处,它很好地与低速区域相关。难以说明大地电磁测深法结果向低阻转变,但是可以确认在约14km深处存在电阻率的转变。

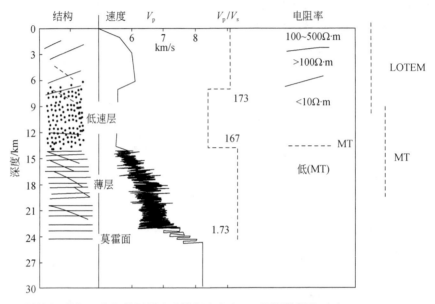

图9.20　反射剖面数据、广角数据的地震模拟速度和EM测深数据的对比 (Lüschen et al., 1987)

9.4　乌拉赫测区地热探测

　　乌拉赫测区地热探测的目的是评估长偏移距瞬变电磁法并对测区的地质情况进行探测。在该项目中,多种地球物理技术之间相互印证,同时也与测区的地质信息相对比(Hanel, 1982)。图9.21 (Berktold et al., 1982) 中的西部和西南部到东部和东北部的地震线揭示了一个低速区域,可以用反射和折射地震相结合的方法来解释 (Bartelsen et al., 1982)。速度异常最可能出现在中层或者更低层,其值比该地区的速度梯度下降了10%。可以从大地电磁测量结果中看出标记区域的阴影部分为低电阻 (Berktold et al., 1982)。图9.22中可以看出长偏移距瞬变电磁7000m测线与低阻区域吻合。

　　图9.23显示了一个具有代表性的乌拉赫测区数据处理过程的例子。这个测区的环境与黑森林实验的环境相似,存在较强的噪声干扰并且地形复杂。相比于黑森林的数据,该测区数据的S/N略高一些。由于该区域覆盖的为低阻的中生代和更年轻的古生代表面沉积物,这使得这块区域的源电流为200A,而黑森林测区的源电流仅有40A。数据处理方式与

图 9.14 所示的数据处理方式一致。

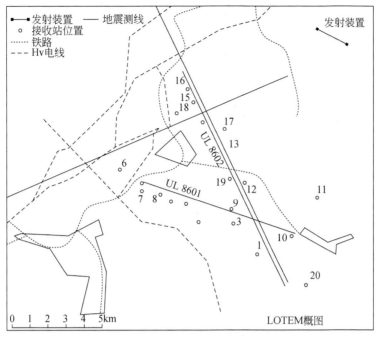

图 9.21　乌拉赫地热区 LOTEM 试验调查站点位置图（Strack et al.，1990）

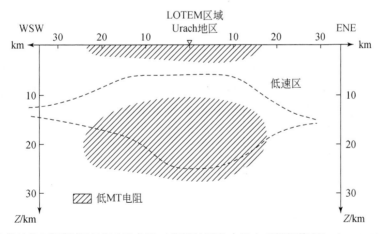

图 9.22　乌拉赫地热区深部低流速区示意图（根据地震和大地电磁测深资料）（Berktold et al.，1982）

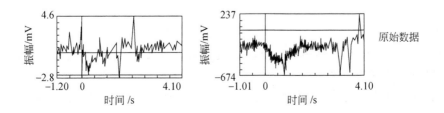

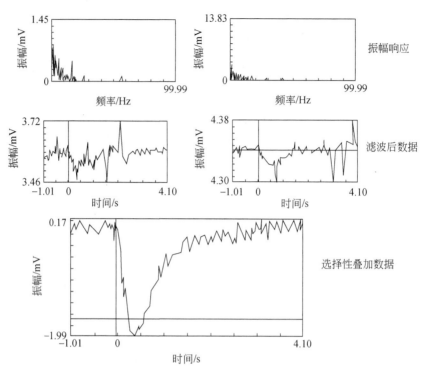

图 9.23　乌拉赫地热调查的数据处理流程（测点 6）（Strack et al.，1990）

该信号的极性由第一个发射装置脉冲选择，并且所有连续的信号都被调整以适应其极性。使用与图 9.14 中
相同的方法进行数据处理

　　图 9.24 给出了两个电阻率深度剖面。因为在数据中有过多的噪声干扰，1 号、2 号和 8 号点的数据不能用。除了 4 号点因为早期响应被严重干扰，没有用到其他任何先验信息。因此从 U Ⅲ 测井得到的地质构造的边界位置被用于固定顶部两层边界的位置（Wohlenberg，1982）。沿着 UL8601 剖面存在 3 ~ 4 层介质。在电阻率剖面上，上两层代表沉积覆盖层。所有测点均揭示了约在 1600m 深度处开始出现的高阻层。这与基底的顶部深度吻合，其同样可以从多次覆盖发射地震数据的初值看出来（Walther et al.，1986）。在 4 号测点，因为数据在早期受噪声干扰严重，所以采用先验信息固定了顶部两层边界的位置。在 6 号和 9 号测点，发现了一个 5 ~ 6km 深的低阻层，置信度约为 95%。其他所有测点，受噪声干扰的主要为晚期数据。低阻体的深度与 Batelsen（1982）所介绍的反射地震勘探的叠加速度的低速区域相吻合。

　　图 9.25 展示了 U Ⅲ 处深度为 3500m 电阻率测井结果与长偏移距瞬变电磁法测点 10 处的一维反演结果的对比，测点 10 距电测井 400m。用感应测井法得到浅部几千米的电阻率（Wohlenberg，1982）。尽管长偏移距瞬变电磁的数据不能分辨 1700m 深度以下的高阻区域的电阻率差异，但长偏移距瞬变电磁反演结果（虚线）在 3334m 深度范围内与最终的钻孔结果具有良好的一致性。

　　为了确定 5km 附近的低阻体是否存在，模拟了视电阻率曲线，并将其与系统响应褶积。将褶积的结果与电阻率转换后直接包含系统响应的实测数据相比。图 9.26 显示了实测数据

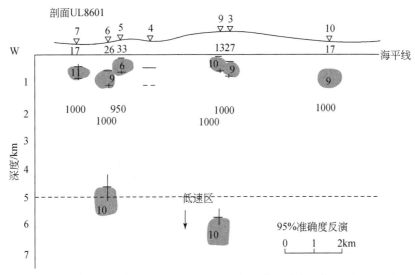

图 9.24　沿测线 UL8601 的一维反演结果得到的 LOTEM 电阻率深度断面解释图 （Strack et al. , 1990）

0～1600m 的中生代和年轻古生代沉积物是上述电阻结晶基底 （片麻岩）。相应高阻单元的剖面线和阴影
用作地质的相关辅助

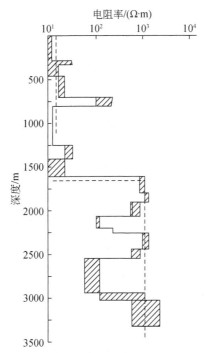

图 9.25　乌拉赫地热井测点的反演结果和感应测井的对比 （Strack et al. , 1990）

阴影部分标志着置信区间。LOTEM 测点 10 距 U Ⅲ 井 400m 远，由虚线给出其解释曲线

分别和有低阻体与没有低阻体时的模拟数据的对比。没有低阻体 （曲线 B） 的数据在曲线的
后半段与模拟曲线不能较好的吻合。理论曲线的差异表明，在 6.1km 深度处存在 10Ω · m 的

低阻层。

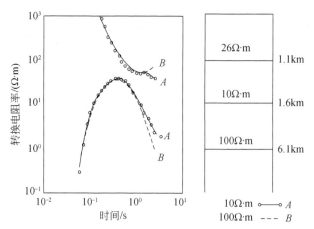

图 9.26　乌拉赫 LOTEM 测点 6 电阻率测试（Strack et al.，1990）

上部和下部的曲线代表右侧各自模型的早期和晚期视电阻率曲线。圆圈代表实测数据，实/虚线代表由右侧的
模型正演计算得出的理论曲线

9.5　在南非卡普瓦尔克拉通的探测实例

1987 年，在南非的卡普瓦尔克拉通测区进行了一个长偏移距瞬变电磁法的探测。Beer（1991）等给出了数据处理和地质解释的详细结果。在这里，我们将介绍地球物理方面的基本信息，并在地质学方面做一个大概的阐述。

南非的林波波带位于津巴布韦和卡普瓦尔克拉通的侧面。该区域地表覆盖低变质级别的花岗岩和绿岩。克拉通是高电阻率区。图 9.27 展示了地表上电阻率分布概况。林波波带南部边界仅由变质转换过程所定义（Du Toit et al.，1983；Mason，1973）。

但最近提出的构造模型结合了南倾地表陡峭的地壳（Coward and Fairhead，1980；Baston and Keys，1981；Baston，1983）。Beer 和 Stettler（1988）用大量的地球物理数据（De Beer et al.，1991）证明了 Van Zijl（1977a，1978）的结论。林波波带的南部边缘区域（Southern Marginal Zone，SMZ）属于高电阻率区，低层岩石向北倾斜，低于测区平均电阻率。长偏移距瞬变电磁探测的目的是确定由低级卡普瓦尔克拉通转换到高级南部边缘区域时，克拉通地层附近的低阻区域特征。

图 9.28 显示地球物理测点数据的分布。图 9.29 顶部显示了由直流电阻率法得到的深度-电阻率剖面。从图底部显示的根据深层反射地震测量得到的剖面图，可以很清楚地看到高阻体向北倾斜。

在探测之前，为了评估方法对 20km 深度下低阻体的探测能力，进行了大量正演模拟。首先进行了关于视电阻率的正演模拟（图 9.30）。结果表明当时间窗口与 DEMS Ⅵ 设备相匹配时，低阻体是可探测的。实际发射参数：源长度为 2km，电流为 60A。然后计算感应磁场接收装置中的感应电压。图 9.30 展示了 5km、10km、20km、30km 和 40km 这些不同偏移距处的响应。在不同偏移距下，在同样的时间窗口内分析低阻体的异常响应。为了观

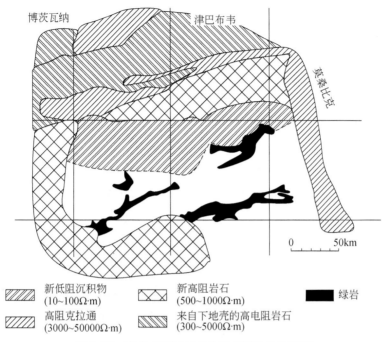

图 9.27　南非卡普瓦尔克拉通周围的电性特征

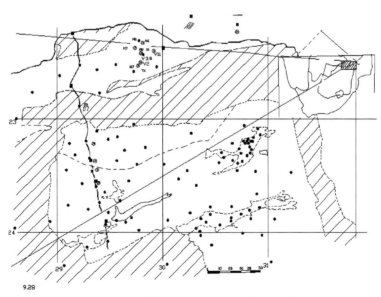

图 9.28　深部 LOTEM 探测工作布置图

测 5km 偏移距处的异常响应，至少需要动态范围为 6 个数量级的仪器。随着偏移距的增加，早期信号变得越来越弱，但 100ms 左右的信号并没有太大差别，而 100ms 为分辨低阻体的最佳时窗范围。事实上，在偏移距较大时，这个时窗范围内的低阻体的响应增大了约两倍。在偏移距为 20～30km 时异常响应最大，该偏移距范围为最佳偏移距范围。关键问题是 DEMS Ⅵ 系统是否能够分辨这些变化。除了需要考虑设备分辨率约为 20μV 之外，还

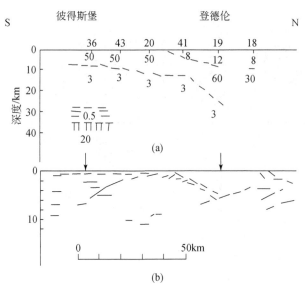

图 9.29　（a）沿着地震反射剖面从彼得斯堡到登德伦北部的地电断面图（电阻率值以 kΩ·m 为单位，
（b）反射剖面的彼德斯堡–登德伦断面的地震反射模式素描图（De Beer et al.，1991）

必须考虑的是叠前处理和叠加，这些技术可以帮助我们在设备分辨率的范围之外提高精度。尽管在最好的状况下，我们已经能将分辨率提高 1000 倍以上，但是我们需要持保守的态度，将分辨率设为 1μV。这意味着在南非的探测中，我们必须在大偏移距和高倍放大器条件下进行探测。

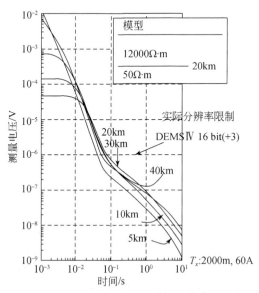

图 9.30　对卡普瓦尔克拉通基底附近的导电体基于平均模型得到的不同的发射装置时不同
偏移距的感应电压响应

正演建模中重要的但经常被忽略的一个因素为系统响应，它对早期信号的影响非常大，图 9.30 是采用真实的系统响应模拟的观测电压曲线。这些曲线的动态范围远小于图 9.31 中的，我们可以期望：在经过适当增益之后，能够分辨基底克拉通低阻体的顶部。模拟曲线早期的噪声可能是由系统响应早期的形态导致的，也可能是采样点过少导致的。在完成数值模拟后才进行野外实测数据的采集工作。

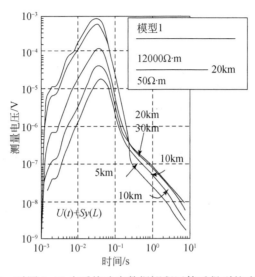

图 9.31　对图 9.30 中系统响应数据褶积运算后得到的响应结果

每一个测点都采集了大量的信号记录。图 9.32 展示了一个有代表性的例子。在 DE04 点和 DE05 点，进行了几千次重复观测，其中 DE05 点在两天的记录时间内，最高达到 3800 次重复观测。这个方式使得我们更有效的压制噪声的影响。所有信号都进行了直流偏移校正，再使用前述叠加技术进行叠加。图 9.32 的底部展示了叠后但未平滑的信号。这些叠后瞬变电磁响应随后转换为视电阻率，并且输入马夸特类型反演中，生成层状大地模型。

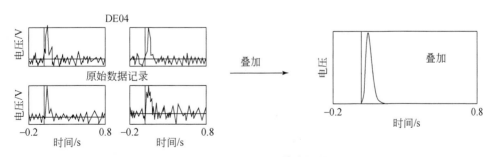

图 9.32　LOTEM 调查的代表性数据

左四帧显示四个单点记录。右框架示出了从所有记录中消除直流电平并使用扩展中值叠加技术得到的结果

图 9.33 显示 DE04 和 DE05 测点的 30km 和 40km 分支的反演结果。选择性叠加后的误差棒要小于所绘制的图形中的误差棒。图中给出了反演响应曲线和实测数据，并在图上绘

制了均匀半空间的响应曲线（虚线）。

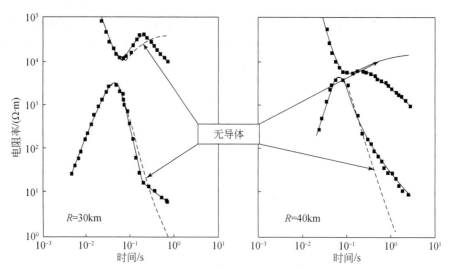

图 9.33　测点 DE04 和 DE05 的早期和晚期视电阻率（图 9.28）（De Beer et al.，1991）

圆点代表实测数据曲线，通过数据点的实线是反演结果的理论曲线。虚线表示当导电体
不存在时的半空间响应

对于两个数据集来说，关键问题在于低阻体是否存在及其边界深度。为了确定边界，计算了不同电阻率和深度的低阻层的响应。数据的拟合残差 χ^2 如图 9.34 所示。椭圆所围的区域包括了所有拟合残差小于 7% 的模型。这种分析能够给出所得到的模型及其变化规律，可以看到低阻层的深度（20.5 ±2.5km）恢复得较好，但是电阻率的误差较大（20.5±2.5Ω·m）。

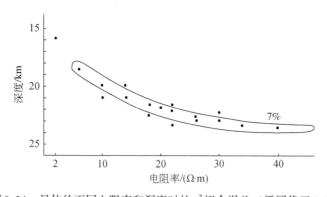

图 9.34　导体的不同电阻率和深度时的 χ^2 拟合误差（椭圆优于 7%）

对于南部边缘区域克拉通边界的两个站点来说，低阻体的深度差异是非常有趣的（图 9.35）。在南部边缘区域中的 DE04 测点，低阻体的深度为 21～24km，该低阻体的电阻率是 18～50Ω·m。在克拉通地区的 DE05 测点，该低阻体不能简单解释为一个低阻层。在 20km 的深度设计了一个电阻率为 200～250Ω·m 的中阻区域进行模拟，在约 30km 深时电阻率为 30～120Ω·m。如图 9.36 所示，低阻体的深度与直流电阻率测深结果相关性较好。

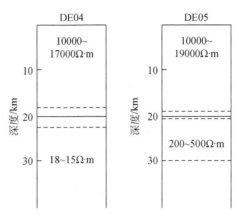

图 9.35 根据图 9.33 中 DE05 和 DE04 的 LOTEM 数据解释大深度的地电模型（De Beer et al.，1991）

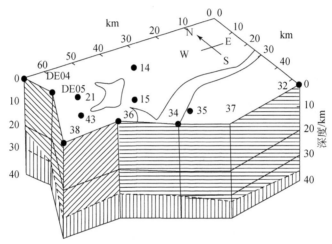

图 9.36 卡普瓦尔克拉通和 SMZ 的深度达到深部地壳的导电体由在测点 32、37、34、36 和 38 的超大深度斯伦贝谢测深和在测点 DE05 和 DE04 的 LOTEM 测深所确定（De Beer et al.，1991）

直流电阻率法和长偏移距瞬变电磁法的结合表明，林波波带的南部边缘区域和卡普瓦尔克拉通地区之间的边缘地层向南明显倾斜是不准确的。假设成立的话，三维效应能够清晰地出现在长偏移距瞬变电磁法的探测结果中。

9.6 在中国用长偏移距瞬变电磁法预测地震的探测试验

1988 年，在唐山市附近完成了长偏移距瞬变电磁法测量，唐山在 1976 年 7 月 28 日发生了大地震，死亡人数超过 200000 人。在可以用电阻率变化来预测地震的前提下，此次探测的目的为：

（1）展示数周时间段内，长偏移距瞬变电磁测量的可重复性。

（2）展示长偏移距瞬变电磁技术的可探测深度范围。

（3）展示探测成本方面的优势。

9.6.1　唐山区域的数据库

在长偏移距瞬变电磁法测量开始之前，除了将电阻率测深成功用于地震预测之外，对唐山区域的电性结构几乎完全不了解。通常，用电极间距为 1~3km 的温纳装置进行探测，探测深度为几百米（Qian et al.，1983）。采用标定后的设备进行探测，所得到的数据误差在 0.5% 之内。图 9.37 总结了 Qian（1983）等的探测成果，得到该区域以 10 年为周期的电阻率变化。该结果表明在地震发生的 2~3 年前电阻率持续下降。对于一些观察了 13 年以上的记录点，电阻率下降成为观测曲线的唯一特征。唐山地震是该区域附近发生的唯一的大地震，发生的时间恰好在视电阻率极小值附近。

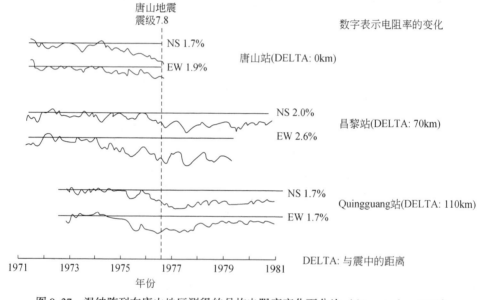

图 9.37　温纳阵列在唐山地区测得的月均电阻率变化百分比（Qian et al.，1983）

图 9.38 为电阻率异常等值线图，可以很清楚地看到唐山位于异常区域中心。Qian（1990）等给出了潮汐等地震前兆的解释。他们的解释与由岩石破坏造成的电阻率异常的观点不一样。

图 9.39 显示了唐山区域地震的轮廓图。震级在 4 级以上的地震如图所示。余震沿着某一线性区域分布，而其他地震现象沿着垂直于余震的线性区域分布。它们都位于异常区，使得该区域的地下构造变得复杂。

鉴于电阻率法在地震预报中的成功应用，中国国家地震局正在寻找一种能够提高探测深度和可重复性的探测技术。在该区域内，人文噪声的干扰比较严重，从而天然源电磁法的发展受到限制（Qian and Peterson，1991）。因为 LOTEM 仪器当时恰好在中国，所以采用 LOTEM 进行探测具备良好的契机。

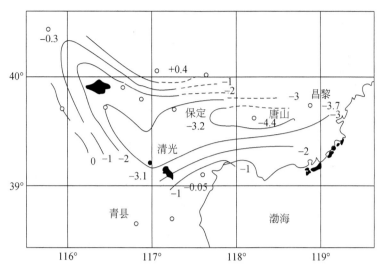

图 9.38　北京—天津—唐山地区电阻率异常等值线图（Qian et al.，1983）

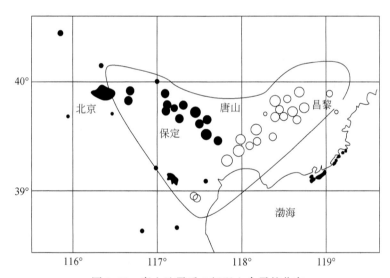

图 9.39　唐山地震后 4 级以上余震的分布

空心圆圈代表的是余震，实心圆圈是看似与余震无关的地震（Qian et al.，1979）

9.6.2　长偏移距瞬变电磁试验

在 1988 年用 3 个星期的时间完成了一次长偏移距瞬变电磁试验。图 9.40 为测区概况图。在该区域内存在较强的噪声干扰，因此采集了部分冗余的数据，并在数据采集完成后，采用了大量的噪声压制技术。为了充分利用冗余的数据，在每个测点都进行大量的（大约 100 次）叠加，其中有 3 个平行的剖面和一个剖面的噪声监测试验。采用噪声剖面的目的是确认在该测区内采用一个发射位置是足够的。

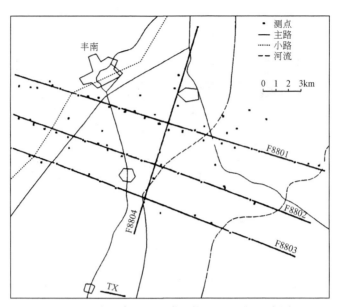

图 9.40   中国唐山地区附近的 LOTEM 调查底图

图 9.41 显示了该区域内的瞬变电磁实测数据。所显示的瞬变电磁数据受到的噪声干扰较为严重。从瞬变电磁响应可以看出，由于信号淹没在噪声中，所得到的探测深度是有限的。图 9.41 中，仅有 10% 的数据受到的噪声干扰与 15 号点的数据一样。在实验控制点，瞬变电磁数据的记录从探测开始直到探测结束。图 9.42 中，对控制点的信号进行了叠加。这些瞬变电磁响应看起来非常平滑，并且信噪比比图 9.41 中更好。控制点的瞬变电磁响应采用接收增益、线圈等效面积和发射源偶极矩等进行了归一化。

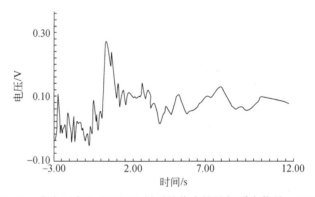

图 9.41   在中国唐山地区调查得到的代表性叠加瞬态信号（FB15）

在控制点进行观测的目的在于验证该探测技术的可重复性。在不同噪声环境下的所有数据采集都在 14 天内完成。图 9.42 中，叠后数据的差别可以忽略。反演是估计这些响应曲线差别的另一种方式，图 9.43 展示了反演结果。

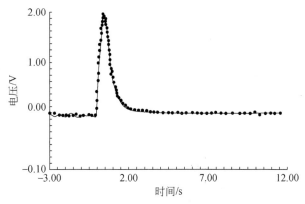

图 9.42　中国唐山地区控制点的选择性叠加瞬态信号

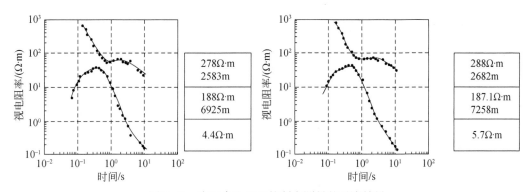

图 9.43　中国唐山地区控制点测量的反演结果

9.6.3　结果与讨论

重复性探测的结果（图 9.43）清晰地显示了在大约 9.5km 和 9.8km 深度范围内的一个低阻体。上部的低阻层为沉积层，离控制点约 2500m。另外，更多的高阻层解释成结晶岩，下伏低阻层的岩性未知。Qian 和 Peterson 在距 LOTEM 测点 100km 远处，完成了 MT 探测。他们观测到了类似的电阻率结构，并且最后一层的电阻率缺乏约束。这很可能是由于探测区域内的噪声使数据的解释变得困难。

图 9.44 显示了图 9.40 测线中的两个电阻率剖面。图片顶部展示了反演结果。深度误差棒展示了深度的不确定性。反演结果仅能分辨第一层。这意味着我们可以从反演结果中确定固定测点的电阻率并调整其厚度。这种处理方式与测区的地质情况是吻合的，因为在该测区内部存在电阻率的跃变。我们将这个处理方式称为电导参考，并据此得到了图底部的图形。此时，锯齿形的第三层边界并没有被平滑，因为该过程影响的主要是与模型参数相关的数据。剖面东部的低阻层的深度与剖面西部的低阻层的深度相差很大，西部的低阻层的深度起始于 6km 处。平行剖面的结果与之类似，低阻层在东部的埋深较大而在西部的埋深较小。一个可能性是一个局部构造叠加在另一个区域构造之上。浅部低阻层深度的增

加可能与断层有关。

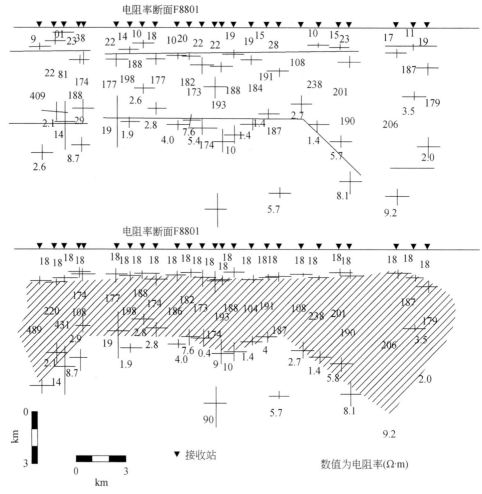

图 9.44　剖面 F8801 的电阻率深度断面图

顶部断面图显示了由反演给出的结果。针对反演只解决了第一层电导而不是单独的层参数

（电导参考）这一事实，对其作出调整

本次探测基本达到了如下探测目标：

（1）在探测区域内取得了高度可重复的探测结果（对于第二个重复测点，无法找到合适的探测位置）。

（2）目前该方法的探测深度为 6～9km，远大于在该区域内广泛应用的直流电阻率法的探测深度。

（3）在 3 个星期内，在 74 个测点处共采集了 115 个测深数据，探测效率高。

除了上述结论，此次探测试验清晰地探测到一个东部埋深较大，西部埋深较小的低阻体。根据探测所推断的断层位置与地震震中的位置相吻合。

上述在美国、欧洲、南亚和中国的调查显示了 LOTEM 测深技术与地球物理探测在深部地壳探测应用中的发展潜力。北美实验的结果清晰地展示了这项技术的探测能力。所有探测实例中都使用大功率发电机。但因为大功率发电机非常昂贵，并且很容易损坏，所以在德国探测中使用了小功率的发射装置，其源偶极矩约为美国地区探测实例的十分之一。尽管由于多维结构的影响带来了争议，但在上普法尔茨地区的探测仍然给出了与实际情况相吻合的结果。未来可能需要采用钻孔的手段来得到最终的结论。

在黑森林地区，地层的低速区域与低阻区域吻合。在乌拉赫地热区域，前部的低速异常与 LOTEM 探测的低阻异常区域吻合。在人文噪声干扰较为严重的地区，在探测深度 8km 以内得到较为一致的探测结果。在未来，将会采用钻孔的手段验证这些探测结果。

黑森林测区出现了有趣的地质和岩石学的相关性。在上地壳的下部低速区域与以下区域相关：①地震透射区；②泊松比逐渐减小的区域；③低阻区域。泊松比的减小预示着空隙流体的出现，P 波波速对于液体的灵敏度大于 S 波（Helbig and Mesdag，1982）。当空隙中充满离子度较高的水相液体时，电阻率会显著下降（Shankland and Ander，1983；Haak and Hutton，1986；Gough，1986）。另外，未变质的沉积岩、石墨、干燥的矿石和金属硫化物也会产生低阻区域。岩石的一个纯组分影响，如石英/长石比例的增加可以解释泊松比的减少（Kern，1982），但是不能解释与低阻无关。我们认为这种相关性的一种可能解释为脱水过程（Fuchs et al.，1987；Luschen et al.，1987）。

在乌拉赫测区地壳上部 5~7km 的深度，同样观察到了 P 波速度与电阻率之间的相关性。低电阻率表明结晶岩的水热改变或者火山后期岩石气体从深部逃逸（Berktold et al.，1982）。在这两个例子中，低阻区域与地热的高梯度区域相关。

在南非，LOTEM 调查结果与直流电阻率测深的结果吻合很好，结果表明林波波带往南明显倾斜的说法是不对的。LOTEM 和直流电阻率的结果与地震勘探吻合较好（De Beer et al.，1991）。在南非，盐水和石墨薄膜都不能作为地壳底部低阻体出现的原因。

在中国，LOTEM 测量提供了地壳顶部电阻率估计的一个统计基础。对探测区域的噪声事先进行评估是非常重要的（Qian and Peterson，1991）。测区内 MT 探测得到的深部地电模型为确定该地区的地电模型提供了一个较好的参考。在测区内，整个探测均揭示了测区内存在局部低阻异常体。这个结果是由每个测点的反演结果推测的。低阻体的深度变化是由断层或者类似的构造所导致的，需要进一步进行探测来验证这一结论。

这些研究使用更先进的数据采集手段和解释技术，如多次叠加、噪声压制技术、MT 与 LOTEM 联合反演等手段，促进了 LOTEM 和 MT 在地壳内部的各种地球物理参数进行综合解释方面的发展。

9.7　本章小结

可控源电磁法很少用于深部探测。西方国家的一些早期工作包括：在南非的深部直流电阻率测量和在美国的多源瞬变电磁探测。在直流电阻率测深中，当发射电流波形的极性转换时将激发瞬变电磁响应。但是这些响应仅作为一个时间标记，从来没有被定量解释过。在美国使用大功率源来达到深部探测的需求。早期的一些研究工作都很好的印证了瞬变电磁测深的基本原理。

在欧洲，LOTEM 方法最初仅用小发电机来进行深部地壳探测，但在美国的应用经验说明小功率发电机难以满足调查深度的需要。在上普法尔茨的第一个探测中，在德国深部钻孔项目所在区地下 10000m 处存在低阻层。然而，LOTEM 得到的探测结果并不稳定。随后在黑森林测区探测中，采用两个发射装置进行探测并得到了符合实际情况的探测结果。地震低速区与电磁法探测的低阻区域吻合。乌拉赫地热探测更进一步证实了地震波速度与电阻率之间的相关性。

在南非，LOTEM 测量的目的是确认林波波带的南部边缘区和卡普瓦尔克拉通地区之间的转换区特性。LOTEM 结果清晰的显示出 20～30km 深的低阻过渡区。该探测结果与直流电阻率法的探测结果吻合。

在中国唐山，完成了 LOTEM 测量实验，我们可以获得重复性探测结果。同时，探测结果还表明在测区地壳底部存在低阻区域。

附　　录

附录1　推　　导

1.1　迭代反褶积证明

反褶积由 Ioup（1983）提出。这里仅给出 LOTEM 应用中必要部分的推导。

在野外实测中，记录的信号为响应 $y(t)$ 和系统响应函数 $s(t)$。想要得到的信号为 $x(t)$，其中，信号 $y(t)$ 是信号 $x(t)$ 与系统响应函数 $s(t)$ 的褶积。

$$y(t) = s(t) \times x(t) = \int_{-\infty}^{\infty} s(u).x(t-u)\mathrm{d}u \tag{A.1.1}$$

根据褶积定理，在拉普拉斯变换域褶积的形式为（Bracewell，1965）

$$Y(s) = S(s) \times X(s) \tag{A.1.2}$$

对于迭代反褶积，我们可以定义一个 Van-Cittert 迭代。

$$a_0 = y(t) \tag{A.1.3}$$

$$a_1 = a_0 + [y(t) - a_0^* s(f)] = y(t) + [y(t) - y(t)^* s(t)] \tag{A.1.4}$$

$$a_2 = a_1 + [y(t) - a_1^* s(t)]$$

$$\vdots \tag{A.1.5}$$

$$a_m = a_{m-1} + [y(t) - a_{m-1}^* s(t)]$$

若把式（A.1.2）代入式（A.1.3）~式（A.1.5），可以得到变换域的方程：

$$A_0(s) = Y(s) \tag{A.1.6}$$

$$\begin{aligned} A_1(s) &= Y(s) + [Y(s) - Y(s)S(s)] \\ &= Y(s)[1 + (1 - S(s))] \end{aligned} \tag{A.1.7}$$

$$\begin{aligned} A_2(s) &= A_1(s) + [Y(s) - A_1(s)S(s)]\lim_{x \to \infty} \\ &= Y(s)[1 + (1 - S(s)) + 1 - S(s) + S(s)^2] \\ &= Y(s)[1 + (1 - S(s)) + (1 - S(s))^2] \end{aligned}$$

$$\vdots$$

$$\begin{aligned} A_m(s) &= A_{m-1}(s) + [Y(s) - A_{m-1}(s).S(s)] \\ &= Y(s)[1 + (1 - S(s)) + (1 - S(s))^2 + \cdots + (1 - S(s))^m] \\ &= Y(s)\sum_{i=0}^{m}(1 - S(s)) \end{aligned} \tag{A.1.8}$$

当 $(1-S(s)) < 1$ 时，式（A.1.8）收敛。对于瞬变电磁场而言，这是始终成立的，

这是因为瞬变电磁场是因果的，且系统函数已被归一化。计算式（A.1.8）的极限，我们得到：

$$\lim_{x \to \infty} A_m = \lim_{x \to \infty} Y(s) \sum_{i=0}^{m} (1 - S(s))$$

$$= \frac{Y(s)}{1 - (1 - (S(s)))} = \frac{Y(s)}{S(s)} = X(s) \tag{A.1.9}$$

上述推导说明，根据变换域的 Van-Cittert-迭代式（A.1.6）～式（A.1.8）将得到需要求解的函数 $X(s)$。这便意味着我们得到时间域 $x(t)$，即我们可以进行反褶积过程。

1.2　奇异值分解

奇异值分解可帮助我们获得更客观的反演参数的估计。Lancos（1958）和 Jackson（1972）对此进行了完整描述。这里我们总结了 SVD 的基本知识，因为它是求解反演问题中经常用到的基础知识。

我们的目标是求解以下线性系统方程：

$$(\boldsymbol{J}^{\mathrm{T}} \boldsymbol{W}^2 \boldsymbol{J} + \boldsymbol{K}^2 \boldsymbol{I}) \Delta = \boldsymbol{J}^{\mathrm{T}} \boldsymbol{W}^2 \boldsymbol{g} \tag{A.2.1}$$

式中，$\boldsymbol{J}$ 为雅可比矩阵；$\boldsymbol{W}$ 为加权矩阵；$\boldsymbol{I}$ 为单位矩阵；$\boldsymbol{K}$ 为阻尼系数；Δ 为参数差值的向量；$\boldsymbol{g}$ 为差异矢量（见第 4 章）。加权矩阵的差异原因被忽略。

通过对雅可比矩阵进行谱分解达到这一目标。根据 Lancos（1958），对于每一个满足 rang（$\boldsymbol{J}$）= $P \leqslant \min$（m，n）的 $n \times m$ 矩阵 $\boldsymbol{J}$，其谱分解是存在的，例如：

$$\boldsymbol{J} = \boldsymbol{U} \boldsymbol{S} \boldsymbol{V}^{\mathrm{T}} \tag{A.2.2}$$

$\boldsymbol{S}$ 是一个 $m \times m$ 的对角矩阵。其元素为特征值 $\boldsymbol{J}^{\mathrm{T}} \boldsymbol{J}$ 的非负根。其线性无关的列（或行）向量的最大值为（$\boldsymbol{J}$）= $\boldsymbol{P}$，只有 $\boldsymbol{S}$ 中 P 个元素不同于零（Jackson，1972）。S 元素以以下规律进行排序，如

$$S_1 \geqslant S_2 \geqslant S_3 \cdots S_p > 0; \quad S_{p+1}, \cdots S_m = 0 \tag{A.2.3}$$

$\boldsymbol{U}$ 为 $n \times m$ 的正交矩阵，其列向量为数据空间的单位基向量；

$\boldsymbol{V}$ 为 $m \times m$ 的正交矩阵，其列向量是模型空间的单位基向量。

这意味着，如果 $\boldsymbol{V}_j$ 是 $\boldsymbol{V}$ 在 $j \leqslant p$ 情况下的列向量，那么：

$$\boldsymbol{J}^{\mathrm{T}} \boldsymbol{J} \boldsymbol{V}_j = \boldsymbol{S}_j^2 \boldsymbol{V}_j$$

如果 $\boldsymbol{u}_j$ 是 $\boldsymbol{u}$ 在 $i \leqslant p$ 情况下的列向量，那么：

$$\boldsymbol{J} \boldsymbol{J}^{\mathrm{T}} \boldsymbol{U}_i = \boldsymbol{S}_1^2 \boldsymbol{U}_1$$

由于列向量是相互正交的，所以矩阵 $\boldsymbol{U}$ 和 $\boldsymbol{V}$ 满足：

$$\boldsymbol{U}^{\mathrm{T}} \boldsymbol{U} = \boldsymbol{V} \boldsymbol{V}^{\mathrm{T}} = 1_m \tag{A.2.4}$$

如果我们定义对角矩阵 $\boldsymbol{S}^*$ 和 $\boldsymbol{T}$：

$$S_{ij}^* = \begin{cases} \dfrac{1}{S_{ij}} & S_{ij} > 0 \\ 0 & \text{其他} \end{cases} \tag{A.2.5}$$

$$T_{ij} = \frac{S_{ij}^2}{S_{ij}^2 + K^2} \tag{A.2.6}$$

等式（A.2.1）的解（无加权矩阵）是

$$\Delta = VTS^* U^T g \tag{A.2.7}$$

证明：将方程（A.2.7）代入方程（A.2.1）（无加权）

$$
\begin{aligned}
(J^T J + K^2 I_m) VTSU^T g &= (VS^T U^T SV^T + K^2 I) VTS^* U^T g \\
&= (VS^2 V^T VTS^* U^T + VK^2 ITS^* U^T) g \\
&= (V(S^{2T} S^* + K^2 ITS^*) U^T) g \\
&= (V(S^2 + K^2 I) TS^* U^T) g \\
&= VSU^T g = I^T g \tag{A.2.8}
\end{aligned}
$$

1.3　用标量势解麦克斯韦方程

本节我们将从麦克斯韦方程出发，推导求解电磁场的偏微分方程。

我们使用准静态近似的麦克斯韦方程组：

$$\nabla \times E = -B = \mathrm{curl} E \tag{A.3.1}$$

$$\nabla \times H = j = \mathrm{curl} H \tag{A.3.2}$$

$$\nabla D = 0 \tag{A.3.3}$$

$$\nabla B = 0 \tag{A.3.4}$$

以及物质方程：

$$j = \sigma E \tag{A.3.5}$$

$$B = \mu H \tag{A.3.6}$$

$$D = \varepsilon E \tag{A.3.7}$$

式中，E 为电场强度；B 为磁感应强度；H 为磁场强度；J 为电流密度；D 为电位移；σ 为电导；$\mu \approx \mu_0 = 4\pi \cdot 10^{-7} \mathrm{Vs/Am}$ 是磁导率；ε 为介电常数。由于 J 和 B 都是自由发散的，它们可被分解为径向模式（指数 E）和切向模式（指数 M）。通过德拜标量势描述 ϕ_E 和 ϕ_M：

$$
\begin{aligned}
B &= B_E + B_M = \nabla \times \nabla \times (e_z \phi_E) + \nabla \times (e_z \sigma \mu_0 \phi_M) \\
j &= j_E + j_M = -\nabla \times (e_z \sigma \phi_E) + \nabla \times (e_z \sigma \phi_M)
\end{aligned}
\tag{A.3.8}
$$

式中，e_z 为 Z 方向上的单位向量；j_E 为环形电流密度，它没有垂直分量并描述了水平电流循环；j_M 为极向密度，它没有水平分量并描述了垂直电流循环。

从式（A.3.5）和式（A.3.6），我们得到：

$$
E_E = -\nabla \times (e_z \phi_E) \qquad E_M = \frac{1}{\sigma} \nabla \times \nabla \times (e_z \sigma \phi_M)
$$

$$
H_E = \frac{1}{\mu_0} \nabla \times \nabla \times (e_z \phi_M) \qquad H_M = \nabla \times (e_z \sigma \phi_M)
\tag{A.3.9}
$$

E_E 遵循法拉第感应公式（A.3.1），同时 H_M 遵循安培定理（A.3.2）。E_M 和 H_E 也遵循式（A.3.1）和式（A.3.2）。两个标量函数 ϕ_E 和 ϕ_M 一定是不同等式的解。

$$
\begin{aligned}
\nabla^2 \phi_E &= \mu_0 \sigma \phi_E \\
\nabla \left(\frac{1}{\sigma} \nabla (\sigma \phi_M) \right) &= \mu_0 \sigma \phi_M
\end{aligned}
\tag{A.3.10}
$$

ϕ_E 和 ϕ_M 是麦克斯韦方程的独立解。ϕ_E 不包含垂直电场分量，被称为切向电极化或 TE 模式。ϕ_M 没有磁场的垂直分量，被称为切向磁极化或 TM 模式。E 和 H 的场分量可以写成：

TE 模式　　　　　　　　　　　　　　　TM 模式

$$E_{EX} = -\frac{\delta}{\delta y}\phi_E \qquad\qquad E_{MX} = \frac{1}{\sigma}\frac{\delta^2}{\delta x \delta y}(\sigma\phi_M)$$

$$E_{Ey} = \frac{\delta}{\delta x}\phi_E \qquad\qquad E_{My} = -\frac{1}{\sigma}\frac{\delta^2}{\delta y \delta z}(\sigma\phi_M)$$

$$E_{Ez} = 0 \qquad\qquad E_{Mz} = -\left(\frac{\delta^2}{\delta x^2} + \frac{\delta^2}{\delta y^2}\right)\phi_M$$

$$H_{Ex} = \frac{1}{\mu_0}\frac{\delta^2}{\delta x \delta z}\phi_E \qquad\qquad H_{Mx} = \sigma\frac{\delta}{\delta x}\phi_M \qquad\qquad (A.3.11)$$

$$H_{Ey} = \frac{1}{\mu_0}\frac{\delta^2}{\delta y \delta z}\phi_E \qquad\qquad H_{My} = -\sigma\frac{\delta}{\delta x}\phi_M$$

$$H_{Ez} = -\frac{1}{\mu_0}\left(\frac{\delta^2}{\delta x^2} + \frac{\delta^2}{\delta y^2}\right)\phi_E \qquad H_{Mz} = 0$$

这些场可以被描述为封闭磁力线，尤其是 j_E、E_E、B_M 的闭合线在水平面内，可通过 ϕ_E 恒定和 ϕ_M 恒定来描述。

只有 σ 是连续的，式（A.3.10）才成立。在层边界处 σ 是不连续的，可以推导出德拜势以下的约束：

$$\phi_E、\ \frac{\delta\phi_E}{\delta z}、\ \sigma\phi_M \ \text{和} \ \frac{1}{\sigma}\frac{\delta}{\delta z}(\sigma\phi_M) \ \text{是连续的} \qquad (A.3.12)$$

在自由空间，可假设 $\sigma=0$，因此从第三约束中我们得到 $\phi_M(z=0)=0$。在 $z=0$ 时没有垂向电流密度。我们可以得到如下表达式：

$$\phi_M = 0 \quad z > 0$$
$$\text{如果所有来源满足} \ Z < 0 \ \text{和} \ \sigma = \sigma_Z \qquad (A.3.13)$$

这意味着任意源的感应电流在自由空间中的流动为水平的，从而在层状半空间为感应耦合。另外，在 LOTEM 中，由于源是通过传导电流耦合的，因此存在垂向电流。

为求解式（A.3.10）所示的微分方程，标量电势 ϕ_E 和 ϕ_M 被分解成空间波分量（傅里叶分量）：

$$\phi_{E,M}(r,\ t) = \int_{-\infty}^{\infty}\iint f_{E,M}(z,\ \kappa,\ \omega)e^{i(kr+w)}\,d\omega \qquad (A.3.14)$$

其中 $\kappa = (\kappa_x,\ \kappa_y,\ 0)$，$d^2\kappa = d\kappa_x d\kappa_y$。

将式（A.3.12）代入式（A.3.10）得到：

TE 模式：

$$\frac{d^2 f_E(z)}{dz^2} = \alpha^2(z)f_E(Z)$$

TM 模式:

$$\frac{\mathrm{d}}{\mathrm{d}z}\left(\frac{1}{\sigma}\frac{\mathrm{d}}{\mathrm{d}z}(\sigma f_M(z))\right) = \alpha^2(z)f_M(Z) \tag{A.3.15}$$

这里

$$\alpha^2(z) = \kappa^2 + iw\mu_0\sigma(z), \quad \kappa^2 = |\kappa|^2$$

用

$$\frac{\delta}{\delta x} = i\kappa_x, \quad \frac{\delta}{\delta y} = i\kappa_y \text{ 和} \frac{\delta}{\delta t} = iw$$

我们从式 (A.3.11) 得到用于频率-波数域的方程:

$$\hat{E}_{EX} = w\kappa_y f_E \qquad \hat{E}_{Ex} = i\kappa_x \frac{\mathrm{d}f_M}{\mathrm{d}z}$$

$$\hat{E}_{Ey} = -w\kappa_y f_E \qquad \hat{E}_{My} = i\kappa_y \frac{\mathrm{d}f_M}{\mathrm{d}z}$$

$$\hat{E}_{Ez} = 0 \qquad \hat{E}_{Mz} = \kappa^2 f_M$$

$$\hat{H}_{Ex} = \frac{i\kappa_x}{\mu_0}\frac{\mathrm{d}f_E}{\mathrm{d}z} \qquad \hat{H}_{Mx} = -i\kappa_y \sigma f_M \tag{A.3.16}$$

$$\hat{H}_{Ey} = \frac{i\kappa_y}{\mu_0}\frac{\mathrm{d}f_E}{\mathrm{d}z} \qquad \hat{H}_{My} = -i\kappa_x \sigma f_M$$

$$\hat{H}_{Ez} = \frac{\kappa^2}{\mu_0}f_E \qquad \hat{H}_{Mz} = 0$$

(∧) 代表频率-波数域。

接下来定义阻抗:

$$Z_E(z, \kappa, \omega): \frac{\hat{E}_{Ex}(z, \kappa, \omega)}{\hat{H}_{Ey}(z, \kappa, \omega)} = -\frac{\hat{E}_{Ey}(z, \kappa, \omega)}{\hat{H}_{Ex}(z, \kappa, \omega)} = i\omega\mu_0\left(\frac{-f_E(z, \kappa, \omega)}{\frac{\mathrm{d}}{\mathrm{d}z}f_E(z, \kappa, \omega)}\right)$$

$$Z_M(z, \kappa, \omega) = \frac{\hat{E}_{Mx}(z, \kappa, \omega)}{\hat{H}_{My}(z, \kappa, \omega)} = -\frac{\hat{E}_{My}(z, \kappa, \omega)}{\hat{H}_{Mx}(z, \kappa, \omega)} = i\omega\mu_0 - \frac{\frac{\mathrm{d}}{\mathrm{d}z}f_M(z, \kappa, \omega)}{\sigma f_M(z, \kappa, \omega)}$$

$$\tag{A.3.17}$$

从阻抗式 (A.3.17), 可以得到修正阻抗:

$$B_{EM}(z, \kappa, \omega) = \frac{i\omega\mu_0}{Z_E(z, \kappa, \omega)} = -\frac{\frac{\mathrm{d}}{\mathrm{d}z}f_E(z, \kappa, \omega)}{f_E(z, \kappa, \omega)}$$

$$B_M(z, \kappa, \omega) = \sigma Z_X(z, \kappa, \omega) = -\frac{\frac{\mathrm{d}}{\mathrm{d}z}f_M(z, \kappa, \omega)}{f_M(z, \kappa, \omega)} \tag{A.3.18}$$

在均匀各向同性水平层半空间内 m、f_M 和 f_E 必须满足等式:

$$\frac{\mathrm{d}^2 f_E}{\mathrm{d}z^2}f_E(z) = \alpha_m^2 f_E(z)$$

$$\frac{\mathrm{d}^2 f_M}{\mathrm{d}z^2} f_M(z) = \alpha_m^2 f_M(z) \tag{A.3.19}$$

其中

$$\alpha_m^2 = \kappa^2 + i\omega\mu_0\sigma_m$$

由式（A.3.12）得：

f_E，$\dfrac{\mathrm{d}f_E}{\mathrm{d}z}$，$\sigma f_M$ 和 $\dfrac{\mathrm{d}f_M}{\mathrm{d}z}$ 在层边界是连续的，此外，f_M 和 f_E 应该满足在 $z \to \infty$ 时为 0。

$f_E(z)$、$f_M(z)$ 应分两步完成计算：首先推导层边界 h_M 处迭代计算 B_E、B_M。式（A.3.19）的通解为

$$\begin{cases} f_{E,M}(z) = b_{E,M,m}^- e^{-\alpha_m(z-h_m)} + b_{E,M,m}^- e^{\alpha_m(z-h_m)} & h_m \leqslant z \leqslant h_{m+1} \\ f_{E,M}(z) = b_{E,M,m}^- e^{-\alpha_n(z-h_n)} & z \geqslant h_n \end{cases} \tag{A.3.20}$$

式中，n 为层数；h_n 为最后一层。对于 $z \geqslant h_n$ 只有"一部分"存在，因为在 $z \to \infty$ 时 $f_{E,M} = 0$。

解为

$$f(z) = (e^{-kz} + r_0 e^{kz}) f_0(\kappa, \omega), \quad 0 \geqslant Z \geqslant -\varepsilon \tag{A.3.21}$$

指数 "e" 代表"外部"。

第一项为源场：

$f_E^e(z, \kappa, \omega) = f_0^e(\kappa, \omega) e^{-kz}$，第二个条件是感应磁场。

由于 f_E 和 $\dfrac{\mathrm{d}f_E}{\mathrm{d}z}$ 在 $z = 0$ 时必定连续，我们从式（A.3.21）中得到：

$$r_0 = \frac{k - B_E}{k + B_E}; \quad B_E = \frac{-f_E^e(0)}{f_E(0)}$$

r_0 代表反射系数，$B_E = B_{E1}$ 用式（A.3.20）递归计算。从式（A.3.21）我们得到关系：

$$f_E(0) = f_E^e(0) \frac{2\kappa}{\kappa + B_E} \tag{A.3.22}$$

因此，对于已知的源电势 $f_E^e(0)$ 可计算 $f_E(0)$，可从 $\phi_E(0)$ 得到 $\boldsymbol{E}$ 和 $\boldsymbol{H}$。

TM 模式的源是由传导电流耦合产生的。如果 $J_z^e(0)$ 是表面的垂直电流密度，那么由式（A.3.11）得到：

$$J_z^e(0) = \kappa^2 \sigma_1 f_M(0^+) \tag{A.3.23}$$

这种情况下 f_M 必须满足：

$$\frac{\mathrm{d}^2}{\mathrm{d}z^2} f_M(z) = \kappa^2 f_M \tag{A.3.24}$$

和 $B_M = B_{M+1} = -\dfrac{f_M'(0)}{f_M(0)}$，得到：

$$f_M(0^+) = -\frac{\kappa}{B_M} f_M(0^-) \tag{A.3.25}$$

因为 $\dfrac{\mathrm{d}f_M}{\mathrm{d}z}$ 在 $z = 0$ 处连续。

结合式（A.3.23），得到：

$$f_M(0^-,\ \kappa,\ \omega)=-\frac{B_M(\kappa,\ \omega)}{\sigma_1\kappa^3}\hat{J}{}_z^e(0,\ \kappa,\ \omega) \tag{A.3.26}$$

接下来用圆柱坐标代替笛卡儿坐标，这意味着：

$$(x,\ y,\ z)\rightarrow(r,\ \phi,\ z)\quad 通过\ x=\cos\phi,\ y=\sin\phi,\ z=z$$

现在我们可用汉克尔变换由 f 推导 ϕ：

$$\phi(z,\ r,\ \omega)=2\pi\int_0^\infty f(\kappa,\ z,\ \omega)J_0(\kappa r)\kappa\mathrm{d}\kappa$$

$$f(z,\ \kappa,\ \omega)=\frac{1}{2\pi}\int_0^\infty\phi(r,\ z,\ \omega)J_0(\kappa r)r\mathrm{d}r \tag{A.3.27}$$

这里有

$$r^2=x^2+y^2$$

对于 LOTEM 法我们必须考虑水平电偶极源（HED），其可表述为沿着 x 轴在 $r=0$ 处的电流，电偶极矩为 D。

首先我们想要从 TE 模式计算势函数 ϕ_E^e（"-" 数表示势函数位于频率域）。为了做到这一点，我们用毕奥-萨伐尔公式计算 H_z，根据式（A.3.16），得到：

$$\hat{H}{}_z^e=-\frac{Dy}{4\pi R^3}=\frac{1}{\mu_0}\frac{\delta^2}{\delta z^2}\phi_E^e(r,\ \omega) \tag{A.3.28}$$

这里有 $R^2=r^2+z^2$

得到：

$$\frac{\delta^2}{\delta z^2}\phi_E^e(r,\ \omega)=-\frac{\mu_0 D(\omega)}{4\pi}\frac{\delta}{\delta y}\Big(\frac{1}{R}\Big)$$

用 $\frac{1}{R}=\int_0^\infty e^{-\kappa(z)}J_1(\kappa r)\ \mathrm{d}\kappa$，得到：

$$\begin{aligned}\overset{\frown}{\phi}{}_E^e(r,\ \omega)&=\frac{\mu_0 D(\omega)}{4\pi}\int_0^\infty e^{-\kappa(z)}J_1(\kappa r)\frac{\mathrm{d}\kappa}{\kappa}\sin\phi\\&=\frac{\mu_0 D(\omega)y}{4\pi(R+\mid z\mid)}\end{aligned} \tag{A.3.29}$$

总的 TE 势函数是［用式（A.3.21）］

$$\widetilde{\phi}_E(r,\ \omega)=\frac{\mu_0 D}{4\pi}\Big(\frac{r}{R+\mid z\mid}-\int_0^\infty B_M e^{-\kappa(z)}J_1(\kappa r)\frac{\mathrm{d}\kappa}{\kappa}\Big)\sin\phi \tag{A.3.30}$$

对于 TM 模式，在波数域 $z=0$ 处用垂直电流密度：

$$\widetilde{J}_z(0,\ \kappa,\ \omega)=\frac{\mathrm{d}j\kappa x}{4\pi^2}$$

另外，用式（A.3.26），得到了总的 ϕ_M：

$$\widetilde{\phi}_M(r,\ \omega)=\frac{-D(\omega)}{4\pi}\int_0^\infty B_M(\kappa)e^{-\kappa\mid z\mid}J_1(\kappa r)\frac{\mathrm{d}\kappa}{\kappa}\cos\phi \tag{A.3.31}$$

为了将 ϕ_M、ϕ_E 转换到时间域，采用如下阶跃函数：

$$D(t) = \begin{cases} 0 & t < 0 \\ D_0 & t > 0 \end{cases} \qquad 作为$$

$$D(t) = \frac{D_0}{2\pi i} \int_{-\infty}^{\infty} \frac{e^{i\omega t}}{\omega} d\omega$$

最终，我们用式（A.3.16）在时间域从 ϕ_E 和 ϕ_M 计算 E 和 H。最终 E_x、E_y 和 H_x 的结果是

$$E_x^U(r,\ t) = \frac{-1}{2\pi i} \int_{-\infty}^{\infty} \frac{e^{i\omega t}}{\omega} \frac{-i\omega\mu_0 D_0}{4\pi}$$

$$\int_{-\infty}^{\infty} \left\{ \begin{array}{c} \left(\dfrac{2B_M(\kappa,\ \omega) - B_M(K,\ 0) - K}{\kappa_1^2} - \dfrac{2}{B_E(\kappa,\ \omega) + \kappa} \right) \\[2mm] \left(\left(\kappa J_{o(\kappa,\ r)} - \dfrac{2}{r} J_1(\kappa,\ r) \right) \cos^2\phi + \dfrac{1}{r} J_1(\kappa,\ r) \right) - \dfrac{B_E(\kappa,\ \omega) - \kappa}{B_E(\kappa,\ \omega) + \kappa} J_{o(\kappa,\ r)} \end{array} \right\}$$

$$\mathrm{d}\kappa\mathrm{d}\omega - \frac{\rho_1 D_0}{4\pi r^3}(2 - 3\sin^2\phi) \qquad\qquad (\text{A.3.32})$$

$$E_y^U(r,\ t) = \frac{-1}{2\pi i} \int_{-\infty}^{\infty} \frac{e^{i\omega t}}{\omega} \frac{-i\omega\mu_0 D_0 \cos\phi\sin\phi}{4\pi} \int_{-\infty}^{\infty} \left(\frac{2B_M(\kappa,\ \omega) - B_M(K,\ 0) - K}{\kappa_1^2} - \frac{2}{B_E(\kappa,\ \omega) + \kappa} \right)$$

$$\left(\left(k J_{o(\kappa,\ r)} \frac{2}{r} J_1(\kappa,\ r) \right) \cos^2\phi + \frac{1}{r} J_1(\kappa,\ r) \right) \mathrm{d}\kappa\mathrm{d}\omega$$

$$- \frac{3\rho_1 D_0 \cos\phi\sin\phi}{4\pi r^3}$$

$$U_z^U(r,\ t) = \frac{-1}{2\pi} \int_{-\infty}^{\infty} \mu_0 A e^{i\omega t} \frac{D_0 \cos\phi}{4\pi} \int_0^{\infty} \frac{B_E(\kappa,\ \omega) - \kappa}{B_E(\kappa,\ \omega) + \kappa} k J_1(\kappa,\ r) \mathrm{d}\kappa\mathrm{d}\omega \qquad (\text{A.3.33})$$

附录 2　　数据格式标准

2.1　简介

电磁法选择地震勘探中的 SEG-Y 标准作为原始记录的标准（Barry，1975）。运用这个标准可以让任何地震数据兼容于电磁法的数据。这给电磁法数据提供诸多参考，以及有关数据和测量的新想法。下一步就是研发出 SEG2 的标准，目前看来没有足够多的用户，SEG2 不会存在。

时间序列里的瞬变电磁法在原则上与地震数据相似，地震源由电磁发射装置代替。当大规模的长偏移距瞬变电磁法遍布全球时，新的标准也会随之而来。

本书描述了他们用 LOTEM 数据处理系统（LOTEM processing system，LOPS）软件的基本情况。我们要做出两个决定：一是严格书写 SEGY 的类型；二是用于 LOTEM 数据处理和解释系统（LOTEM processing and interpretation system，LOPIS），并符合 SEGY 内部结

构标准。如果数据不可以互换，建议使用其他任何格式。

感谢 O. Engels、P. J. burger，对此标准的所有贡献，感谢 W. Schott 夜以继日的校对。

2.2　文件格式

在 VAX 仪器中，数据以二进制随机存取文件格式存在。记录文件的大小是 256 字节，作为不同系统、大量的实测数据选择性的叠加以及已经存在的电脑标准三者之间的折中办法。选择 256 字节是因为这是 VAX 系统默认值的一半，即使我们选择 1000 次叠加，内存的大小会带来空间不足的问题时，它仍可以有效解决操作系统虚拟地址的问题。

有 3 种方法用于解决基于 VAX 系统的 LOPIS 问题：每个文件质量不好的数据都进行 50 次叠加；将数据转为对数间隔模式以后获得一个 ASCII 的数据文档。后者仅仅是一笔带过，不做详细阐述。叠前或者叠后的数据文件目前都有一样的格式，我们可以在不改变格式的情况下运用所有数据。

在计算机上文件格式和 VAX 的格式都一样，除了计算机的书写格式，只有 VAX 的二进制文件需要改变成计算机的格式。

2.2.1　LOPS 的数据文件格式

样本数据记录由 1024 个数据点计算得来，在表 A.2.1 中给出了 2048 个点数据的值。记录点者在文件头处计算点数据，图 A.2.1 显示了图解说明。

表 A.2.1　LOPS 数据文件的记录结构（若干瞬变响应）

VAX	
记录号码 NO.	备注
1～15	文件头信息
16	第一个瞬变电磁响应的道头
描绘	
17～32（48）	第一个瞬变电磁响应
33（49）	第二个瞬变电磁响应的道头
34～49（50～81）	第二个瞬变电磁响应
…	…
…	…文件末尾

本文件格式采用了 LOPS 的格式，可采用不同文件长度存储最大值为：

1024 个点数据有 865 个记录或者 433 块；

2048 个点数据有 1665 个记录或者 833 块。

2.2.2　LOPS 叠加数据文件格式

与 LOPS 的数据文件格式相同，样本数据记录由 1024 个点数据计算得来。在表 A.2.2 中给出了 2048 个数据的值。记录指针由文件头中的数据点个数计算而来，图 A.2.1 显示了图解说明。

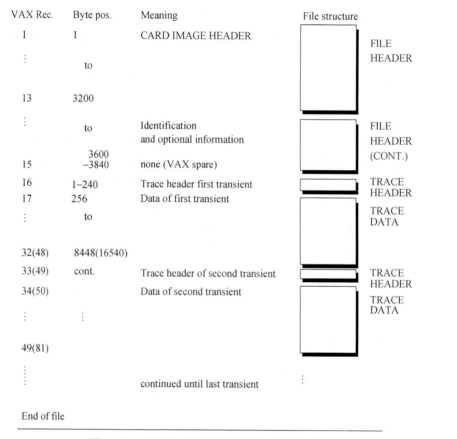

图 A. 2. 1　LOTEM SEGY 标准格式文件记录图解

表 A. 2. 2　LOPS 数据文件的记录结构（包含重叠瞬变 VAX）

记录号	备注
1–15	文件头信息
16	瞬变电磁响应道头
17–32（48）	瞬变电磁响应
33–48（49–80）	响应的标准偏差
…	…
…	…
<EOF>	

　　因为文件中只有一个瞬变数据，所以文件大小计算如下：

　　1024 个点有 48 个记录或者 24 区

　　2048 个点有 80 个记录或者 40 区

　　注解　我们采用两个坐标系，第一个为在测量区域使用的绝对坐标系。第二个为基于以发射机中心点作为原点的坐标系。对于所采用的 x，y 坐标系，若采集前发射机信息已知，则在数据采集阶段可进行坐标转换，否则，需要在数据处理阶段完成 E1 和 E2 标出了地面上发射机线偶极子的电极区域。

文件包含完整的排列，接收装置的位置描述必须已知。如果文件中包含一个点的单独记录，则可能须利用文件头中的接收装置位置信息。

每个记录包含一个激发源下同时记录的所有数据。这意味着第 i 个响应为一个记录。每道包括每一个接收点的独立瞬变记录。

2.3　文件头

表 A.2.3 中总结了 0001~3200 字节的位置，共有 40×80 字节的文件头。该在文件头内采集备注写在 0001~1520 字节位置上，处理备注写在 1521~3200 字节位置上。以上都包含在数据读取和写入模块中，内部读取或写入会充满多余的空间。对 DEMS Ⅳ 系统来说，备注从 894 字节开始写在文件头处，而处理备注以 1537 字节位置开始。没有一个备注是后期写入道头的，希望将来的系统会这么做。

表 A.2.3　TEM 数据 SEGY 标准格式定义的数据记录道头

```
-------CARD IMAGE NUMBER
0000000001111111111222222222233333333334444444444555555555566666666667777777778
1234567890123456789012345678901234567890123456789012345678901234567890123456789 0
-------------------------------------------------------------------
C1  CLIENT              COMPANY              CREW NO
C2  LINE       AREA           MAP ID
C3  REEL NO        DAY-START OF REEL      YEAR   OBSERVER
C4  INSTRUMENT: MFG          MODEL        SERIAL NO
C5
C6  SAMPLE INTERVAL        SAMPLES/TRACE   BITS/IN    BYTES/SAMPLE
C7  RECORDING FORMAT        FORMAT THIS REEL     MEASUREMENT SYSTEM
C8  SAMPLE CODE: FLOATING PT       FIXED PT   FIXED PT-GAIN      CORRELATED
C9  GAIN TYPE: FIXED     BINARY       FLOATING POINT   OTHER
C10 FILTERS: ALIAS    HZ NOTCH      HZ BAND   -   HZ SLOPE   -   DB/OCT
C11 SOURCE: TYPE
C12 COMMENTS:
C13
C14
C15
C16
C17
C18
C19
C20 PROCESSING:
C21
C22
C23     !! THE CARD IMAGE IS AVAILABLE THROUGH COMMON!!!
C24
C25
C26
C27
C28
C29
C30
C31
C32
C33
C34
C35
C36
C37
C38
C39
C40
```

　　SEGY 运用道头字节 3261~3600 作为选择信息，文件头应该包含处理过程中不那么重要的信息。如果道头是必要的，那么在描述道头中也要有这些字节。在 3200 字节后一定要有一个 IBG，表 A.2.4 显示了文件头字节的排序。

　　坐标不能以整数形式表达，因为当使用欧洲 GKK 坐标系 6 个数字时，它们的值太大了。

　　注解　在卡片道头和选择道头之间一定会有 IBG，否则 IGB 只存在于描述之中，这意味数据和描述页眉是合在一起的。

　　变量是 1*2 或 1*4，除了卡片道头，加粗的字体没有直接备注。RFU 代表这些变量目前不可用但未来一定可用，不要在你的文章中用这些变量，目前在道头中不用代表未赋值的字节。你可能会在自己特别的文章中使用这些变量，当它们不同时可以使用 LOPS 变量。在 SEGY 中尽量使用相同的变量。

表 A.2.4　文件头记录以及适用于 SEGY 标准的 TEM 数据字节

VAX	SEGY	变量		LOPS	LOPS
记录	字节位置	变量	类型	目前变量名称	意义
1	0001~0256	C		卡片(0001~0256)	
2	0257~0512	A		卡片(0257~0512)	
3	0513~0768	R		卡片(0513~0768)	
4	0769~1024	D		卡片(0769~1024)	WDUM(70~100)
894~925 字节处的采集备注					
5	1025~1280	I		卡片(1025~1280)	
6	1281~1536	M		卡片(1281~1536)	Procc(1~200)
537 字节后的处理备注					
7	1537~1792	A		卡片(1537~1792)	
8	1793~2048	G		卡片(1793~2048)	
9	2049~2304	E		卡片(2049~2304)	
10	2305~2560	H		卡片(2305~2560)	
11	2561~2816	E		卡片(2561~2816)	
12	2817~3072	AD		卡片(2817~3072)	
13	3073~3200	ER		卡片(3073~3200)	
磁场类型此时必须有一个 IBG					
3201	surnum	1*4			测量标号
3205	lineno	1*4			排列序号
3209	trarec	1*4			磁带卷序号
3213	Trarec	1*2			每次记录的描述
3215	auxrec	1*2		ifilsou	源代码
3217	dt	1*2			可靠性分析
3219	idelto	1*2			原始可靠性分析

续表

VAX	SEGY	变量	LOPS	LOPS
磁场类型此时必须有一个 IBG				
3221	ndat	1 * 2		每一描述样本序号
3223	ndato	1 * 2		每一描述样本序号
3225	scode	1 * 2		数据样本格式
3227	cdpfold	1 * 2		未使用
3229	tracsor	1 * 2		描述
3231	istack	1 * 2		样本序号
3233～3248 混合频率 EM 系统反转				
3233	Sfstart	1 * 2		开始时扫描频率
3235	swleng	1 * 2		结束时扫描频率
3239	swcode	1 * 2		扫描长度
3241	swtrace	1 * 2		扫描类型代码
3243	tapstart	1 * 2		开始 taper 长度
3245	tapend	1 * 2		结束 taper 长度
3247	taotype	1 * 2		Taper 类型代码
3249	icorr	1 * 2		相关描述
3251	igain	1 * 2		接收回复
3253	amprec	1 * 2		未使用
3255	imeas	1 * 2		意义单位
3257	impeig	1 * 2		未使用
3259	vibcod	1 * 2		未使用
segy 文件头 3261～3600				
3261		1 * 2	istype	测量类型
3263		1 * 2	itimsc	时间刻度
3265		1 * 2	ityprec	记录类型
3267				
3269				
3271				
3273		1 * 2	itlen	长度
3275		1 * 2	itlead	主导时间
3277		1 * 2	ivperd	ADC 微波
3279		1 * 2	Trigpol	极性反转参考
3281		1 * 2	isrcele	源中心
3283		1 * 2	isrclen	接收机长度
3285		1 * 2	icurren	源电流

VAX	SEGY	变量	LOPS	LOPS
segy 文件头 3261~3600				
3287		1*4	Jgkk（1）	发射机坐标
3291		1*4	Jgkk（2）	发射机坐标
3295		1*4	Jgkk（3）	发射机坐标
3299		1*4	Jgkk（4）	发射机坐标
3303		1*4	Jgkk（5）	接收机坐标
3307		1*4	Jgkk（6）	接收机坐标
3311		1*4	jxcoor	接收机 x 坐标
3315		1*4	jycoor	接收机 y 坐标
3319		1*4	jzcoor	记录高度
3323		1*2	irecref	接收机参考
3325		1*2		未使用
3327		1*2		未使用
陷波滤波器设定				
3329		1*2	IA50S1	放大器 50Hz
3331		1*2	IA50S2	放大器 50Hz
3333		1*2	IA50S3	放大器 50Hz
3335		1*2	IA50S4	放大器 50Hz
3337		1*2	IA50S5	放大器 50Hz
3339		1*2	IP50S1	前置放大器 50Hz
3341		1*2	IP50S2	前置放大器 50Hz
3343		1*2	IP50S3	前置放大器 50Hz
3345		1*2	IA16S1	放大器 16-2/3Hz
3347		1*2	IA16S2	放大器 16-2/3Hz
3349		1*2	IA16S3	放大器 16-2/3Hz
3351		1*2	IA16S4	放大器 16-2/3Hz
3353		1*2	IA16S5	放大器 16-2/3Hz
3355		1*2	IP16S1	前置放大器 16-2/3Hz
3357		1*2	IP16S2	前置放大器 16-2/3Hz
3359		1*2	IP16S3	前置放大器 16-2/3Hz
3361		1*2	ILAMP	低通放大器频率
3363		1*2	ILPAMP	低通前置法频率
3365		1*2	IAGAIN	放大器接收设定
3367		1*2	IPGAIN	前置放大器接收设定
3369		1*2	年	年记录

VAX	SEGY	变量	LOPS	LOPS
		陷波滤波器设定		
3371		1 * 2	月	月记录
3373		1 * 2	日	日记录
3375		1 * 2	小时	小时记录
3377		1 * 2	分钟	分钟记录
3379		1 * 2	秒	秒记录
3381		1 * 2	ITIMBA	时间基准
3383		1 * 2	ISPEC	频率切换
3385		1 * 2	NSTACK	描述序号
3387		1 * 2	IASTACK	平均重叠序号
3389		1 * 2	MINSTK	最小重叠
3391		1 * 2	MAXSTK	最大重叠
3393 ~ 3584				未使用
3585 ~ 3600				未使用
记录滤波				VAX NONSEGY

2.4　道头结构

假设点数据数量是 NDAT，N 描述的记录点由以下公式计算：

$$REC = （MOLD-1） * （NDAT/64+1） +16$$

当每个记录的实测点数据是 64 时，我们便定义 VAX 长度为 256 字节。每个描述中，值为 1 时加入描述页眉；每个文件中值为 16 时加入文件头。在表 A. 2. 5 中有关于描述页眉的定义。

表 A. 2. 5　适用于 SEGY 标准的 TEM 数据描述道头字节表格

字节	SEGY	LOPS	LOPS	
长度	变量	当前值	意义	
0014	tracno		描述序号增加的卷数	
0054	Trareel		描述序号卷数	
0094	Orireel	Jorrec	原始记录序号	
0134	Traori		原始记录描述序号	
0174	Enept	Isrcnum	点源序号	
0214	Cnpens		收集序号	
0254	Trensnm		一次收集的当下描述代码序号	

字节	SEGY	LOPS	LOPS
长度	变量	当前值	意义
0292	Tracid		描述编号：01~31 保留的地震数据；32 = 未知；33 = 未处理的数据；34 = 系统响应；35 = LOTEM 数据重叠；36 = LOTEM 数据算法
0312	Nstack		重叠描述序号
0332	Horstac		该描述水平重叠序号
0352	用法		数据代码：1 = 成果；2 = 测试
0374	修复		修复接收源
0414	JZcoor		接收高度取决于字节
0454	Srcele		源中心高度
0494	Srcdep		源长度
0534	Datele		接收机基准高度
0574	Datsrce		源中心基准高度
0614	Watdeps	Jcurren	源电流强度
0654	Watdepg		未使用
0694	Scalar		41~60 字节尺寸
0714	Scalar1		73~88 字节尺寸
0734	Srccox		接收机 x 引用坐标系
0774	srccoy	jyref	接收机 y 引用坐标系
0814	grpcorx		接收机 x 坐标系
0854	grpcory		接收机 y 坐标系
0892	coruni		坐标系系统
0912	weavel		未使用
0932	subvel		未使用
0952	Uptsrc		未使用
0972	Uptgrp		未使用
0992	Srcsta		未使用
1012	Grpsta		未使用
1032	Totstat	Iamexp	放大器增益设定
1052	Lagtia	Ionset	测量前样本数量
1072	Lagtib	Ipretrig	基本时间前置触发器
1092	Delayt		延迟时间同步触发器
1112	Mutets		削弱时间开始
1132	Mutete		削弱时间结束
1152	Ndat		数据点序号
1172	Dt		样本时间间隔
1192	Gainins		接收类型
1212	Gaincon	Paexp	前置触发器设定
1232	Inigain		首次记录的分贝
1252	Icorr		相关描述

字节	SEGY	LOPS	LOPS
长度	变量	当前值	意义
反转混合频率的 EM 系统 127～140 字节			
1272	Sfstart		开始扫描频率
1292	Sfend		结束扫描频率
1312	swleng		扫描长度
1332	swcode		扫描类型代码
1352	tapstart		开始 taper 长度
1372	tapend		结束 taper 长度
1392	Taptype		Taper 类型代码
1412	aliasf		假频滤波器频率
1432	aliassl		假频滤波器斜率
1452	notchf		陷波滤波器频率
1472	notchsl		陷波滤波器坡度
1492	hipass		高频滤波器
1512	lopass		低频滤波器
1532	highpsl		高频滤波器坡度
1552	lowpasl		低频滤波器坡度
1572	年		年
1592	日		日
1612	小时		小时
1632	分钟		分钟
1652	秒		秒
1672	timbase		时间基线
1692	trawel		道加权因子
1712	grprol		月
1732	grpone		原始记录第一站
1752	grplast		原始记录最后一站
1772	numgrp		每组接收机序号
1792	ovrtrav		接收机线圈代码
SEGY 选择描述道头 181～240			
1812		ilopapa	低通滤波器频率
1832		ilopaps	低通滤波器坡度
1852		jstati	站增量序号
1872		irecstat	接收站序号
1892		ffid	现场文件识别

字节	SEGY	LOPS	LOPS
长度	变量	当前值	意义
SEGY 选择描述道头 181～240			
1912		Ia16s（1）	放大器 16-2/3Hz 设定 1
1932		Ia16s（2）	放大器 16-2/3Hz 设定 2
1952		Ia16s（3）	放大器 16-2/3Hz 设定 3
1972		Ia16s（4）	放大器 16-2/3Hz 设定 4
1992		Ia16s（5）	放大器 16-2/3Hz 设定 5
2012		iremtot	远程单元总数
2032		nchan	每个排列的接收机数
2052		Ia50s（1）	放大器 50Hz 设定
2072		nfirst	第一频道序号
2092		Ia50s（2）	放大器 50Hz 设定 1
2114		iedl	线圈长度
2152		ifield	0Hz
2172		isystem	接收机系统代码
2192		ichan	使用的记录频道
2212		iphysadd	远程单位物理地址
2232		Ia50s（3）	放大器 50Hz 设定 3
2252		iA50s（4）	放大器 50Hz 设定 4
2272		iA50s（5）	放大器 50Hz 设定 5
2292		iP50s（1）	前置放大器 50Hz 设定 1
2312		iP50s（2）	前置放大器 50Hz 设定 2
2332		iP50s（3）	前置放大器 50Hz 设定 3
2352		IP16s（1）	前置放大器 16-2/3Hz 设定 1
2372		IP16s（2）	前置放大器 16-2/3Hz 设定 2
2392		IP16s（3）	前置放大器 16-2/3Hz 设定 3

时间基准采用的是默认的起始时间（Default onset，IONSET），其在大多数情况下为总道长的 20%。一旦设定初始时间，参考时间就会设定为 0。前置触发器和延迟时间将以该时刻作为基准点计时（根据长度所有的值都是整数 ∗4 或者 ∗2）。

附录 3　参 考 信 息

3.1　术语表

A 型曲线：一种视电阻率曲线，电阻率依次递增的三层模型（$\rho_1 < \rho_2 < \rho_3$）。

Q 型曲线：一种视电阻率曲线，电阻率依次递减的三层模型（$\rho_3 < \rho_2 < \rho_1$）。

模拟建模：为了模拟真实的地质情况，在实验室用金属或者其他材料建造模型。当缩小模型电导率时也应尽可能按比例缩小模型现场的情况。这种类型的模型就叫模拟建模。

Archie's 公式：一个地层电阻率及地层流体电阻率、地层孔隙度、含水饱和度之间的经验公式。公式的常量可能会因岩石类型的不同而变化，Archie's 公式适用于单一类型的岩石中。

各向异性：晶体的各向异性即沿晶格的不同方向，原子排列的周期性和疏密程度不尽相同，一个沉积层就是由沉积所构成的典型的各向异性地层。

双极性连续波形：参考电流波形。

双极性波形：参考电流波形。

标定因子：取决于发射机和接收机距离的电磁法常数，该因素可以用来补偿错误字符参数以及修正当前引导和静态转变。

各向异性参数：垂直和水平方向的电阻率比值的平方根 $\sqrt{\dfrac{\rho_v}{\rho_h}}$。

时钟频率：时钟脉冲的长度或时钟脉冲之间的时间，时钟频率是重复率的一半。

电导率：参考总电导。

电导参照：层状介质的总电导层保持不变，调整厚度和电阻率的一个校正过程。通常，电阻率会选择平均电阻率，而厚度会调整为跟总电导率相同。

可控源电磁法：采用人工源进行探测的电磁法，如 TEM、CSAMT。

可控源音频大地电磁法：频带范围与音频（1～20kHz）且与大地电磁法频率相似的可控源电磁法。发射源离接收机距离至少为趋肤深度的 5 倍。

累积电导：参考总电导。

人文噪声：由人类活动造成的电磁噪声。

电流波形：注入大地的源电流的形态。为了避免 LOTEM 探测中源电极的极化效应，通常采用双极性波形。波形由正极性和负极性的矩形波和关断时间组成。当关断时间可忽略时，波形为连续的双极性波形。

电流各向异性：参考各向异性。

EM 37：由加拿大学者 Geonics 提出，浅层瞬变电磁法系统。

等值：参考地层等值。

H 形曲线：一种视电阻率曲线，第二层电阻率比较低（$\rho_1 > \rho_2 < \rho_3$）。

反演：由地球表面观测到的物理现象推测地球内部介质物理参数的一个过程。

联合反演：同时对两种地球物理场进行反演，求取一个地质模型，就叫联合反演。通常设定数据时模型参数会保持和初始模型一致。

K 形曲线：一种电阻率曲线，第二层的电阻率大（$\rho_1 < \rho_2 > \rho_3$）。

Layer-cake：不同地层建立成一个单元，因为沉积过程通常应用在沉积环境中。

地层等效：将多维地层模型转换为地层较少的简化模型，通常会继续保持 H_i 的厚度，来自总厚度 H_t，用总电导率来计算平均电阻率。

LNC：局部噪声补偿技术。用基站获得高质量的基站叠加来进行噪声补偿的一种技术。将其用于整个信号观测期间的噪声的估计，然后将估计的噪声从观测得到的信号中减去。只有当基站的噪声和接收装置处的噪声相关时才能够采用这种技术来压制噪声。

纵向电阻率：用水平电流测得的介质的横向电阻率。

长偏移距瞬变电磁法：采用接地电极作为发射源，并采用接收装置记录不同电磁场分量，以估计地下介质电阻率的一种瞬变电磁法。

大地电磁法：利用天然场源进行探测的一种电磁测深技术，观测电磁场的 5 个分量（H_x、H_y、H_z、E_x、E_y）。

MT：参考大地电磁法。

非地震勘探：是指用于油气资源勘探的反射地震以外的其他地球物理方法。

接收距：发射装置和接收装置中心的距离。

源关断时间：发射装置从断电到没有电流通过时的时间。

伪随机二进制序列：一种发射源信号。采用该信号作为发射源的目的是压制噪声。

周期性噪声：由交流电网和铁路网所产生的电磁噪声，该噪声通常具有特定频率，在信号采集阶段即被滤除。

UTEM：多伦多大学研发的电磁系统，现在主要由加拿大 Lamontagne Geophysics Ltd 负责研发和销售。

通道测试：主要包括检查发射装置的质量，选择接收机的站点，通常测量在以发射装置为中心的周围几百米范围内，对偏移距的改变可达数十千米。

Z 变换：类似 $Z=\mathrm{e}^{i\omega t}$，时间域信号到频率域的一种变换。

关断时间：发射机电流从直流状态转换到其他状态的时间。

重复率：相同的源信号的形状和极性之间完整的循环。

反转：瞬变电磁信号穿过直流参考值的现象。在 LOTEM 中，对于层状介质，这种现象是不可能出现的。当出现这种现象意味着地下介质中出现断层、管道等异常构造。

SIROTEM：由澳大利亚的科学与工业研究组织研发的浅部电磁系统。

绕线器：用于在探测中收线的装置，是地震和深部电磁法的常用仪器。

尖峰噪声：电磁噪声的一种，在记录的信号中表现为一个尖峰的形态，是由交流输电网、机械工作等因素引起的。

静态漂移：由于近地表的不均匀性造成电磁法数据的失真。严格来说静态漂移时，对数据曲线进行解释所得到的模型将偏离真实模型。由于在数据解释前，静态漂移是未知的，因此其通常与三维地质体联系在一起。

系统响应：数据采集系统（包括接收装置和发射装置）的单位脉冲响应。输出信号 $y(t)$ 为输入信号 $x(t)$ 与系统响应 $s(t)$ 的褶积。

TDEM：时间域电磁法。参考瞬变电磁法。

TEM：瞬变电磁法，一种时间域的电磁法，采用人工源发射电磁场信号，并在源关断期间采集纯二次场信号。

总电导：各层电导之和。

横向电阻率：介质穿过边界层时的电阻率。

横向电阻率参照：保持横向电导不变，改变各层电阻率和层厚度的一种校正方法。参考电导参照。

表 A. 3. 1

日期			源代码				文件名				
项目			长度				采样率				
负责人			电流				放大器				
操作者			时间速率				前置放大器				
系统			方位				时间				

坐标		x 电极		y 电极			x 电极 2		y 电极 2		

曲线 id	坐标	Gain	放大器级数	Lp	LC	Gain	前置放大器级别	Lp	Lc	检查	时间	采样率	系统响应
备注													
备注													
备注													

表 A. 3. 2

测量地区负责人:		操作员:		日期:
时间:		参考:		
同步: _____		文件名:		
系统 A: 同步:		时间速率 文件名		
测量时间漂移		漂移	计算精度	
系统 B 同步:		时间速率: 文件名:		
测量时间漂移		漂移	计算精度	
操作员签名:				

表 A.3.3

项目： 发射机：	操作员： 负责人：	日期：
特性记录		

电流			速度
10mV	1V		2
20mV	2V		6
50mV	5V		
100mV	10V		20
200mV	20V		60
500mV	50V		一小时　cm　　一分钟　cm

类型：_____kVA　　　　　　　发电机：

输出_____Volts

周期_____Hz

检查清单

交换机是否干净	电极电缆
远程控制	时间链接
电源电缆	发电机是否接地

运行表

开始时间	结束时间	备注

电流记录

时间	高　　低	备注
8：00		
9：00		
10：00		
11：00		
12：00		
13：00		
14：00		
15：00		
16：00		
17：00		
18：00		

3.2　反演统计

有很多种方法判断反演结果的可靠性，我们发现对于长偏移距瞬变电磁法来说，SVD

分析效果最好，尤其是反演统计可以对 LOTEM 方法的灵敏度进行充分分析，使得这一方法尤为合适。在本书中，我们将着重参考 Raiche（1985）和 Jupp（1975）的两篇论文。在下面，我们将给出反演中各个术语的基本含义。

以下是我们使用的反演程序输出统计的解释。清单按照字母表顺序排列，其中所介绍的反演术语对理解本书的反演实例是必不可少的。

APRE（the average predicted residual error）：平均期望残差。用于确定能够与实测数据吻合的模型的最少层数。对于这个模型来说，无论多少参数参与，APRE 都将存在一个极小值。

Confidence bounds：物理参数的置信界限，可以通过分析实测数据的不确定性获得。对于物理参数而言，它们都是一样的阻尼参数。标准差可作为数据不确定的参考。当计算置信界限时，信噪比较高时置信区间为 95%，信噪比较低时置信区间为 68%。同样在长偏移距瞬变电磁测深法中，计算置信界限时，可以采用阻尼系数来进行计算。这意味着只有好的数据才能计算，而不是任何的随机数据都能计算。

Correlation matrix：相关矩阵。用于计算两个参数之间相关性的对称的 $N \times N$ 矩阵。相关矩阵可以通过计算实测和理论的协方差矩阵获得。

Covariance matrix（协方差矩阵）：协方差矩阵指理论曲线和测量曲线之间的转化为置信界限的解。

Cramer-Rao 乘子：该乘子将实测数据与理论曲线之间的拟合误差转换为物理参数之间的置信界限。它们对于物理参数的意义与（阻尼）误差乘子对于特征参数的意义一致。实际上，它们可以通过将（阻尼）误差乘以物理参数空间得到，这个过程可以是阻尼的，也可以是非阻尼的。

Deviation of mean：标准偏差。显示了每个数据点的平均值与计算得到的平均值之间的差异。这个因子给出了计算值的数理统计方面的一个估计。

Damping factors：阻尼系数表征了计算得到的曲线中转换参数的影响。与谱参数相比，它们更直接地展示了相应的参数组合对计算曲线的影响。

Damped error multiplier：转换参数的阻尼误差乘子为阻尼因子除以谱值（奇异值，SV）。它被用于计算每一次迭代中转换参数的校正向量。因此，它表征着上一次迭代中参数的变换量。当程序收敛到某个解时，所有参数的这个值应很小。若此值很大，说明收敛条件过低，使得迭代提前结束。

Importance：物理参数的重要性也称为反演程序统计输出的"原始参数的阻尼系数"。它们即为特征参数转换到物理参数空间的阻尼因子。因此，它们给出了真实参数对解的影响，从而被称为解的重要性。它们也可用于分析反演结果所得到的参数的可靠性。

Inverse jacobian：反演雅可比矩阵，广义的雅可比矩阵也叫数据影响矩阵，表征了测量数据里一个小的改变怎么在其他反演没有参与的情况下改变反演结果。这个矩阵在可行性研究和野外反演设计中具有重要意义。

Jacobian：归一化的雅可比矩阵。它表征了当第 i 个数据点发生变化时，对第 j 个模型参数的改变量，所以该矩阵也称为灵敏度矩阵。只有当数据点与参数之间的关联很大时，我们才可能通过该数据点来估算该参数。另外，雅可比矩阵的每一列对应着数据变化所对应的参数变化的时间窗。因此，每一列的顺序为电阻率、层厚度、标定因子。若进行联合反演，与大地电磁数据有关的标定因子项应该为零。

Noise-to-signal ratio：信噪比是衡量数据质量的标准。显示了反演算法如何挑选模型中的数据，即标准差。标准偏差、数据点个数、参数个数、模型数据及其平均值可用于计算信噪比。

Number of effective parameter：有效参数的个数为阻尼因子之和，显示了可以分辨的参数的个数。参数对解的贡献越小，该个数的值越小。另外，当所有参数都比较重要时，有效参数的个数将仅仅略小于参数的实际个数。

Number of iterations：在解收敛之前的迭代次数。线性问题在一次迭代后就收敛。非线性越强，参数之间的相关性越强，需要更多的迭代次数，迭代次数同时也与参数个数及初始模型有关。

Scale factor：加权因子，定义为最大的 SV。它可以通过乘法将归一化值转换为真实值。

Spectral values：归一化的谱值（SV），也称为奇异值分解得到的奇异值，是衡量 N 个参数的组合对于解的影响的一个参数。如果归一化的 SV 大于 0.1，则相应的参数对解的影响较大。如果归一化参数值小于 0.1，则阻尼因子很小，解主要受到马夸特因子的影响。相应的参数对计算得到的响应曲线的影响减小，其作用降低。SV 最大值和最小值之比可用于估算雅可比矩阵的条件数。

Standard deviation：标准偏差是模型曲线和数据曲线的一种度量方法，用于判断曲线之间的拟合程度。

U-matrix：U 矩阵包括了数据空间的特征向量。U 与其转置的乘积能够给出每个测点数据的信息。

V-matrix：V 矩阵设定了物理和转化参数之间的关系，其列是参数空间的特征向量。这些特征向量为物理参数的结合（厚度、电阻率）。我们只考虑电阻率和厚度的算法。每一个特征向量都表示已经分辨的组合参数。例如，假设第二层的厚度是正数，第二层的电阻率是负数。当我们考虑算法时，这意味着电导率-厚度可分辨第二层的特征向量。但如果特征值比较小，特征向量对解释没有太大作用。参数的结合对解释有用，可以看作特征值或者谱值的响应，并且阻尼因子就是谱值计算得来的。

附录4　正演程序 MODALL 的说明书

MODALL 是一个人机交互式的瞬变电磁（优化 LOTEM）正演程序。该程序中多个正演选择可调。本说明书介绍了如何使用该程序。使用者应熟悉本书第 6 章的内容。该程序仅对本书中的材料进行示范，绝不与商业软件产生竞争。

该说明书首先从描述磁盘分布的内容开始。该描述的主要部分包括菜单的解释，在每个菜单中可以改变不同的参数。通过执行每个指定菜单中的命令，可以明确地控制该程序。一般来说，空格键代表继续运行，"Q"键代表返回。菜单的结构如图 A.4.1 所示。

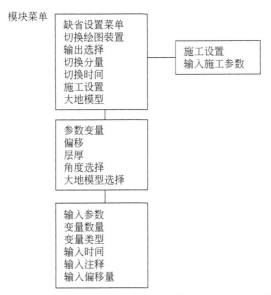

图 A.4.1　MODALL 程序的主菜单结构（未显示子屏幕）

4.1　软件安装

该程序附于书后面 3~5 英寸的软盘中，软盘中主要包含以下文件：

MODALL. EXE 运行文件

MODALL. MEB 数据文件的菜单界面

MODALL. DEF 默认数据文件

README. 1SF 最新程序说明

将上述文件拷入自定义的电脑硬盘路径中，并在此输入：MODALL，便可运行该软件。屏幕上将会显示后续说明。

4.2　菜单描述

确保文件 MODALL. DEF 位于你自己的默认路径中，然后通过输入 MODALL 便可启动该程序。程序运行后的第一个页面是声明软件的所有权及使用者的责任。

利用 DEFAULT SETUP 菜单可以进入不同的菜单。但是，最后还是会回到 DEFAULT SETUP 界面，因为只有通过此界面才能退出该程序。

4.2.1　DEFAULT SETUP 菜单

该菜单显示了使用该程序进行计算时的默认选项，并允许进行修改。修改时，可以进入 SURVEY SETUP 菜单或者 OUT SETUP 菜单或者可以通过点击"M"键修改基本大地模型。该程序通过文件 MODALL. DEF 来处理默认值。

在此菜单中你可以选择触发几个设置，当点击相应命令时，屏幕上将会显示下一步的选项。具体内容见以下对 TOGGLE 的详细说明。

TOGGLE（触发）

在 DEFAULT SETUP 菜单中，你可以触发：

（1）输出绘图：

—终端

—打印机：EPSON，HPGL，PLOTCALL

（2）电磁场分量：H_z，E_x，E_y

（3）Y 轴：—测量电压（单位 Volts）

—早期视电阻率

—电场（E_x 或 E_y）

—早期+晚期视电阻率（仅基于 H_z）

—早期+晚期+全期视电阻率（仅基于 H_z）

（4）X 轴：

—时间（s）

—俄罗斯标准时间（SQRT（2. E7 * PI * RHO * T）/H1）

4.2.2　SURVEY 菜单

SURVEY 菜单允许选择所有计算测量电压的基本参数，参数包括：

（1）接收线圈的等效面积（对 H_z）

（2）接收偶极子的长度（对 E_x 和 E_y）

（3）场源电流（A）

（4）发射装置与偏移矢量的夹角（°）

1. Output 菜单

在这个菜单里你可以选择输出文件的格式

你可以选择：

（1）ASCII 文件 out_ name. PRT；

（2）不输出文件。

你可以输入一个文件名，但是需要注意的是文件扩展名是不能更改的。如果你改变参数，就会计算不同的曲线，程序会将每个曲线分别输出到文件夹中。每个输出文件的文件扩展名必须是 out_ name. PR1 或者 P out_ name. R2 等。

2. EARTH MODLE 菜单

DEFAULT SETUP 菜单展示了基本的大地模型。你可以点击"M"去改变它。接下来，你需要输入层数、电阻率、层厚参数。缺省值的数值可以由一个逗号代替。

4.2.3　参数变化

这个菜单可以将相关参数设置为合适值，你可以选择改变这些参数：

（1）偏移距；

（2）发射装置和偏移矢量的夹角；

（3）各层电阻率和层厚；

（4）具有不同层数的大地模型。

这一位置你可以在一个图上看到不同的曲线。VARITION INPUT 菜单部分有具体的说明。

4.2.4　VARITION INPUT 菜单

你可以选择输入在 PARAMETER VARIATION 菜单的不同参数。变量的最小值是 10。

例子：基本模型。

（1）电阻率：$10\Omega \cdot m$、$1000\Omega \cdot m$、$100\Omega \cdot m$。

（2）厚度：200m、2000m。

（3）第二层电阻率，3 个变量

$1000\Omega \cdot m$、$2000\Omega \cdot m$、$3000\Omega \cdot m$。

在这个菜单你可以改变：

（1）最小计算时间；

（2）绘图注释；

（3）默认偏移距。

注意：当偏移为变量时不需要使用默认的偏移距。

4.2.5　MODEL VARITIONS

这个菜单中，你可以在同一个图中显示不同的模型。这可以在你选择不同层数的模型时提供帮助。你需要确定你选择的模型中没有零值。模型最小数量为 4，这个菜单由两页组成。在这个菜单中你可以选择：

（1）最小计算时间；

（2）绘图注释；

（3）缺省偏移距。

4.3　实例

MODALL 是一个自交互的正演模块集合。使用它时不会需要特别的帮助实例。这里是两个运行试验和输出的例子。第一个例子为磁场正演建模，第二个例子是电场的。

MODALL 实例 1：磁场模块

这个模块用于计算磁场响应并将其转换为视电阻率（图 A.4.2）。下面的截屏只包含了屏幕的变量信息。具体的输入（屏幕变量）已经用粗体显示了。你可以使用空格键移动屏幕直到修改完参数。

类型 MODALL

当程序开始时候你会看到：

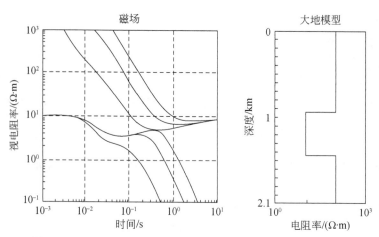

图 A.4.2　MODALL 程序三个偏移距下的磁场响应计算实例图

START UP SCREEN

DEFAULT setup menu

Plots on **TERMINAL**

Output file.　**OFF**

Field component：**HZ**

X-axis in **REAL** time

Y-axis：**EARLY and LATE TIME APPARENT RESISTIVITY**

3 layers

Resistivities：**100　10　100**

Thicknesses：**1000　500**

press　　　**<SPACE>**

PARAMETER VARIATION SELECTION

Default：3 Offset variations

Hz-component selected

press　　　**<SPACE>**

VARIATION Input menu

Number of variations：3

03 Offset variations

5000　　10000　　15000

Minimum time：**0. 001**

Comments：**H-type examples**

Default offset：**10000**

HZ component selected

. . . working

MODALL 现在将以选择的参数进行计算并显示出结果。

MODALL 实例 2：电场模块

这个实例中计算了电场响应，并以测量电压的形式显示（图 A. 4. 3）。下面的截屏只包含了屏幕里的重要信息。输入参数（屏幕变量）是以粗体打印的。你可以使用空格键去移动屏幕直到修改完这些参数。可以在线寻找 MODALL 更多的参数。

类型：MODALL

程序运行后你会看到：

START UP SCREEN

DEFAULT setup menu

Plots on **TERMINAL**

Output file.　**OFF**

Field component：**EX**

X-axis in **REAL** time

Y-axis：**MEASURED VOLTAGE**

3 layers

Resistivities：**100　10　100**

Thicknesses：**1000　500**

press　　　　**<SPACE>**

PARAMETER VARIATION SELECTION

Default：3 Offset variations

EX-component selected

press　　　　**<SPACE>**

VARIATION Input menu

Number of variations：3

03 Offset variations

5000　　10000　　15000

Minimum time：**0. 001**

Comments：**H-TYPE EXAMPLES，EX**

Default offset：**10000**

EX component selected

press　　　　**<SPACE>**

. . . working

MODALL 将以选择的参数进行计算并显示出结果。

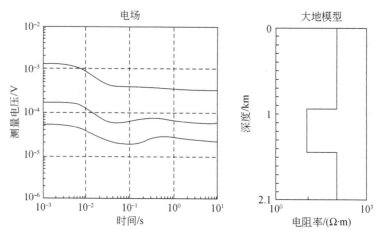

图 A.4.3　MODALL 程序计算 3 种不同偏移距的电场响应实例图

附录5　符号含义

矢量和矩阵

g——矢量，粗体小写，σ（非粗体，见第 4 章）除外

J——矩阵，粗体大写，（如包含模型参数函数的导数的雅各比矩阵）

$*$——褶积运算符

y——实测数据矢量

e——误差矢量

f——模型函数矢量，包含同点实测数据的模型函数

g——残差矢量

j——电流密度

p——模型参数矢量

p_0——初始模型矢量

q——差分向量

q，r——转换参数

B——磁感应强度

D——电位移矢量，

E——电场强度

H——磁场强度

I——单位矩阵

J_w——加权雅可比矩阵

S，T——包含特征参数信息的矩阵

U，V——奇异值分解中的正交矩阵

W——加权矩阵

标量

A——有效接收面积

B_E，B_H——相互修正阻抗

D_0——偶极矩（＝电流乘以发射长度）

dl——发射偶极子长度

f——模型函数

F——地层因数

h_i——第 i 层地层厚度

H_x，H_y，H_z——磁场分量

$H(z)$——函数的 z 变换

J_0，J_1——零阶和一阶贝塞尔函数

K，v——反演控制因子

l——接收偶极子长度

M——地层数

m——模型参数数量

n——数据点数量

p_i——模型参数

R_1，R_2——电阻率–深度函数的粗糙度

r——发射中心与接收中心的偏移距，在复平面中是半径矢量

s——空隙体积分数，累积电导

$s(t)$——系统响应函数

t——时间

U_z——感应线圈中的感应电压

V_x，V_y——x，y 方向测量的电压

V_x——页岩体积分数

x，y——x 和 y 坐标，x 方向为发射偶极子的方向

$x(t)$——输入函数

$y(t)$——输出函数

$X(z)$——输入函数的 Z 变换

$Y(z)$——输出函数的 Z 变换

z——z 变换变量

z_n——复平面零点

z_p——复平面极点

Δ——参数差向量

κ——$\sqrt{i\omega\mu\sigma}$，频率波数

ε——介电常数

η——连接极点和零点实部的指数因子

λ_{ii}——归一化特征值

μ_0——磁导率，值为$4\pi\times10^{-7}\mathrm{Vs/Am}$

ρ——电阻率

ρ_a^{ET}——早期视电阻率

ρ_a^{LT}——晚期视电阻率

ρ_u——水平电阻率

ρ_w——空隙流体电阻率

ρ_x——页岩电阻率

σ——电导率；标准差

ϕ_E，ϕ_M——德拜势

ϕ——孔隙度；发射源和偏移距之间的角度

ω——角频率

τ——归一化时间

附录 6

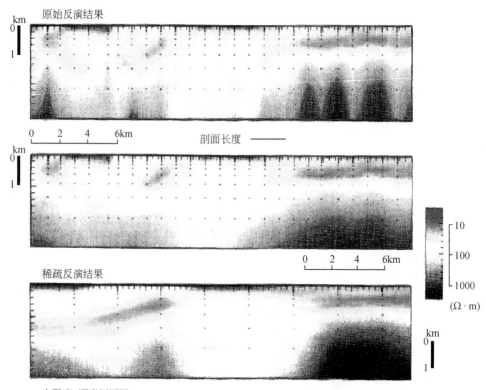

图 A.6.1　OCCAM 反演电阻率剖面图

最上面的图是原始反演结果；中间的图是用宽度为总深度一半的低通滤波器对原始反演结果进行
横向滤波之后得到的结果；最下面的图是仅使用第三组数据的稀疏反演结果

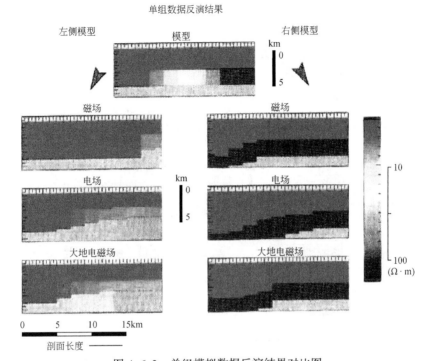

图 A.6.2　单组模拟数据反演结果对比图

左边列的初始模型没有高阻体，右边列初始模型加入了高阻体。拟合过程中，层厚度和层电阻率是可变的

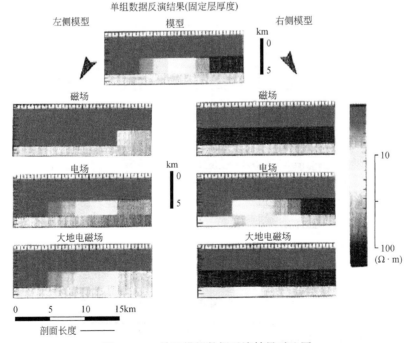

图 A.6.3　单组模拟数据反演结果对比图

左边列的初始模型没有高阻体，右边列初始模型加入了高阻体。拟合过程中，层电阻率是可变的，
但是层厚度不变。而且，在反演中加入地震先验信息

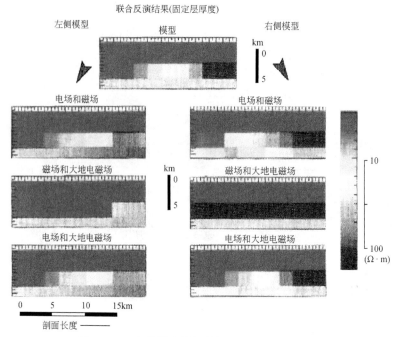

图 A.6.4　高分辨率模拟数据组联合反演对比图

左边列的初始模型没有高阻体，右边列初始模型加入了高阻体。拟合过程中，层电阻率是可变的，
但是层厚度不变。并且，在反演中加入地震先验信息

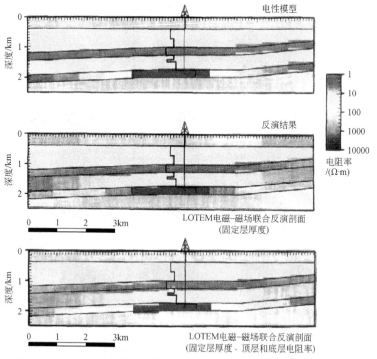

图 A.6.5　上面的图是地电模型，中间的图是加入地震先验信息后的
电场–磁场联合反演结果，下面的图是固定顶层和底层电阻率后的联合反演结果

电流密度(垂直剖面)

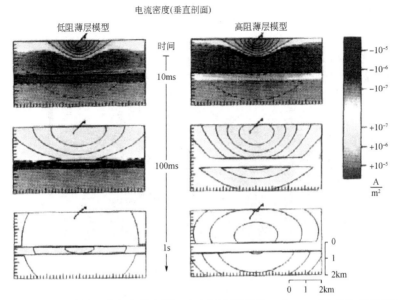

图 A.6.6　2000m 深度范围内的电流密度分布图，半空间电阻率为 20Ω·m（左侧为低阻薄层模型，薄层电阻率为 1Ω·m；右侧为高阻薄层模型，薄层电阻率为 400Ω·m），其中源电流方向垂直于剖面图。图中虚线是返回电流（负号）等值线，两列图从上到下分别表示时间为 0.01s、0.1s、1s 的电流分布。不论对高阻薄层模型还是低阻薄层模型，电流同时向横向和纵向移动，其中电流在高阻薄层模型中扩散较快

电流密度(两层模型)

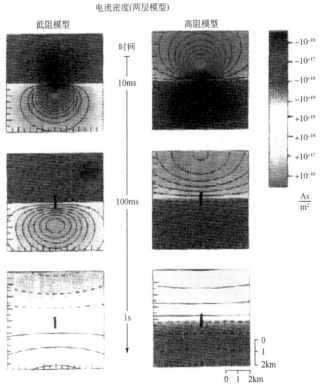

图 A.6.7　两层模型的电流密度随时间分布图（左侧低阻模型，第二层电阻率为 1Ω·m；右侧高阻模型，第二层电阻率为 400Ω·m），两个模型第二层电阻率差异导致其电流分布反向，方向与垂向电场方向相同。其中发射偶极子位于图中心位置

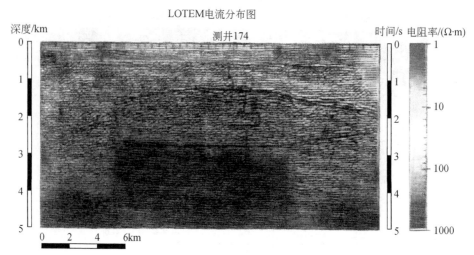

图 A.6.8　位于中国泰兴市，平行某地震测线的 LOTEM 电流分布图，图中叠加了地震剖面。
注意，LOTEM 图像仅包含 30 组数据

参 考 文 献

Andrieux, P. , and Wightman, W. E. , 1984, The so-called static corrections in magnetotelluric measurements, 54th Ann. Mtg. , Expanded Abstracts, Soc. Expl. Geophys. , 43-44.

Abramowitz, M. , and Stegun, I. A. , 1964, Handbook of mathematical functions with formulas, graphs, and mathematical tables, National Bureau of Standards, Applied Mathematics Series 55.

Angenheister, G. , ed. , 1982, Physical properties of rocks, Landolt-Bornstein, New series: lb, Springer Verlag.

Archie, G. E. , 1942, The electrical resistivity log as an aid in determining some reservoir characteristics, Trans. Am. Inst. Min. Metallurg. Petr. Eng. 146, 54-62.

Barnet. C. T. , 1984, Simple inversion of time-domain electromagnetic data, Geophysics 49, 925-933.

Barringer, A. R. , 1962, A new approach to exploration-The INPUT airborne electrical pulse prospecting system, Min. Congress Journal 48, 49-52.

Barry, K.. M. , Cavers. D. A. Kneak, C. W. , 1975, Recommended standards for digital tape formats, Geophysics 40, 344-352.

Bartelsen, H. , Luschen, E. , Krey, Th. , and Meissner. R. , Schmoll. J. , and Walter, Ch. , 1982, The combined seismic reflection-refraction investigation of the Urach geothermal anomaly, in Haenel, R. , (ed.), The Urach geothermal project: E. Schweizerbart'sche Verlagsbuchhandlung, 247-262.

Barton, J. M. , Jr. , and Key, R. M. , 1981, The tectonic development of the Limpopo Mobile Belt and the evolution of the Archaean cratons of southern Africa, in: Kroner. A. , (ed.), Precambrian Plate Tectonics, Devel-opmems in Precambrian Geology 4. 185-212.

BarLon, J. M. Jr. , 1983, Our understanding of the Limpopo Belt-a summary with propos-als for future research. Spec. Publ. Geol. Soc. S. Afr. 8, 191-203.

Behr, H. J. , Engel. W. , Franke, W. , Giese. P. , and Weber. K. , 1984, The Variscan belt in Central Europe: main structures, geodynamic implications, open questions, in Zwart, H. J. , Behr, H. J. , and Oliver. J. Eds. , Appalachian and Hercynian Fold Belts, Tectonophysics 109, 15-40.

Berkman, E. , Orange, A. , and Smith. R. D. , 1983, Seismic and ma8netotellurics com-bined: a case history of the South Clay Basin Prospect, 53rd Ann. Mtg. . Soc. Expl. Geophys. , Expanded Abstracts, 65-67.

Berktold, A. , Hanel, R. , and Wohlenberg, J. , 1982, A model of the Urach geothermal anomaly as derived from geophysical investigations. in Haenel. R. , (ed.), The Urach geothermal project: E. Schweizerbart'sche Verlagsbuchhandlung, 401-412.

Blohm. E. K. , Worzyk. P. , and Scriba, H. , 1977, Geoelectric deep soundings in southern Africa using the Cabora Bassa power line, J. Geophysics 43, 665-679.

Boerner, D. E. , 1992. Deep Controlled Source Electroma8netic Sounding: Theory, Results, and Correlation, Geophysical Surveys (in press) .

Boerner, D. E. , and West, G. F. , 1989, A generalized representation of the electromagnetic fields in a layered earth, Geophys. J. 97, 529-548.

Bortfeld, R. K. , Gowin, J. , Stiller, M. , Baier, B. , Behr, H. -J. , Heinrichs, T. , Durbaum, H. J. , Hahn, A. , Reichert, C. , Schmoll, J. , Dohr, G. , Meissner, R. , BiUner, R. , Milkereit. B. , and Gebrande. H. , 1985, First results and preliminary interpretation of deep-reflection seismic recordings along profile DEKORP 2-South, J. Geophys. 57, 137-163.

Bracewell, R. N. , 1965, The Fourier transform and its applications, McGraw-Hill Book Company, New York.

BuchLer. C. , 1983, Die Verteilung der elektri-schen Leitfahigkeit im Bereich der Bohrung Munsterland 1: Ein Ver8leich zwischen magnetotellurischen Untersuchungen, elektrischen Bohrlochmessungen, geoelektrischen Tiejensondierungen sowie Messungender Leitfahigkeit an Gesteinsproben, Diplom thesis, Universilac MunsLer, (unpublished).

ChenLeshou, Cai Gang, Ma Tao. , 1988, Two-dimensional inversion of magnetotelluric sounding data; in: An overview of exploration in China. Soc. Expl. Geophys. Geophysical References 3, Tulsa.

Clarke, J. , Gamble, T. D. , Goubau, W. M. , Koch, R. H. , and Miracky, R. F. , 1983, Remote-reference magnetotellurics: equipment and procedures, Geophys. Prosp. 31, 149-170.

Constable, S. C. , Parker. R. L. , and Constable, C. G. , 1987, Occam's inversion: A practical algorithm for generating smooth models from electromagnetic sounding data. Geophysics 52, 289-300.

Coward, M. P. , and Fairhead, J. D, 1980, Gravity and structural evidence for the deep structure of the Limpopo Belt, Southern Africa, Tectonophysics 68, 31-43.

Christopherson, K. R. , 1990, Applications of magnetotellurics to petroleum exploration in Papua New Guinea, in Carman, G. J. , and Z. , eds. , Petroleum exploration in Papua New Guinea, Proc. lst PNG Petroleum Conv. , Port Moresby.

Damron, L. A. , 1986, Physical modeling 0f lateral variations of resistivity in transient electromagnetics, M. Sc. thesis T-3008, Colorado School of Mines.

De Beer, J. H. , and Stettler. E. H. , 1988, Geophysical characteristics of the southern African Continental Crust, J. Petrol. (Special Lithosphere Issue), 163-184.

De Beer, J. H. , LeRoux. C. L. , Hanstein, T. , and Strack, K. -M. , 1991, Direct current resistivity and LOTEM model for the deep structure of the northern edge of the Kaapvaal craton, South Africa, Physics of the Earth and Planetary Interior 66, 51-61.

Dey, A. , 1972, Finite source electroma8netic response of layered and inhomogenous earth models, Ph. D. thesis, University of California, Berkeley.

Dolan, W. M. , 1970, Geophysical detection of deeply buried sufide bodies in weathered regions, GSC Economic Geology Rep. 26. 336-344.

Druskin, V. L. , and Knizhnerman, L. A. , 1988, A spectral semi-discrete method for the numerical solution of 3D nonstationary problems in electrical prospecting, Physics of the solid Earth 24, 63-74.

DuToit. M. C. , van Reenen, D. D. , and Roering, C. , 1983. Some aspects of the geology, structure and metamorphism of the Southern Mar8inal Zone of the Limpopo Metamorphic Complex, Spec. Pub, Geol. Soc. S. Afr. 8, 121-142.

Duncan, P. M. , Hwang, A. , Edwards, R. N. , Baileys, R. C. , Garland, G. D. , 1980, The development and applications of a wide band electromagnetic sounding system using a pseudo-noise source. Geophysics 45, 1276-1296.

Eadie, T. , 1981, Detection of hydrocarbon accumulations by surface electrical methods: a feasibility study. Research in Applied Geophysics 15. University of Toronto.

Earth Technology Corporation, 1985, Mapping hydrocarbon-brine contacts, technical re-port.

Edward, R. N, and Gomez-Trevino, E. , 1979, Ma8netometric resistivity (MMR) anoma-lies of two-dimensional structures. Geophysics 44, 947-958.

Edwards. R. N. , Lee, H. , and Nabighian, M. N. , 1978, On the theory of magnetometric resistivity methods, Geophysics 43, 947-958.

Ensley, R. A. , 1984, Comparison of P-and S-wave seismic data: A new method for de-tecting gas reservoirs

Geophysics 49, 1420-1431.

Flis, M. F., Newman, G. A., and Hohman, G. W., 1989, Induced-polarization effects in time-domain elec-troma8netic measurements, Geophysics 54, 514-523.

Fuchs, K., Bonjer. K. -P., Gajewski. D., Lr, Ischen, E.. Prodehl, C., Sandmeier. K. -J., Wenzel, F., and Wilhelm, H., 1987, Crustal evolution of the Rhine8raben area, Exploring the lower crust of the Rhine8raben rift by unified 8eophysical experiments, Tectonophysics 141, 261-275.

Fullagar. P. K., 1989, Generation of conductivity-depth pseudo-section from coincident loop and in-loop TEM data, Exploration Geophysics 20, 43-45.

Gamble, T. D., Goubau. W. M., and Clarke, J., 1979, Magnetotellurics with a remote magnetic reference, Geophysics 44, 934-948.

Gomez-Trevino, E., and Edwards, R. N., 1979, magnetometric resistivity (MMR) anomalies of two-dimensional structures, Geophysics 44, 947-958.

Gomez-Trevino. E., and Edwards. R. N., 1983, Electromagnetic soundin8s in the sedimen-tary basin of southern Ontario-A case history, Geophysics 48, 311-330.

Gough, D. I., 1986, Seismic reflectors. conductivity, water and stress in the continental crust, Nature 323, 143-144.

Gunderson. B. M., Newman, G. A., and Hohmann, G. W., 1986, Three-dimensiona transient electromagnetic responses for a grounded source, Geophysics 51, 2 117-2130.

Haak. V., and Hutton, R., 1986, Electrical resistivity in continental lower crust, in: Dawson, J. B., Carswell, D. A., Hall. J., and Wedepohl, K. H., (eds.), the nature of the lower continental crust, Geol. Soc. Spec. Pubs. 24, 35-49.

Haenel. R., (ed.), 1982, The Urach geothermal project, E. Schweizerbart'sche Verlagsbuchhandlung.

Harthill. N., 1968, The CSM test area for electrical surveyin8 methods. Geophysics 33, 675-678.

Helbig, K, and Mesdag. C. S., 1982, The potential of shear-wave observations, Geophys. Prosp. 30, 413-431.

Hordt, A., 1989, Ein Verfahren zur "Joint Inversion" angewandt auf "Long Offset Tran-sient Electromagnetics" (LOTEM) und "Magnetotellurik" (MT), Diplom thesis geophysics, University of Cologne,(unpub-lished).

Hordt, A., Jodicke, H., Strack, K. -V I., Vozoff, K., and Wolfgram, P. A., 1992, Inversion of long-offset transient electromagnetic soundings near the borehole Munsterland I, Germany, and comparison wnh MT measurements. Geophys. J. Int., (in press).

Hordt, A., Druskin, V. L., Knizhnerman. L. A., Strack, K. -M., 1992, Interpretation of 3-D effects in lon8-offset transient electromagnetic (LOTEM) soundings in the Miinster-land area I Germany. Geophysics (inpress).

Hohmann, G. W., 1971, Electroma8netic scartering by conductors in the earth near a line source of current, Geophysics 36. 101-131.

Hohmann. G. W., 1975, Three-dimensional induced polarization and electromagnetic modelling, Geophysics 40, 309-324.

Inman. J. R., 1975, Resistivity inversion with ridge regression, Geophysics 40, 798-817.

Ioup, G. E., and Loup, J. W., 1983, lterative deconvolution, Geophysics 48, 1287-90.

Jackson, D. D., 1988, Interpretation of inaccurate. insufficient, and inconsistent data. Geophys. J. R. astr. Soc. 28, 97-109.

James, B. A., and Zerilli, A., 1991, An introduction to transient EM imaging via interpretation of currenc dis-tributions. 53rd annual meeting. Europ. Ass. Explor. Geophys., 392-393.

Jodicke, H. , 1990, Zonen hoher elektrischer Krustenleitfahigkeit im Rhenoherzymkum und seinem nordlichen Vorland, Ph. D. thesis, Universitat Munster.

Jones, A. G. , 1987, MT and reflection—: an essential combination. Geophys. J. Roy. astr. Soc. 89. 7-18.

Jones, F. W. , and Pascoe, L. J. , 1972. the perturbation of alternating geoma8netic fields by three-dimensional conductivity in hom08eneities, Geophys. J. 27, 429-485.

Jupp, D. L. B. , and Vozoff, K. , 1975, Stable iterative methods for the inversion of geo physical data: Geophys. J. R. astr. Soc. 42, 957-976.

Jupp. D. L. B. , and Vozoff, K. , 1977, Resolving anisotropy in layered media by joint inver sion: Geophys. Prosp. 25, 460-470.

Kamenetsky, F. M. , and Porstendorfer, G. , 1983, Die Skin-Tiefe in der MaLnerotelharik und bei elektromagnetischen Sondierungen mit kunstlichen Quellen in der Fernzone, Gerlands Beitr. Geohysik 92, 465-470.

Kamenetsky, F. M. , 1985, On some specific features of inductional electromagnetic soundings. in: Academy of Science CCCP, Inductional investigations of the upper part of the Earth crust, 20-38, （in Russian） .

Karlik, G. , and Strack, K. -M. , 1990, "A//-time" scheinbare Widerstandskurven ftir LOTEM, in Haak. V.. and Homilius, J.. （eds. ） . Protokoll uber das 13. Kolloquium " Elektromagnetische Tiefenforschung " . Hornburg. NLfB, 135-144.

Kaufman. A. A. , and Keller, G. V. , 1983, Frequency and transient soundings, Elsevier. Amsterdam.

Keller, G. V. , Pritchard, J. I. , Jacobson, J. J. , and Harthill. N. , 1984, Megasource timedomain electromagnetic sounding methods. Geophysics 49, 993-1009.

Keller, G. V. , 1971, Electrical characteristics of the Earth's crust, in: Wait, J. R.. （ed. ）, Electromagnetic probing in 8eophYsicv, Golem Press. 13-76.

Keller. G. V. , 1988, Rock and mineral properties, in: Nabighian, M. N.. （ed. ） . Electro. -magnetic Methods in applied Geophysics. Vol. 1-Theory, Soc. Expl. Geophys. . Tulsa, 13-52.

Keller, G. V. , and Frischknecht, F. C. , 1966, Electrical Methods in geophysical prospecting. Pergamon Press Inc.

Kern. H. , 1982, P-and S-wave velocities in crustal and mantle rocks under the simultaneous action of high confining pressure and high temperature and the effect of the rock microstructure, in Schreyer, W. , （ed. ）, High pressure researches in geoscience, E. Schweizerbart'sche Verlagsbuchhandlung, 15-45.

Kraev, A. P. , 1937, Transient process in a homogeneous submerged medium. Sci. Rep. . Leningrad State Univ. 14, Ser. Phys. Sci. 3 （III）

Kriegshauser, B. , 1991, Einige Aspekte der 3-D Interpretation von LOTEM Daten. Diplom thesis. university of Cologne. （unpublished） .

Kulhanek, O. , 1976, Introduction to digital filterin8 in 8eophysics, Elsevier. Amsterdam.

Kuth, Ch. , 1987, Zwei-und dreidimensionale Simulationsrechnun8en zum Induction log, in: Ebel, A. , Neubauer, F. M. , Raschke, E. , Speth, P. （Hrsg. ）, Mitteilungen aus dem InstiLuL fiir Geophysik und Meteorologie der Universitat zu Koln 56.

Kuth, Ch. , and Neubauer, F. M. , 1988, Multifrequency inversion of induction logs, Geophys. Prosp. 36, 66-82.

LaCoste, L. J. B. , 1982, Deconvolution by successive approximation, Geophysics 47, 1724-1730.

Lanczos, C. , 1961, Linear Differential Operators, Van Nostrand, Princeton, 665-679.

Lawson. C. L. , and Hanson, R. J. , 1874, Solving least squares problems, Prentice Hall Inc.

LeRoux. C. L. , 1987, Frequency domain grounded dipole source EM: A study of near-field effects and the response due to a vertical conductive plate in a conducting host, M. Sc. thesis, University of Toronto.

Lines. L. R. , and Treitel, S. , 1984, Tutorial, A review of least-squares inversion and irs ap plication to geophysical problems, Geophys. Prosp. 32, L59-186.

Luschen, E. , Wenzel, F. , Sandmeier, K. J. , Menges. D. , Ruhl, T. , Stiller, M. , Janoth, W. , Keller. F. , Sollner, W. , Thomas, R. , Krohde, A. , Stenger, R. , Fuchs, K. , Wilhelm. H. , and Eisbacher, G. , 1987, Near vertical and wide-an8le seismic surveys in the Black Forest, SW Germany, J. Geophys. 62, 1-30.

Macnae. J. C. , and Lamontagne, Y. , 1987, Ima8in8 quasi-layered conductive structures by simple processirr8 Of transient electroma8, netic data, Geophysics 52, 545-554.

Macnae, J. C. , and Spies. B. R. , 1989, Paper 13-Accomplishment of wide-band, high power EM, 109-121, in: Garland, G. O. , (ed.), Proceedin8s of Exploration '87: Third Decennial International Conference on Geophysical and Geochemical Exploration for Minerals and Groundwater. Ontario Geological Survey. Spec. Vol. 3.

Macnae, J. C. , Smith, R. , Polzer, B. D. , Lamontagne. Y. . and Klinkert. P. S. , 1991, Con ductivity-depth ima8inlt of airborne elecrromagnetic step-response data. Geophysics 56, 102-114.

MaLthews, D. H. , 1986, Seismic reflections from the lower crust around Britain, in Dawson, J. B. , Carswell, D. A. , Hall, J. , and Wedepohl, K. H. (eds.), The nature of the tower continental crust. Geol. Soc. Spec. Pubs. 24, 11-21.

Mayne. S. J. , Nicholas, E. , Bigg-Wither, A. L. , Rasidi, J. S. , and Raine, M. J. , 1974, Geol 08Y of, he Sydney Basin-A review, BMR Bulletin 149. Australian Government Pub lishing Service. Canberra.

Mason, R. , 1973, The Limpopo mobile belt southern Africa, Philos. Trans. R. Soc. London. Ser. A. 273, 463-485.

Menke. W. , 1984, Geophysical data analysis: discrete inverse theory: Academic Press.

Nabighian. M. N. , 1979, A quasi-static transient response of a conductin8 half-space An approximate representation, Geophysics 44. 1700-1705.

Nabighian, M. N. , 1988, Electromagnetic methods in applied geophysics, vol. l-Theory, Soc. Expl. Geophys. , Tulsa.

Nabighian, M. N. , and Oristaglio, M. L. , 1984, On the approximation of finite loop sources. Geophysics 49, 1027-1029.

Nabighian. M. N. , and Macnae, J. C. , 1991, Time domain electromagnetic prospecting methods, in: Nabighian, M. N. , (ed), Electroma8netic methods in applied Geophysics, Vol. 2, Soc, Expl. Geophys. (in press) .

Naess, O. E. , and Brulan, I. , 1985, Stacking methods other than simple summation, in; A. A. Fitch, Developments in Geophysical Exploration-6, Elsevner, 189-224.

Nekut, A. G. , 1987, Direct inversion of timedomain electromagnetic data, Geophysics 52, 1431-1435.

Nekut. A. G. , and Spies, B. R. , 1989, Petroleum exploration using controlled source electro magneric methods, Proc. IEEE 77, 338-362.

Newman. G. A. , Hohmann, G. W. , and Anderson, W. L. , 1986, Transient electromagnetic response of a three-dimensional body in a layered earth, Geophysics 51, 1608-1627.

Newman, G. A. , 1989, Deep transient electromagnetic soundings with a grounded source over near-surface conductors, Geophysical J. 98, 587-601.

Oehler. D. Z. , and Stemberg, B. K. , 1984, Seepage-induced anomalies, "false" anomalies. and implication for electrical prospecting. Bull. Am. Assn, Perr. Geol. 68, 1121-1145.

Orisiaglio, M. L. , and Hohmann, G. W. , 1984, Diffusion of electromagnetic fields into a two-dimensional earth: A finite difference approach, Geophysics 49, 870-894.

Orsinger. A. , and Van Nostrand, R. , 1954, A field evaluation of the electroma8netic re flection method. Geophysics 19, 478-489.

Palacky, G. J. , 1983, Tutorial: Application in electrical and electroma8netic methods, Geophys. Prosp. 31, 861-872.

Palacky, G. J. , 1988, Resistivity characteristics of geologic tar8ers, in: Nabighian, M. N. , (ed.), Electromagnetic Methods in applied Geophysics. vol. l-Theory. Soc. Expl. Geophys. , Tulsa, 53-122.

Parker, R. L. , 1984, the inverse problem of resistivity sounding, Geophysics 49, 2143-2158.

Petry, H. , 1987, Transient elektromagnetische Tiefensondierugng-Modellrechnungen und Inversion, Diplom thesis. University of Cologne, (unpublished) .

Polzer, B. D. , 1986, The interpretation of inductive transient electromagnetic sounding data. M. Sc. thesis, University of Toronto, (unpublished) .

Pridmore, D. F. , Hohman, G. W. , Ward, S. H. , and Sill, W. R. , 1981, An investigation of finite-element modeling for electrical and electromagnetic data in three dimensions. Geophysics 46, 1009-1024.

Prieto, C. , Perkins, C. , and Berkman, E. , 1985, Columbia River Basalt Plateau-An integrated approach to interpretation of basalt covered areas, Geophysics 50, 2709-2719.

Raiche, A. P. , 1974, An integral equation approach to three-dimensional modelling, J. Geophysical 36, 363-376.

Raiche, A. P. , and Gallagher, R. G. , 1985, Apparent resistivity and diffusion velocity, Geophysics 50, 1628-1633.

Raiche. A. P. , Jupp, D. L. B. , Rutter, H. , and Vozoff, K. , 1985, The joint use of coincident loop transient electromagnetic and Schlumberger sounding to resolve layered structures, Geophysics 50, 1618-1627.

Qian, F. , Zhao. Y. , Yu, M. , Wang. Z. . Liu. X. , and Chang, S. , 1983, Geoelectric resistivity anomalies before earthquakes, Scientia Sinica (Series B), Vol. XXVI. 326-366.

Qian, F. , Zhao, Y. , Xu, T. , Ming, Y. , and Zhang, H. , 1990, A model of an impending-earthquake precursor triggered by tidal forces, Physics of the Earth & Planetary In terior 62, 284-297.

Qian, J. , Gui, X. , Ma, H. , V 1a, X. , Guang, H. , and Zhao, Q. , 1979, observations of apparent resistivity in the shallow crust before and after several great shallow earthquakes, International Symposium on earthquake Prediction, Unesco SC-79/Conf. 801/CoI 14/1-13.

Qian, W. , and Pedersen, L. B. , 1991, Industrial interference magnetotellurics : An example Fom the Tangshan area, China, Geophysics 56, 265-273.

Rossow. J. , 1987, An investigation of deconvolution techniques for transient electromagnetic records, Ph. D. thesis, Colorado School of Mines, 140.

Robertson, J. D. , 1987, Carbonate porosity from slp travel time ratios' Geophysics 52, 1346-1354.

Rozenberg, G. , Henderson, J. , and MacDonald, J. C. , 1985, The use of transient electromagnetic data on permafrost distribution for CDP static correction, Expanded Abstracts. 55Lh Annual Meeting, Society of Exploration Geophysicists.

SanFilipo. W. A. , and Hohmann, G. W. , 1985, Integral equation solution for transient response of a three-dimensional body in a conductive halfspace, Geophysics 50, 798-809.

Schlumberger, 1985, Well evaluation conference China 1985. Schlumberger Documentation Services.

Schlumberger, 1987, Log interpretation principles / applications. Schlumberger Educational Services.

Schneider, W. A. , Sixta. D. P. , Janak, P. M. , Grupp, S. R. , Rimmer, and Guderjahn, C. G. , 1982, A compatison of land seismic sources, 44th Annual Meeting, Abstract vol. , Europ. Ass. Expl. Geophys. , Venice.

Schrurh. P. , 1989, Die Bestimmung der Leitfahibkeitrerteilung unter der Basaltbedeclcung des Vogekberges mit einem Transient Elektromaknetischen Tiefensondierungsverfahren, Diplom thesis-geology, University of Cologne, (unpublished) .

SEG, 1980, Digital tape standards, Soc. Expl. Geophys.

Shankland, T. J. , and Ander, M. E. , 1983, Electrical conductivity. temperatures, and fluids in the lower crust, J. Geophys. Res. 88, 9475-9484.

Shanks, J. L. , 1967, Recursive filters for digital processing, Geophysics 32, 33-52.

Sheriff. R. E. , 1984, Encyclopedic dictionary of exploration geophysics. Soc. Expl. Geophys.

Smith. R. S. , and West, G. W. , 1989, Field examples of negative coincident-loop transient electromagnetic responses modeled with polarizable half-planes, Geophysics 54, 1491-1498.

Smith, R. S. , and Buselli. G. , 1991, Examples of data processed using a new technique for presentation of coincident-and in-loop impulse response transient electromagnetic data. Exploration Geophysics 22, 363-368.

Smith, R. S. , Edwards, R. N. , and Buselli. G. , 1991, A new technique for presentation of coincident-and in-loop impulse-response transient electromagnetic data. Geophysics 56. (in press) .

Spies. B. R. , 1983, Recent developments in the use of surface electrical methods for oil and gas exploration in the Soviet Union. Geophysics 48, 1102-1112.

Spies, B. R, and Eggers, D. E. , 1986, The use and misuse of apparent resistivity in electrical,, magnetic methods, Geophysics Sl, 1462-1471.

Spies, B. R. , 1988, Local noise prediction filtering for central induction transient electromagnetic sounding, Geophysics 53, 1068-1079.

Spies. B. R. , 1989, Depth investigation in electromagnetic sounding methods, Geophysics 54, 872-888.

SLanley, W. D. , Saad, A. R. , and Ohofugi, W. , 1985, Regional magnetotelluric surreys in hydrocarhon exploration. Parana Basin, Brazil, Bull, Am. Assn. Petr. Geol. 69, 346-260.

Staude. H. , 1989, Geologische Karte von Nordrhein Westfalen, Blatt 3910 Alren berge. Geologisches Landesamt Nlordrhein Westfalen, Krefeld. FRG.

Stephan. A. , 1989, Interpretation Von transient elektromagnetischen Messungen (LOTEM) im Bereich der Halterner Sande und Enfwicklung der lokalen Rauschkompensation. Diplom thesis-Geophysics. University of Cologne. (unpublished) .

Stephan, A. , Schniggenfittig. H. , and Strack, K. M. , 1991, Long-offset transient EM sounding north of the Rhine-Ruhr-Coal District, F. R. Germany. Geophys. Prosp. 39, 505-525.

Stephan. A. , and Strack K. M. , 1991, A simple approach to improve the signal to noise ratio for TEM data using multiple receivers, Geophysics 56, 863-869.

Sternberg, B. K. , and Clay, C. S. , 1977, Flambeau Anomaly: A high conductivity anomaly in the southern extension of the Canadian shield. in: Heacock, J. G. . (ed.), the Earth's Crust, Geophys. Monogr. 20, 501-530.

Siernberg, B. K. , 1979, Electrical resistivity structure of the crust in the southern extension of the Canadian Shield-Layered earth, models, J. Geophys. Res. 84, 212-228.

Sternberg, B. K. , Washburne. J. C. , and Pellerin, L. , 1988, Correction for the static shift in magnetotellurics using transient electromagnetic soundings, Geophysics53, 1459-1468.

Stoyer, C. H. , 1981, TDEM data acquisition and processing principles. GP 671 class notes. Colorado School of Mines (unpublished) .

Stoyer, C. H. , and Damron, L. A. , 1986, Integrated geophysical study in the Eastern basin and range Milford Valley, UT, Integrated Geosciences Inc. , (unpublished technical report) .

Stoyer, C. H. , Efficient computation of transient sounding curves for wire segments of finite length using an equivalent dipole approximation, Geophys. Prosp. 38, 87-99.

Strack, K. M. , 1984, The deep transient electromagnetic sounding technique: First field rest in Australia, Exploration Geophysics 15, 451-459.

Strack, K. M. , 1985, Das Transient-Elektromagnerische Tiefensondicrungsver fahren angewandt auf die Kohlenwas-serscoff-und Geothermie-Exploration. in: Ebel. A. , Neubauer. F. M. . Raschke, E. . Speth, P. , (Hrsg.) . Mitteilungen aus dem Institut Fur Geophysik und Veteorologie der universitat zu Koln 42.

Strack. K. M. , 1987, "All time" Definition des scheinbaren spezifischen Wicierstandes fur die LOTEM-Methode, in: Haak, V. and Homilius, J. , (eds.), Elektromagnetische Tiefenforschung. NIfB, 341-347.

Strack, K. M. , Hanstein, T. H. , and Eilenz. H. N. , 1989, LOTEM data processing for areas with high cultural noise levels, Physics of the Earth & Planetarv Interior 53, 261-269.

Strack, K. M. , Hanstein. T. , LeBrocq, K. , Moss, D. C. , Vozoff, K. , and Wolfgram. P. A. , 1989b, Case histories of long-offset transient electromagnetics (LOTEM) in hydrocarbon prospective areas, First Break 7, 467-477.

Strack, K. M. , Luschen, E. , and Kotz. , A. W. , 1990, Long offset transient electroma8netic (LOTEM) soundings applied to deep crustal studies in Southern Germany, Geophysics 55, 834-842.

Tabarovski. L, A. , 1982, Boundary conditions for vector potential at interface between conductor and isolator, Electromagnitniye metody geofizicheskikh issledovaniy, Novosibirsk, 36-50. (in Russian) .

Tezkan. B. , 1988, Electromagnetic sounding experiments in the Schwarzwald central gneiss massif, J. Geophys. 62, 109-118.

Tikhonov, A. N. , 1946, On the transient electric current in a homogeneous conduction halfspace, lzv. Akad. Nauk. SSSR, Ser. Geograf. Geofiz. 10.

TsuboLa. K. , 1979, The frequency and time domain response of a buried two dimensional inhomogeneity, Ph. D. thesis T-2130, Colorado School of Mines.

Tulinius, H. , 1980, Time-Domain electromagnetic survey in Krafla, Iceland, M. Sc. the sis T-2325, Colorado School of Mines.

Vanyan, L. L. , 1967, Electromagnetic depth soundings: Consultants Bureaus, New Work.

VanZijl, J. S. V. 1969, A deep Schlumberger sounding to investigate the electrical structures of the crust and upper mantle in South Africa. Geophysics 34, 450-462.

VanZijl. J. S. V. , Hugo, P. L. V. , and deBellocq, J. H. , 1970, Ultra deep Schhtmberger sounding and crustal conductivity structure in South Africa, Geophys. Prosp. 18, 615-634.

VanZijl, J. S. V. , and Joubert. S. J. , 1975, A crustal model for South African Precambrian granitic terrains based on deep Schmmberger soundings, Geophysics 40, 657-663.

VanZijl, J. S. V. , 1977a, Electrical studies of the deep crust in various tectonic provinces of southern Africa. J. G. Heacock (ed.), The Earth's Crust, Am. Geophys Union Monogr. 20, 470-500.

VanZijl, J. S. V. , 1978, The relationship between the deep electrical resistivity structure and tectonic province. in southern Africa, Part l. Results obtained by Schlumberger soundings. Trans. Geol. Soc. S. Afr. 81, 129-142.

Vasseur, G. , and Weidelt, P. , 1977, Bimodal electromagnetic induction in non-uniform thin sheets with an application to the northern Pyrenean induction anomaly. Geophys. J. R. astr. Soc. 51, 669-690.

Velikhov. Y. P. , Zhamaletdinov. A. A. , Belkov. I. V. , Gorbunov. G. l. , Hjelc. S. E. , Lisin, A. S. , Vanyan, L. L. , Zhdanov M. S. , Demidova. T. A. , Korja. T. , Kirillov, S. K. , Kuksa, Yu. I. , PolLanov, A. Y. , Tokarev, A. D. , and Yevstillneyev, V. V. , 1986, Electromagnetic studies on the Kola peninsula and in northern Finland by means of a powerful controlled source. J. Geodynamics 5, 237-256.

Verma. R. K. , and Mallik. K. , 1979, Detectability of intermediate conductive and resistive layers by time domain electromagnetic sounding, Geophysics 44. 1862-1878.

Vozoff, K. , 1972, The Magnetotelluric method in the exploration of sedimentary basins, Geophysics 37, 98-141.

Vozoff, K. , and Jupp, D. L. B. , 1975, Joint inversion of geophysical data. Geophys. J. R. astr. Soc. 41, 977-991.

Vozoff. K. (ed.), 1986. Magnerotelluric methods. Geophysics Reprint Series. Soc. Expl. Geophys. Tulsa.

Vozoff. K. , LeBrocq, K. , Moss. D. , Zile. M. , and Pridmore, D. , 1986, Deep transient electromagnetic soundings for perroleum exploracion, Final Report to NERDDC, CGER. Macquarie University.

Vozoff. K. , 1991, The magnetotelluric, method, in: Nabighian, M. N. . (ed.) . Electromagnetic methods in applied Geophysics. Vol. 2, Soc. Expl. Geophys. (in press) .

Wait. J. R. , 1951a, A conducting sphere in a time varying magnetic field, Geophysics 16, 666-672.

Wait, J. R. , 1951b, The basis of electrical prospecting methods employing time varying fields, Ph. D. thesis University of Toronto.

Wait. J. R. , 1956, Method of geophysical exploration U. S. Patent x. No. 2, 735, 980 (To Newmont Mining Corporation. Feb, 21, 1956) .

Walker. R. C. , Harthill, N. , Strack, K. -M. , and Lee, D. S. , 1982, Sensitivity analysis of transient electromagnetic sounding inversion, 52nd annual meeting, Soc. Expl. Geophys.

Wakher, R. h. , Trappe, H. , and Meissner, R. , 1986, The derailed velocity structure of the Urach geothermal anomaly. J. Geophys. 59, 1-10.

Wannamaker, P. E. , Hohmann. G. W. , and SanFilipo, W. A. , 1984, Electromagnetic modelling of three-dimensional bodies in layered earths using integral equations, Geophysics 49, 60-74.

Ward, S. H. , and Hohmann, G. W. , 1988, Electromagnetic theory for Geophysical applications, in: Nabighian, M. N. , (ed.), Electromagnetic Methods in applied Geophysics, Soc. Expl. Geophys. , 131-311.

Watt. T. , and Bednar, J. B. , 1983, Role of alpha-trimmed mean in combining and analyzing common-depth-point gathers, Expanded Abstracts, 53rd annual meeting, Soc. Expl. Geophys. , 276-277.

Weidelt, P. , 1975, Electromagnetic induction in three-dimensional structure. J. Geophys. 41, 85-109.

Weidek, P. , 1985, Einfuhrung in die elektromagnetische Tiefenforschung, unpublished lecture notes, University of Braunschweig (in German) .

White, J. E. , Martineau-Nicoletis. L. , and Monash, C. , 1983, Measrtred anisotropy in Pierre Shale, Geophys. Prosp. 31, 709-725.

Wilhelm, H. , Berktold. A. , Bonjer, K. -P. , Jager, K. , Stiefel, A. , and Srrack, K. -M. , 1988, Heat flow, electrical conductivity in the Black Forest crust. SW Germany, special issue: Lower crust properties and proc esses. Am. Geophysical Uinion, 215-232.

Wohlenberg, J. , 1982, Seismo-accoustic and geoelectric experiments within the Urach 3 borehole, in Haenel, R. , (ed.), The Urach geothermal project, E. Schweizerbart'sche Verlagsbuchhandlung, 97-100.

Woodall, R. , 1984, Success in mineral exploration, Geoscience Canada II (1) . 41-46, II (2), 83-90, II (3), 127-133.

Yang, S. , 1986, A single apparent resistivity expression for long-offset transient electromagnetics, Geophysics 51, 1291-1297.

Yost, W. J. , 1952, The interpretation of electromagnetic reflection data in geophysical ex ploration-Part 1: General theory oscillating dipole, Geophysics 17, 89-106.

Yost, W. J. , Caldwell, R. L. , Beor, C. L. , McChere, C. D. , and Skomal, E. N. , 1952, The interpretation of electromagnetic reflection data in geophysical exploration Part II, metallic model experiments. Geophysics 17, 806-826.

Zhdanov, M. S. , and MaLusevich, V. Yu. , 1984, Restoration of the spatial pattern of ware propagation in an elastic medium. Annales Geophyisicae 2, 1-16.

Ziegon, J. A. , 1989, Transient Elektromagnetische Tiefensondieritng-Ptanurrg, Aufbau und Anwendung eines analogen ModeHs zur Unterstutzung von 3-D-Interpretarionen. Diplom thesis-geophysics, University of Cologne, (unpublished) .

Zonge. K. L. , Ostrander. A. G. , and Emer. D. F. , 1986, Controlled source audio-frequency magnetotelluric measurements, in: Vozoff, K. (ed) . Magnetotelluric Methods, Soc. Expl. Geophys. , 749-763.

致　　谢

感谢所有帮助我完成这本书的人，特别感谢科隆大学 LOTEM 研究小组的所有成员所做出的积极贡献。除了那些直接参与到工作中的人，我还要感谢 H. Petry，他帮助我编写了正反演模拟部分的初稿。H. N. Eilenz 在 LOTEM 项目的启动阶段给予了我极大的帮助。Tilman Hanstein 作为最早参与的科学家之一，对这本书的许多章节都做出了贡献，他常花费大量的时间来寻求解决问题的最佳方案。Greg Newman 对本书的帮助巨大，他将三维积分方程程序用于本书的模拟工作。Peter Weidelt 提供了一个新编写的三维板状体程序，并用于模拟研究。Andreas Hördt 对反演章节手稿的校正做出了重大贡献。Gülcin Karlik 开发了 LOTEM 数据源成像技术，并绘制了本书中绝大部分的成像图。V. Druskin、L. Knizhnerman 和 P. Weidelt 帮助我们进行三维模拟，综合解释实测数据。A. Hördt 花费大量的时间对他们的程序进行调试和改进，并应用到我们的野外资料处理工作中。M. Eckard、C. L. Le Roux、J. L. Seara 和 M. D. Watts 很认真地阅读了手稿的部分章节，并提出了很多有益的改进意见。最后，我想要感谢 Peter Wolfgram 从不同层面对本书的帮助及提出的建设性意见。还有许多未列出名字的研究助理、研究生和同事对本书做出了贡献。在此对所有对本书做出贡献的人表示衷心的感谢。

我要特别感谢科罗拉多矿业大学的 A. Kaufman、G. V. Keller 和 C. H. Stoyer 教授。因为我有一次在 Kaufman 教授的课堂上睡着了，所以 Kaufman 教授常常担心我学习不够刻苦。当我回到欧洲后，由于本人工作能力差，他感到忧心忡忡。Keller 教授经常抱怨我是个很难相处的学生，因为他认为我总是告诉他要做什么。然而，他却给我提供了许多难得的机会，这些都给我的职业生涯增光不少。Stoyer 教授花费很多时间帮助我用胶合板和木柱来构造观测系统。很多时候，我们成功地把不同的部分固定在一起，因此我们的友谊也更加紧密。

在德国，非常感激 A. Ebel 和 F. M. Neubauer 教授对我的支持。A. Ebel 教授不仅帮助我走出科隆大学到美国深造，而且帮助我从澳大利亚回到德国；F. M. Neubauer 教授从一开始就给予了我无尽的精神支持。更重要的是，他给了我所需的自由空间来完成这本书。

这项研究的大部分得到了欧洲共同体（TH/0159/85-DE）、德国科学技术部（03E6360A 和 0326550B）、德国北莱茵-威斯特法伦州政府（IVB4-10Y-003-86）、德国科学基金会及其他方面的支持。部分三维模拟和解释得到了德国科学基金会的赞助（323/1-1）。

科罗拉多州综合地质科学公司将他们在犹他州米尔福德山谷的工作向公众开放。

TEAMEX 系统样机（系列 1）由德国北莱茵-威斯特法伦州政府资助完成，这保证了我们技术转化的实现。Ruter 教授总体负责制定 TEAMEX 的计划实施。W. Martin 被称为"TEAMEX 的 CPU"，满足我们所有额外的需求。

澳大利亚的太平洋油气有限公司为其中的一个可行性研究提供了背景资料。地热能源研究与开发有限公司的 Takasugi 博士提供了日本一个靶区研究背景。

鲁尔地区北部的试验经费部分来源于德国北莱茵–威斯特法伦州的科学研究部和 WDR 电视台的捐款。A. Stephan 在他的硕士论文撰写过程中进行了很多研究，对试验测量的成功帮助巨大。

N. Harthill 提供了出版许可和在丹佛–朱尔斯堡测量的建议，他原先在第七集团公司，并且帮助我提高了对 LOTEM 技术的兴趣。

澳大利亚的试验得到了麦考瑞大学研究资金和必和必拓勘探基金的资助。我还要感谢澳大利亚埃索公司与国家能源研究开发和示范委员会（NERDDC，澳大利亚，电话 683-833453）等对澳大利亚坎宁盆地试验研究的支持。这项研究由 K. Vozoff 在 K. McAllister、K. LeBrocq、D. Moss、D. Pridmore 和 M. Zile 的帮助下完成。硬件装备由 Zonge 工程与研发公司提供。

德国 LOTEM 示范项目在中国和印度泰兴地区进行。项目组人员的管理由 T. Speth 负责，数据解释由 P. Lenson、J. L. Seare 和 P. A. Wolfgram 完成。除了其他参与者，来自南京石油局的张志杰提供了重要的意见和建议。感谢所有对该项目提供过帮助的人。

深部地壳地球物理应用研究是由 V. Haak、F. M. Neubauer 和 H. Wilhelm 发起并资助的。E. Luschen 是这次试验的关键人物，他的指导是黑森林试验成功的必要条件。没有 C. Kalle 帮助重写数据采集系统的全部编码，LOTEM 系统在地壳的应用研究不可能完成。

在卡普瓦尔克拉通的试验测量由南非国家地球物理和地球科学计划资助。C. L. Le Roux 和 T. Hanstein 在采集数据过程中做出了很大的牺牲。J. H. de Beer 一直都非常支持南非的 LOTEM 项目。许多未列出名字的 CSIR 成员都帮助完成了这一项目，在此对他们表示特别的感谢。

在中国唐山测区的工作得到了中国地震局刘国栋教授的大力支持。现场项目组的人员管理由 T. Speth 负责，他带领项目组顺利地解决了许多后勤保障方面的问题。A. Stephan 和 J. Rossow 完成了数据处理和初步解释。Geometra 公司提供了后勤保障。

感谢 HarbourDom 咨询公司对本书出版工作给予的资助。

许多同事和朋友花费大量的宝贵时间对本书的校正做出贡献。他们是：

R. Birken	M. Eckard	O. G. Engels	T. Hanstein
A. Hördt	M. Jegen	G. Karlik	A. Krämer
T. Lal	J. L. Seara	R. J. Smith	W. Stiefelhagen
C. H. Stoyer	K. Vozoff	P. A. Wolfgram	M. D. Watts

M. Heinert、E. Teneta 和 M. Eckard 努力克服 DTP 系统的不稳定性打印了大部分的书稿。J. Schloβmacher 很有耐心地照顾植物花草，并协助完成行政管理工作（除了煮咖啡）。

最后，我要感谢我的老师、朋友、同事和支持者 K. Vozoff。K. Vozoff 不仅带我走上了研究 LOTEM 之路，还在整个工作过程中给予了我精神上的支持。